Thomas R. Köhler

Besser leben mit Hightech!

Thomas R. Köhler

Besser leben mit Hightech!

Selbstoptimierung mit Smartwatch,
Fitnessband und Co.

Frankfurter Allgemeine Buch

Bibliografische Information der Deutschen Nationalbibliothek
Die Deutsche Nationalbibliothek verzeichnet diese Publikation in der
Deutschen Nationalbibliografie; detaillierte bibliografische Daten sind
im Internet über http://dnb.d-nb.de abrufbar.

Frankfurter Allgemeine Buch

Copyright: FAZIT Communication GmbH
Frankfurter Allgemeine Buch, Frankenallee 71–81,
60327 Frankfurt am Main

Umschlag: Julia Desch, Frankfurt am Main
Titelgrafik: © Tinga – Fotolia.com
Satz: Wolfgang Barus, Frankfurt am Main
Druck: CPI books GmbH, Leck
Printed in Germany

1. Auflage, Frankfurt am Main 2017
ISBN 978-3-95601-177-1

Inhalt

Vorwort

Unser Leben ist längst durchdrungen von einer Vielzahl neuer Technologien und Geräten, wie Personal Computer, Internet und Smartphone. Technologien, die in den letzten Jahren und Jahrzehnten in unserem Leben so selbstverständlich geworden sind, dass wir das Gefühl haben, kaum noch auf sie verzichten zu können. Hinzu kommen nun mit dem „Internet der Dinge" gänzlich neue Geräte und Anwendungen — vom Smarthome bis hin zu Smartwatches und Fitness-Trackern. Im Gepäck haben sie das Versprechen eines bequemeren, sicheren und besseren Lebens. Wieweit dieses bisher von Internet und Smartphone — den beiden zentralen Entwicklungen — eingelöst werden konnte ist nicht unumstritten. So weisen z.B. Datenschützer seit Jahren auf die Gefahren hin, die von unseren Datenspuren im Internet ausgehen.

Gänzlich neue Wortschöpfungen wie „Smombie" — eine Mischung aus Smartphone und Zombie — zeigen deutlich, dass der gesellschaftliche Wandel mit der technologischen Innovationsgeschwindigkeit nur mühsam Schritt hält. Konkretisiert wird dieses Unbehagen in einer Vielzahl von aktuellen Publikationen und Studien, die bei weiten Teilen der Bevölkerung wahlweise „Digitale Erschöpfung", „Smartphone-Sucht" oder sogar „Digitale Demenz" diagnostizieren. Anpassungsschmerzen, wohin man auch schaut.

Die dadurch befeuerte gesellschaftliche Debatte um das Pro und Contra „persönlicher" Technologien steht in einem merkwürdigen Kontrast zu den immer noch gepflegten „Heilsversprechen", die die überwiegend im Silicon Valley beheimateten Firmen ihren Kunden und Anwendern machen, deren Zauber aber langsam zu verblassen scheint.

Während die Internet- und Smartphonenutzung für Information, Kommunikation und Shopping hinreichend erforscht scheint — samt Ausleuchtung aller denkbaren Vor- und Nachteile —, werden die neusten Varianten persönlicher Technologie, insbesondere Smartwatches und Fitness-Tracker, in ihren Rück- und Wechselwirkungen mit dem persönlichen Leben und Erleben bisher allenfalls gestreift. Wäre es nicht an der Zeit, der Frage nachzugehen, was für den einzelnen Anwender tatsächlich darin steckt? Ob ein „besseres" — weil gesünderes, fitteres und zufriedeneres — Leben dadurch möglich wird?

Am Anfang dieses Buches steht aus gutem Grund eine Lebenskrise. Meine ganz persönliche Krise, die mir den Anstoß gab, der Frage nachzugehen, inwieweit Technologie auf der Suche nach einem „besseren Leben" hilfreich sein kann und die letztendlich zu dem Buch führte, das Sie gerade in der Hand halten. Es ist mein Erleben der letzten knapp 24 Monate, mein persönlicher Selbstversuch, der den ganz realen Rahmen liefert, um die virtuellen Versprechungen von Smartphone-Apps, Smartwatches und Fitness-Tracker zu prüfen — auch und gerade anhand neuester Forschungsergebnisse und den Erkenntnissen führender Fachleute.

Ich freue mich, wenn Sie mir auf dieser Reise zu den aktuellen Schauplätzen des technologischen Wandels folgen und etwas für Ihr eigenes Leben — für ein besseres Leben — daraus mitnehmen können.

Thomas R. Köhler
Im September 2017

Kapitel 1 – Leidensdruck

Wie alles begann

Der Aufzug war ausgefallen. Schon wieder. Vier Stockwerke Altbau lagen vor mir. Vier Stockwerke galt es zu erklimmen, bepackt mit kleinem Gepäck einer mehrtägigen Geschäftsreise: einem kleinen Rollkoffer in jener typischen Größe, die gerade noch im Bordgepäck der meisten Airlines erlaubt ist, und einer Notebooktasche samt dem üblichen Inhalt: Laptop, Tablet, Netzteil, Notizbuch, diverse Kabel und Adapter. Alles in allem vielleicht zehn Kilogramm Material. Nichts was einen aufhält, auch wenn sich vier Stockwerke in diesem Jahrhundertwendehaus in der Münchner Innenstadt schon immer so angefühlt hatten wie fünf oder mehr Stockwerke anderswo. Was sie – ganz realistisch betrachtet – auch waren bei einer Deckenhöhe von gut vier Metern im Erdgeschoss (in dem ein populäres Restaurant untergebracht war) und beinahe dreieinhalb Metern auf allen anderen Stockwerken, die nach den Vorstellungen des Großbürgertums des ausgehenden 19. Jahrhunderts geschmückt waren mit prachtvollen Doppeltüren und Stuckdecken. Nur der vierte Stock, den es nun zu erreichen galt, fiel als eher schlichtes Stockwerk aus dem Rahmen. Nach den Beschädigungen im Zweiten Weltkrieg mit einfachen Materialien des Nachkriegsdeutschlands hastig draufgesetzt, waren es die minimale Raumhöhe und kleinteilige Raumaufteilung, die man heute überall in den Städten findet und die mein persönliches Lebensumfeld bildeten. Von unten allerdings – vom Straßenniveau und vom nahen Flussufer aus – war das alles nicht zu erkennen. Für Außenstehende war es eine prestigeträchtige Adresse in einem der Münchner „In-Viertel", im „Glockenbach". Für mich als Bewohner eine Mogelpackung – wie mein Leben zu jenem Zeitpunkt.

„Mein Leben ist Fake, eine Mogelpackung" – dieser Gedanke schoss mir beim Betreten der mit prachtvollen Mosaiksteinchen geschmückten Eingangshalle durch den Kopf und lies mich nicht los – über volle vier Stockwerke mit erhaben knirschenden, aber auch längst ausgetretenen hölzernen Treppenstufen nicht.

Völlig außer Atem und schwer keuchend erreichte ich den vierten Stock, stellte den Rollkoffer ab und nestelte in der Manteltasche nach dem Schlüsselbund mit dem Wohnungsschlüssel, der mir prompt laut klimpernd auf den Boden fiel. Beim Aufheben – noch immer nach Luft ringend – war es wieder da, jenes Ziehen im unteren Bereich der Wirbelsäule, dass mich die letzten Jahre immer wieder mal heimgesucht hatte und dass ich mir mit meinen knapp 40 Lebensjahren stets schönzureden versuchte: „Ich bin halt keine 25 mehr."

„Ich werde auch nicht jünger, vielleicht sollte ich wirklich zum Arzt gehen und was gegen die Schmerzen machen", dachte ich, als ich durch die Tür trat.

Ich war zu Hause, zumindest was ich zu dem Zeitpunkt „zu Hause" nannte. Einem Zuhause, bei dem sich nur noch der Hund freute, wenn ich die Schwelle der Wohnung überschritt. Ich war kaum drinnen und noch immer vollkommen außer Atem, als Holly auf mich zukam, eine Jack Russell Terrier-Hundedame im besten Alter, voller Energie und Lebensfreude. Herrchen ist wieder da: Was für eine Freude, was für ein Springen. Ein kleiner Hund mit einer Schulterhöhe von gut 30 cm und gut sechs Kilogramm Gewicht, aber mit einem unglaublichen Talent, jeden um den Finger zu wickeln. Fünf Jahre zuvor, als ich diesen Hund als kleinen Welpen in der Größe eines Goldhamsters erstmals auf dem Arm hatte, war es bereits um mich geschehen. Jetzt — gut fünf Jahre später — hatte die gegenseitige Anziehung nicht nachgelassen. Kein bisschen. Und das bei jemandem, der von Haus aus nicht unbedingt ein Hundefreund war, der sein prägendes Erlebnis als Kind mit einem „Der will doch nur Spielen"-Spitz hatte, der tatsächlich schön tat, kaum an mir vorbei aber zum sprichwörtlichen Wadenbeißer mutierte. Ein Erlebnis, das beim ärztlichen Notdienst endete, sich aber dem kleinen Jungen, der ich damals war, fest eingeprägt hatte und in einer gesunden Skepsis vor allem Tierischen im Haushalt gemündet hatte.

Holly war anders. Ich hatte den Koffer im Flur noch nicht richtig abgestellt, rannte sie Richtung Wohnzimmer und brachte mir ihr aktuelles Lieblingsspielzeug — eine schon reichlich zerfledderte Plüschente, die ich ihr von einer Reise zu Microsoft nach Seattle mitgebracht hatte. Beim Warten auf den Flug in einem Flughafenshop in Seattle hatte ich diese absurde Scheußlichkeit mit den letzten Dollars gekauft, bestickt mit einem „Seattle"-Schriftzug, herausgepickt aus einer Reihe ebenso belangloser Seattle-Souvenirs direkt neben dem Regal mit der Kaffeedose mit der sinnigen „Sleepless in Seattle"-Aufschrift.

Holly nahm mir die Geschmacklosigkeit des Mitbringsels nicht übel. Im Gegenteil. Der lange Hals war ideal zu packen, und es schüttelte sich so schön. Die Ente war das ideale Spielzeug zwischen Mensch und Hund, stabil genug, um immer wieder daran zu ziehen, spannend genug, um sie immer wieder zu apportieren und Herrchen und Frauchen zu einer weiteren Runde zu animieren.

Für ein paar Minuten balgten wir uns im Flur um die Ente, ich noch immer schnaufend und ächzend mit Rückenschmerzen, der kleine Hund mit unbändiger Energie, als hätte er Wochen geruht nur für diesen Augenblick des Spiels im langen Flur des vierten Stocks, an dessen Ende das Wohnzimmer lag.

Meine damalige Noch-Lebensgefährtin, nennen wir sie Katharina, saß mit einem Buch auf dem Sofa und schaute kaum auf, als ich eintrat. Frostiger hätte der Empfang kaum ausfallen können, aber das war ich gewohnt. Katharina und ich hatten uns mehr als zehn Jahre zuvor kennengelernt — ganz klischeehaft an der Universität. Wir waren schließlich zusammengezogen und irgendwann nach München übersiedelt und zogen schließlich in jene Wohnung im vierten Stock eines Altbaus mit einem ab und an funktionierenden Aufzug.

Wir hatten uns „auseinandergelebt", wie es so schön heißt. Zu unterschiedlich waren die Interessen, ich war wie besessen vom Aufbau meines neuen Unternehmens, der Arbeit an vielen Projekten und den Ideen zu dem einen oder anderen Buch, während sie Arbeit eher Arbeit sein lassen konnte und Freizeit und Urlaub für sie eine andere, weit wichtigere Bedeutung hatten als für mich. Unsere Vorstellungen vom Leben liefen diametral auseinander. Sie, die unbekümmert Entspannte, und ich, der Workaholic, dem seine Arbeit über alles ging. Ich war nicht fähig, auf sie einzugehen, das muss ich rückblickend sehr wohl konstatieren. Wann immer ich konnte, verschwand ich in meinem Büro. Ich drückte mich sogar vor längeren Spaziergängen und schützte Arbeit vor. Schlussendlich waren wir kaum mehr als eine Wohngemeinschaft.

Als ich an jenem Abend ins Wohnzimmer kam, war längst klar, dass wir auseinandergehen werden, ich hatte mich längst nach Wohnungen im Umland umgesehen und war kurz davor, einen Mietvertrag zu unterschreiben.

Dennoch war an jenem Abend alles anders. Jener Abend war ein Wendepunkt in meinem Leben, aber das war mir zu diesem Zeitpunkt noch nicht bewusst. Als ich in mein Schlafzimmer ging — wir hatten längst getrennte Zimmer — und vor den Schrank mit seiner verspiegelten Tür trat, den Anzug ablegte und an den Bügel hängte, beschlich mich erneut ein unangenehmes Gefühl. Zwar hatte sich meine Atemlosigkeit längst gelegt, aber

11

es war nicht mehr zu leugnen, dass in meinem Leben mehr nicht stimmte als nur die Beziehung zu meiner Liebe aus Studienzeiten.

Mit 1,85 m und Kleidergröße 52 war ich weit entfernt von den herkömmlichen Vorstellungen von einem „Dicken". Ohne Anzug, nur in Unterwäsche vor dem Spiegel stehend, war es jedoch nicht mehr zu leugnen, ich war außer Form, hatte im Vergleich zu meinen Uni-Zeiten an Körperumfang zugelegt, deutlich sichtbar wölbte sich unter dem Unterhemd ein kleines Bäuchlein – und der Rücken tat immer noch weh. Und Ausdauer, wie das Erlebnis mit der Treppe mir zuvor wieder einmal eindrucksvoll belegte, war ein Fremdwort geworden, zumindest in meinem Sprachschatz.

Es musste sich was ändern. Dringend. Sofort. Soviel war mir in jenem Augenblick klar geworden.

Eigentlich war ich bis dahin mit meinem Lebensmotto „No Sports" immer gut gefahren, war im Großen und Ganzen bei guter Gesundheit und hatte seit meiner Geburt nur noch einmal ein Krankenhaus als Patient betreten – als Teenager mit einer Blinddarmentzündung. Ich war ja auch immer zu beschäftigt und gab mir alle Mühe, ganz in meiner Arbeit aufzugehen. Es gab schließlich Wichtiges zu entdecken in diesen Zeiten des Wandels durch die aufkommenden digitalen Technologien, und ich war schließlich seit den Anfangstagen des Internets dabei. Als wissenschaftlicher Mitarbeiter an einem renommierten Lehrstuhl für Wirtschaftsinformatik hatte ich mein Berufsleben begonnen – auf einer sogenannten Drittmittelstelle. Mein Arbeitsplatz wurde damals von einem großen Telekommunikationsunternehmen finanziert, das auch an meiner Forschungsarbeit interessiert war, die man so umreißen konnte: „Finden Sie heraus, was man mit dem (damals neuen) Internet kommerziell sinnvoll anfangen kann." Ironischerweise ist das ein Thema, das mich – und uns als Gesellschaft – bis heute nicht loslässt.

An jenem Tage vor dem Spiegel fasste ich einen folgenreichen Entschluss: Ich beschloss damals, mein Leben zu ändern, ich wollte es selbst in die Hand nehmen und umkrempeln. Meine temporäre Atemlosigkeit und der noch immer anhaltende Rückenschmerz machten wir klar, dass ich mehr an meinem Leben ändern musste als den anstehenden Umzug und das Ende meiner bis dato längsten Beziehung zu bewältigen.

Zu diesem Zeitpunkt war ich längst den Tagen an der Universität entwachsen, ich hatte meine Stelle als wissenschaftlicher Mitarbeiter eingetauscht, zunächst gegen ein eigenes Unternehmen, dass Internetseiten und Online-Bestellsysteme entwickelte, und später dann gegen mein eigenes kleines Beratungsunternehmen, das angetreten war, den „digitalen Wandel" begreiflich zu machen und Unternehmen unterschiedlicher Branchen und Größen beim Einsatz neuer Technologien zu begleiten — mit dem Ziel der Verbesserung der internen Prozesse ebenso wie der Interaktion mit Kunden. „Customer Experience", „Customer Journey", „Industrie 4.0", „Internet of Things (IoT)" sind nur einige der heute gängigen Begriffe. Nicht selten war und ist das Ziel dieser Projekte, auch die Mitarbeiter produktiver zu machen und ihnen dafür die richtigen technischen Werkzeuge an die Hand zu geben. Wissen + Motivation + das richtige Werkzeug = Erfolg. Von diesem Zusammenhang war ich überzeugt. Zusammen mit meinen Kunden hatte ich das oft genug bewiesen. Warum sollte Ähnliches im privaten Bereich nicht auch funktionieren?

Ich begann, meine Herausforderung als Projekt zu sehen, und überlegte, wie es gelingen konnte. Ich suchte nach Erkenntnissen, die mir dabei helfen konnten, nach Fachveröffentlichungen, Zeitschriftenartikeln und nach Büchern, die mir substantiell weiterhelfen konnten bei meinen ersten Recherchen und die mehr boten als oberflächliche „3 goldene Regeln", „5 Schritte" oder „7 Punkte zum Erfolg", die man quasi überall lesen konnte. Ich war neugierig, aber immer skeptisch in Bezug auf das, was ich bei meinen ersten Schritten auf dem Weg fand.

Ich konnte nicht anders. Ich musste alles kritisch hinterfragen. Einige Buchveröffentlichungen — darunter „Die Internetfalle" (2010 erstmals im gleichen Verlag wie dieses Buch erschienen) dokumentieren diesen selbst gesetzten Anspruch. In jenem Buch und in dem Folgewerk „Der programmierte Mensch" (2012) hatte ich bereits untersucht, welche Rückwirkungen der Gebrauch von Smartphones auf den Menschen haben kann und auch die Manipulationsgefahren dokumentiert, die im Handy als persönlichstem aller Geräte stecken können. Ich hatte mich getraut zu hinterfragen und war dabei angeeckt, immer wieder. Für mich stand immer der Mensch im Mittelpunkt — ob im Buch oder im Kundenprojekt.

Dennoch: Bei allem Hinterfragen, Erklären und Beschreiben war ich noch nie wirklich darauf gekommen, die gefundenen Erkenntnisse an mir persönlich auszuprobieren. Warum auch? Es war ja alles in Ordnung mit dem eigenen Leben. So dachte ich. Bis zu jenem Augenblick vor dem Spiegel. Aber was konnte ich tun?

Mir war klar: Ich musste den Dingen auf den Grund gehen, damit sich grundlegend etwas ändert. Was, wenn es in meinem fachlichen Umfeld mehr zu entdecken gab als Risiken für die Privatsphäre und Manipulation des Endverbrauchers durch die Unternehmen? Hatte ich mich am Ende — ganz in der Tradition der deutschen „Aufklärungsliteratur" — zu sehr in die Risiken- und Gefahrenbetrachtung verstrickt? Hatte ich die positiven Effekte übersehen? Das konnte nicht sein, denn bei aller Skepsis bin ich mein ganzes Berufsleben lang überzeugt von den positiven Wirkungen von Internet und mobilen Technologien für die Optimierung von Arbeitsabläufen in den Unternehmen, für die Verbesserung von Zusammenarbeit und — in gewissen Grenzen — auch für die Befreiung des Werktätigen von seinem festen Arbeitsplatz.

Jeder ist ein Kind seiner Zeit. Für mich bedeutet das: Als Jugendlicher noch aufgewachsen mit wenig Medienkonsum — ein Fernseher im Wohnzimmer mit drei Programmen, immerhin in Farbe, und ein oranges Telefon mit Wählscheibe —, fiel in mein Erwachsenwerden jene Entwicklung, die prägend war für unser heutiges Leben und Arbeiten: Die Zeit, in der Mobilfunk und Internetzugang die Grundlagen gelegt haben für unsere heutige umfassende Vernetzung der Gesellschaft. Konkret trafen hier die breite Verfügbarkeit zweier wesentlicher Innovationen der Telekommunikation in Gestalt des Mobilfunks der sogenannten D-Netze und des Internetzugangs für die breite Öffentlichkeit auf Innovationen bei den Endgeräten aufeinander — Mobiltelefone werden vom „Koffergerät" mit komfortablem Tragegriff zum „Handy". Smartphone; Heimcomputer, Laptop und Tablet definierten das „Personal Computing" — das bereits eine gute Dekade älter ist, mithin aus den achtziger Jahren des vergangenen Jahrhunderts stammt — plötzlich neu. Doch erst der Mix aus der Verfügbarkeit von Endgeräten und halbwegs preiswerten Kommunikationsverbindungen lieferte die Basis für jene Dynamik, die aktuell unser Leben und Arbeiten bereits umfassend prägt und die wir bis heute nicht vollständig verstanden haben.

Das Leben im Netz

Die universelle Vernetzung unseres Lebens ist — wenn man so will — das wesentliche Erbe der neunziger Jahre und die Basis unserer (digitalen) Welt. Darüber sind sich alle einig, ob sie nun als begeisterter Onlinespieler Pokémons jagen oder den „Digitalen Burnout" (so ein Buchtitel eines Bonners Informatikprofessors) durch zu viel Smartphone-Nutzung im Alltag befürchten — alle sind sich einig, dass sich unser Leben bereits gewaltig verändert hat und laufend weiter verändert. Wie hat man sich früher nur verabredet ohne WhatsApp-Gruppe, wie hat man sein Privatleben ohne Doodle organisiert und wie den Weg zum Urlaubsziel oder Geschäftstermin gefunden? Egal ob Kritiker oder Anhänger: Einen Weg zurück sieht keiner der Beteiligten. Und Beteiligte sind wir alle.

Möglicherweise hat sich unser Gehirn längst verändert und an die neuen Realitäten angepasst. In der durchweg technikkritisch geführten Debatte rund um die Auswirkungen der allumfassenden Vernetzung und die zunehmende Dominanz des Smartphones als unser Tor zur Welt wird gerne angeführt, auch das menschliche Gehirn würde durch derartige Einflüsse in Mitleidenschaft gezogen oder − neutral gesprochen − sich zumindest verändern. Ohne Zweifel gilt, dass sich unser aller Verhalten massiv verändert hat. Wer sich kritisch selbst beobachtet und ab und zu aktiv in sich selbst hineinhorcht, findet laufend Bestätigungen für diese These, erkennt sich unter Umständen wieder als Proband in einen gesellschaftlichen Großversuch.

Der amerikanische Autor und Technologiekritiker Nicholas Carr brachte bereits 2008 in einem mit „Is Google making us stupid? What the Internet is doing to our brains" betitelten Beitrag für das Magazin „The Atlantic" die wachsenden Bedenken über die Auswirkungen des Internets auf uns Menschen auf den Punkt und löste damit eine Diskussion aus, die in Folge auch zu seinem Buch „The Shallows. What the Internet is doing to our brains" (dt.: „Wer bin ich, wenn ich online bin ... Wie das Internet unser Denken verändert") führte. Carr beschreibt darin die an ihm selbst wahrgenommenen Wirkungen der Internetnutzung wie folgt:

Meine eigenen Lektüre- und Denkgewohnheiten haben sich dramatisch gewandelt, seit ich mich vor rund fünfzehn Jahren zum ersten Mal ins Web einwählte. Heute lese und recherchiere ich hauptsächlich online. Und dies hat mein Gehirn verändert. Zwar bin ich geübter darin geworden, durch die Stromschnellen des Netzes zu steuern, doch hat meine Fähigkeit, mich für längere Zeit auf eine Sache zu konzentrieren, kontinuierlich nachgelassen. Nachdem die Tiefe unserer Überlegungen direkt mit dem Grad unserer Aufmerksamkeit zusammenhängt, fällt es schwer, den Schluss zu vermeiden, dass unser Denken seichter wird, während wir uns an die geistige Umwelt des Netzes anpassen (http://www.faz.net/aktuell/ feuilleton/nicholas-carr-tiefen-und-untiefen-1912436.html).

Man könnte nun ketzerisch fragen, wie es denn sein könne, dass Herr Carr sein Buch zum Thema trotz dieser für die Autorentätigkeit doch eher hinderlich wirkenden Befindlichkeiten zu Ende schreiben konnte, aber man kann seinen Argumenten auch nachgehen und hinterfragen, was etwa die populär gewordene Neurowissenschaft zu diesen Thesen beizutragen hat: Dass sich das Gehirn von Kindern in den ersten Lebensjahren fortentwickelt, ist Allgemeinwissen. Der „Sturm im Kopf" bei Teenagern in der Pubertät ist unter Eltern und Erziehern eines der wesentlichen Themen. Aber kann sich das Gehirn eines erwachsenen Menschen noch ändern? Die Antwort der Hirnforscher ist ein klares Ja: So belegen Tests an Londoner Taxifahrern Veränderungen in den Gehirnstrukturen. Dies berichtet die BBC unter Berufung auf eine Studie des University College London (http://www.bbc.co.uk/news/health-16086233). In dieser Untersuchung wurden die Gehirne von 79 Männern und Frauen, die die Taxifahrerausbildung in London durchlaufen haben, per MRT gescannt — sowohl vor als auch nach der mehrjährigen Ausbildung. MRT steht für Magnetresonanztomographie und ist ein medizinisches Diagnoseverfahren, das als sogenanntes bildgebendes Verfahren zur Darstellung von Struktur und Funktion der Gewebe und Organe im menschlichen Körper eingesetzt wird. Das Verfahren erzeugt Schnittbilder, und so lassen sich im Gehirn Durchblutungsänderungen sichtbar machen, die auf neuronale Aktivitäten hindeuten. Im Falle der Londoner Taxifahrer in der von BBC bekannt gemachten Untersuchung wurden die Scans vor Antritt der Ausbildung mit den Scans nach erfolgreichem Bestehen des Taxischeins verglichen. Dabei wurden signifikante Unterschiede festgestellt. Die Forscher fanden bei den Probanden eine Vergrößerung einer Gehirnregion, des Hippocampus.

Zum Ausbildungsziel bei Londoner Taxifahrern gehören die Kenntnis von rund 25.000 Straßen, 20.000 besonderen Orten (Sehenswürdigkeiten, Hotels ...) und den Routen dazwischen. Zweifellos eine erhebliche Gedächtnisleistung, sich all dies einzuprägen. Nach Ansicht der Forscher zeigt die Studie, dass sich auch die Gehirne von Erwachsenen durch das Einstellen auf neue Aufgaben plastisch verändern. Ein kleiner Trost für alle, die sich derartige Merkleistungen nicht für sich selbst vorstellen können: Im Falle der Taxifahrer führt das intensive Training der für die Erfüllung der Taxifahreraufgaben notwendigen Fähigkeiten nach Ansicht der Studie auch dazu, dass — nach Vergleich mit einer Kontrollgruppe — andere Fähigkeiten geschwächt werden. So ist die Merkfähigkeit von komplexen visuellen Informationen für die Teilnehmer eingeschränkt.

Glaubt man nun dieser vielzitierten, aber in der Fachwelt wegen der geringen Probandenzahl und den getroffenen Schlussfolgerungen auch heftig umstrittenen Taxifahrerstudie, kommt man zu der Frage: Warum sollte die intensive Beschäftigung mit Internet und Smartphone nicht auch signifikante Rückwirkungen auf das Gehirn haben?

Weiterführende Experimente sind durchaus vorstellbar. Als Vergleichsgruppe zu Internet- und Smartphone-Vielnutzern könnten etwa Mitglieder der religiösen Vereinigung der Amischen (engl.: Amish) dienen, die weite Teile der heute verfügbaren Technologien traditionell ablehnen. Da dies bisher noch nicht in Angriff genommen wurde, muss man sich mit anderweitig gewonnenen Erkenntnissen begnügen. Dabei fällt insbesondere eine Studie mit chinesischen Teenagern ins Auge, über die im Fachmagazin Scientific American berichtet wurde (http://www.scientificamerican.com/article.cfm?id=does-addictive-internet-use-restructure-brain). Das Magazin bezieht sich dabei auf eine ursprünglich in China durchgeführte Studie. Probanden waren Heranwachsende, die wegen der sogenannten „Internet Addiction Disorder" behandelt wurden. Man kann in der Frage, wann so etwas wie eine Internetabhängigkeit gegeben ist, allerdings geteilter Meinung sein. Untersucht wurden junge Leute, die acht bis zwölf Stunden täglich online sind. Verglichen wurden deren Gehirnaktivitäten mit einer Vergleichsgruppe von 18 Personen im gleichen Alter, die allesamt weniger als zwei Stunden am Tag online verbringen. Die Vielnutzer leiden — laut der Studienergebnisse — an „Schrumpfung" der „grauen Masse" und anderen „Anomalitäten" des Gehirns. Die Änderungen sind außerdem umso stärker, je länger die intensive Nutzungsphase bereits andauert.

Nun bestand diese Gruppe — anders als die zu Ausbildungsbeginn schon erwachsenen Taxifahrer — aus Jugendlichen. Insofern ist eine höhere Formbarkeit beziehungsweise Veränderbarkeit des Gehirns durchaus nachvollziehbar und plausibel. Gerade im jugendlichen Alter werden heutzutage die prägenden medialen Erfahrungen gemacht. Auch wenn weitergehende Untersuchungen noch ausstehen, könnte man schlussfolgern, dass sich das Gehirn eines „Digital Natives", der digitale Medien intensiv nutzt, anders entwickelt als dies bei weniger technikbeeinflussten Generationen zuvor der Fall war, und sich folglich — analog zur Taxifahrerstudie — andere Hirnregionen und Fähigkeiten unterschiedlich entwickeln.

Wenn man nun der Argumentation von Nicholas Carr folgt, so muss man davon ausgehen, dass die Fähigkeit, sich länger mit einem einzelnen Sachverhalt zu beschäftigen, also sich etwa in das Lesen eines Buches zu versenken, durch intensive Beschäftigung mit elektronischen Medien insbesondere in der Gruppe der Millenials beeinträchtigt wird oder gar verlorenzugehen droht. Dazu passt auf den ersten Blick die von den Medien verbreitete Erkenntnis, die menschliche Aufmerksamkeitsspanne hätte sich in den letzten Jahren verkürzt und läge nun sogar unter dem Niveau eines Goldfischs (Microsoft 2015, Quelle: http://www.supermed.at/gesundheit/studie-aufmerksamkeitsspanne-drastisch-gesunken/). Tatsächlich ist der Vergleich mit dem Goldfisch zwar reizvoll, aber letztlich unbewiesen, als Marketingplot wie als Artikelüberschrift natürlich unschlagbar gut.

Richtig bleibt — allen fraglichen Details zum Trotz — eine Verkürzung der individuellen Aufmerksamkeitsspanne. Ob dies allein eine Frage der Internet- und Smartphone-Nutzung, ist, darf bezweifelt werden. So ist etwa die durchschnittliche Schnittfolge in Kino- und Fernsehfilmen bereits seit den 1970er Jahren rückläufig (http://www.indiewire.com/2013/06/the-longest-average-shot-lengths-in-modern-hollywood-133731/). Vielfach wird diese Verkürzung bis auf für aktuelle Filme typische rund vier Sekunden den veränderten Sehgewohnheiten der MTV-Generation zugeschrieben. Die für diese Zeit — ausgehend von den 1990er Jahren — stilprägenden Musikvideos hatten bis zu über 100 Schnitte — pro Minute(!). Es muss also nicht alles Smartphone sein. Dennoch ist mehr als naheliegend, dass die gefühlte Beschleunigung der letzten Jahre im engen Zusammenhang mit Smartphone + Co steht.

Falls Sie nun Mutmaßungen über eigene Betroffenheit anstellen: Es ist ein gutes Zeichen, dass Sie in diesem Buch zumindest bis hierhin drangeblieben sind. Das spricht eindeutig gegen eine beeinträchtigte Konzentrationsfähigkeit.

In Summe lässt sich festhalten, dass das Gehirn auf einer tieferen Ebene von wiederholten Handlungen beeinflusst wird. Ob es dabei um Autofahren, häufige Internet- oder Smartphone-Nutzung oder — ganz „Retro" — eventuell sogar intensives Bücherlesen geht, scheint letztendlich unerheblich.

Bemerkenswerte Einsichten in das Seelenleben der Menschen im Zeitalter von Internet und Smartphone liefert die Studie: „Digital Trends 2015" von Burda Forward, einem Unternehmen des Medienhauses Hubert Burda Media, dass sich mit der Vermarktung der Onlineangebote der Verlagsgruppe beschäftigt, und ein Bild der inneren Zerrissenheit der Anwender in Deutschland zeichnet (http://de.slideshare.net/ForwardAdGroup/tfm-social-trendsdigitaltrends). Im Einzelnen benennt sie Aussagen zum Internet und fragt, ob der Nutzer dem zustimmt:

- „Internet sollte immer und überall verfügbar sein": 72,2 % Zustimmung
- „Ein Leben ohne Internet wäre für mich unmöglich": 58,6 % Zustimmung
- „Internet zerstört das ‚echte' soziale Miteinander": 49,9 % Zustimmung

- „Ich bin gerne an Orten ohne Internet und Handyempfang": 46,8 % Zustimmung
- „Ich nutze das Internet nicht": 1,6 % Zustimmung

Natürlich kann man den methodischen Wert der Studie und bei 266 Befragten auch die Repräsentativität anzweifeln, alleine die Zahl von nur 1,6 % Nichtnutzern trifft schlicht nicht die Realität, dennoch sind die Ergebnisse hochinteressant, offenbart sich doch in der Widersprüchlichkeit einzelner Aussagen bei gleichzeitig hohen Zustimmungsquoten die tiefgreifende Verunsicherung vieler Nutzer, die gleichzeitig mit beinahe drei Viertel Mehrheit fordern, Internet möge immer und überall verfügbar sein, aber dennoch zu beinahe der Hälfte der Befragten gerne an Orten ohne Internet und Handyempfang sind.

Man kann diese Entwicklung getrost als gesellschaftlichen Anpassungsschmerz an den technologischen Wandel sehen. Wir stehen — auch nach gut 20 Jahren — in gewisser Weise noch am Anfang einer Entwicklung, eine gewisse Offenheit ist daher angebracht, auch für jenes gesellschaftliche Phänomen, das alle Welt als „Selfie" kennt.

Jeder tut es. Stars tun es, B-Promis ebenso wie Teenager und Erwachsene. Alle erstellen in hoher Frequenz Fotos, die sie selbst bei Tagesaktivitäten oder vor imposanten Kulissen zeigen und posten diese in sozialen Netzwerken. Der „Selfie" ist längst ein umfassendes Zeitgeistphänomen. Der erste Selfie eines Astronauten bei einem Außeneinsatz im All an der internationalen Raumstation ISS wurde bereits vor Jahren von der Nasa veröffentlicht — als Zeitzeugnis besonderer Art (http://apod.nasa.gov/apod/image/1209/selfportrait_iss032_4288.jpg). In der Tat scheint das Phänomen ansteckend zu sein, selbst in Businessnetzwerken wie LinkedIn finden sich Postings von Selbstporträts, die manchmal im Betrachter aufgrund ihrer Machart einen Fremdschämimpuls auslösen.

Auch ohne Psychologiestudium darf man gewissen Selfie-Protagonisten — ob auf Facebook oder auf LinkedIn — einen Hang zum Narzissmus unterstellen. In der Tat gibt es zahlreiche Studien, die einen Zusammenhang sehen, teilweise sind diese schon mehrere Jahre alt. Bereits 2011 haben Forscher der Technischen Universität Nanyang (Singapur) das Phänomen in einer Studie mit dem schönen Titel: „Narcissism, extraversion and adolescents' self-presentation on Facebook" bei Heranwachsenden untersucht und bestätigt einen eindeutigen Zusammenhang (http://www.sciencedirect.com/science/article/pii/S0191886910004654).

Heftig umstritten indes ist, ob Narzissmus im Internetzeitalter tatsächlich zugenommen hat, es mithin sowas wie eine „Epidemie" gibt, die durch Internet und Social Media befeuert wird, oder ob die Postings mit Selfies und andere selbstbezogene Aktivitäten im Netz nur ein Ventil sind für etwas, das gesellschaftlich bereits vor dem Internetzeitalter vorhanden war. Für diese These spricht etwa, dass eine Studie der Universität Mailand zu der Erkenntnis kommt, dass erstaunliche 17 % der Untersuchten — angehende Medizinstudenten der dortigen Hochschule — Anzeichen narzisstischer Störungen haben. Die Studie wurde bereits 1995 veröffentlicht — viele Jahre vor Social Media und dem Selfie-Phänomen (http://guilfordjournals. com/doi/abs/10.1521/pedi.1995.9.4.330?journalCode=pedi&). Sieht ganz danach aus, als hätten sich seither zumindest die Ausdruckmöglichkeiten für Narzissten massiv verändert.

Dabei kommt es den Narzissten nicht nur auf das posten der Inhalte an, wie eine neuere Studie belegt (Lee Jung-Ah and Sung Yongjun: „Hide-and-Seek: Narcissism and ‚Selfie'-Related Behavior", erschienen in: Cyberpsychology, Behavior, and Social Networking. Mai 2016). Bei dieser Untersuchung der Universität Seoul (Korea) wurde unter anderem ermittelt, dass narzisstische Nutzer dem Feedback auf ihre Postings, in Form von „Likes" und Kommentare eine hohe Bedeutung beimessen und viel Zeit damit verbringen, die Selfies anderer Nutzer zu begutachten, ohne jedoch überproportional häufig zu posten. Erlebte Anerkennung und Vergleich als wesentliche Eckwerte? Ein Gedanke, der uns im Laufe des Textes wieder begegnen wird.

Wie sehr das Thema „in Verbindung bleiben" in der Mitte des gesellschaftlichen Diskurses bereits angekommen ist, zeigt sich gerade auch in einer Debatte über den gesellschaftlichen Rand, bei der Flüchtlingskrise: „Es ist eine Geste der Willkommenskultur, auch digitale Konnektivität zu garantieren. Es ist ein Menschenrecht, ein Grundrecht darauf, verbunden zu sein." — so Vassilis Tsianos, Migrationsforscher an der Universität Hamburg (Zitiert nach https://detektor.fm/politik/fluechtlinge-mit-smartphones). Ob Smartphone-Nutzung ein Menschenrecht ist oder sein sollte, sei an dieser Stelle dahingestellt. Unstrittig ist, dass ein Smartphone dabei hilft, in einer umfassend vernetzten Welt Kontakt zu halten — über alle Grenzen hinweg. Unser Fenster zur Welt ist für manche auch ein Fenster zum Selbst. Ein Stück besseres Leben vielleicht. Aber eines, das mit Vorsicht zu genießen ist.

Erste Versuche

Eigentlich war ich mittendrin. Dennoch dauerte es, bis der sprichwörtliche Groschen bei mir fiel.

„Adidas Gruppe übernimmt Runtastic", so lautete eine Schlagzeile der Wirtschafts- und Technologiepresse im Sommer 2015, über die ich gestolpert war. Auf der Firmenhomepage von Adidas hieß es dazu:

„Der adidas Konzern und die runtastic GmbH gaben heute bekannt, dass die adidas AG alle ausstehenden Anteile der runtastic GmbH übernommen hat. Die Transaktion beziffert den Unternehmenswert von Runtastic auf 220 Mio. Euro. Entsprechend dem strategischen Geschäftsplan ‚Creating the New' unterstreicht die Akquisition das Bestreben des adidas Konzerns, Sportler aller Leistungsstufen zu inspirieren und sie zu befähigen, bestmöglich von der Wirkung des Sports zu profitieren. Runtastics Vision für 2020 ist es, dass jeder Einzelne einen bewussteren und aktiveren Lebensstil verfolgt, was letztendlich zu einer höheren Lebenserwartung und einem erfüllteren Leben führt. Somit hat die adidas Gruppe den perfekten Partner gefunden, der in gleichem Maße davon überzeugt ist, dass Sport, digitale Ressourcen und Daten kombiniert in einer ständig vernetzten und bedarfsgerechten Welt Großes bewirken können."

220 Millionen Euro für eine Firma, die nichts macht als eine App? Das kannte ich vorher nur von den Berichten aus dem Silicon Valley. Ich war skeptisch, aber interessiert. Was, wenn der versprochene „aktivere Lebensstil" nicht nur für sportorientierte Zeitgenossen hilfreich war, sondern auch mir, der ich kaum mehr hatte als den Willen zur Veränderung, helfen konnte? Ich war „angefixt" und wollte mehr wissen. Sofort.

Es sollte dennoch noch Monate dauern, bis es tatsächlich losging. Der Alltag holte mich ein und machte meinen Überlegungen und Recherchen den Garaus. Zunächst galt es, eine neue Wohnung zu finden. Keine leichte Aufgabe im Großraum München. Schließlich entschied ich mich bewusst für das Münchner Umland und zog an den Fuß der ersten Alpenkette in eine beschauliche Gemeinde — gut eine Stunde Fahrzeit mit der Bahn oder dem Auto von der Münchner Stadtmitte entfernt. Sie haben es längst erahnt warum. Die Berge vor der Tür — so mein Gedanke — konnten meiner Motivation, mich zu bewegen, nur zuträglich sein. Zudem musste ich im Rahmen meiner beruflichen Tätigkeit nicht täglich an einen festen Arbeitsplatz und hatte — neben vielen Reisen — auch immer wieder Tage oder ganze Wochen, in denen ich von zu Hause arbeiten konnte — wo immer ich beschloss, dass das war.

Ich hatte das Gefühl, ich hätte es bereits geschafft. Der Zähler war auf Null gestellt. Zeit für einen Neubeginn. Nach den Umzugswirren und der überraschenden Erfahrung in diversen Möbelhäusern, das offensichtlich praktisch jede Art von Einrichtung sechs bis zwölf Wochen Lieferzeit haben sollte, einigen Panikbesuchen mit Kleintransporter bei Ikea und diversen Onlinebestellungen hatte ich mich mit der neuen Situation arrangiert und irgendwie auch schon eingelebt. Nur meinem Ziel, fitter zu werden und die verdammten Rückenschmerzen loszuwerden, war ich nicht wirklich nähergekommen. Offensichtlich zählt Möbel schleppen, Regale aufbauen und Ämtermarathon nicht zu einem gesundheitsfördernden Workout. Bei mir jedenfalls änderte sich nichts, und die Berge vor der Tür blieben anfangs nur Staffage meines neuen Lebens, eines Lebens, bei dem zunächst nur die Wohnsituation wirklich neu war.

Übermotiviert, wie ich es in jenen Tagen war, wollte ich alles sofort. Die ein oder andere Bergwanderung — ohne besonderen Anspruch an Klettereien — gelang denn auch auf Anhieb, auch wenn ich immer wieder die Erfahrung machte, dass auf den Pfaden bergan der ein oder andere rüstige Rentner erst auf- und dann mich überholte. Frustrierend. Aber Aufgeben kam nicht in Frage.

An guten Ratschlägen aus dem Freundeskreis hat es nicht gemangelt. Mit meiner Ankündigung „Ich zieh aufs Land" und der Preisgabe der Destination kamen Empfehlungen zuhauf. Vom Segelkurs bis zum Reitverein reichte die Bandbreite der Empfehlungen.

Der allgemeine Tenor jedoch war: „Laufen gehen", dann wird das schon. Mit „Laufen gehen" war natürlich kein Spaziergang gemeint, sondern das Joggen. Laufen war noch nie meins. Jenseits der 100 Meter Kurzstreckensprints für das Schulsportprogramm war mir Laufen immer fremd geblieben. Mehrere Kilometer zu rennen war gleichsam unvorstellbar. Doch meine Motivation war stärker und reichte bis ungefähr Kilometer 1,2, als ich zum ersten Mal innehalten musste — keuchend und mit Seitenstechen. Zu schnell angefangen, das eigene Tempo nicht gefunden, soweit meine Selbstkritik. Ende des Experiments.

Eine gewisse Linderung brachte dann mein erstes Wearable, eine eher einfache Armbanduhr mit permanenter Pulsmessung durch Sensoren am Handgelenk. Damit fühlte ich mich zwar auch nicht unbedingt besser, aber es half mir, zumindest ein Tempo zu finden, bei dem ich nicht sofort an mir selbst scheiterte, weil mein Puls davonraste. Mit den üblichen Faustregeln habe ich schließlich meinen Zielpuls bestimmt und mein Lauftempo diesem angepasst. Klingt einfach und war nach dem ein oder anderen Fehlversuch tatsächlich machbar. Selbst für mich als Ungeübtem, als Laufanfänger. Der Fortschritt war jedoch zäh und mühsam, auch wenn die Interaktion mit dem einfachen Messgerät zweifellos dabei half. Während bei den ersten Laufversuchen noch die wildesten Zahlen über das Display rasten und die ganze Instabilität meines Zustands sichtbar machten, gelang es mir mit der Zeit immer besser, in einem plausiblen Wertebereich zu bleiben.

Aber irgendwie war Laufen nichts für mich, es kostete mich jedes Mal aufs Neue erhebliche Überwindung, überhaupt zu starten. Ich suchte (ganz unbewusst) nach Ausflüchten, nach Gründen, nicht laufen gehen zu müssen und — wie sagt man so schön: „Not macht erfinderisch" — ich fand diese auch immer öfter. Meist war es „zu warm", „zu kalt", „zu regnerisch" oder schon zu früh dunkel. Hatte ich schon erwähnt, dass am Ende mir auch die Knie weh taten? Eben! Gründe gegen das Laufen gab es genug.

Dennoch: In mir war der Forschergeist geweckt: Ich wollte es systematisch angehen. Ich hatte mir fest vorgenommen, den Dingen auf den Grund zu gehen. Nur so — davon war ich fest überzeugt — würde es mir überhaupt gelingen, etwas zu ändern. Die Fragen nach dem Wie und Warum trieben mich schließlich schon mein ganzes Leben um und waren auch prägend für die Ziele, die ich mir im Berufsleben gesetzt hatte. Ebenso wenig wie ich im Arbeitsleben ohne detaillierte Durchdringung der Zusammenhänge Anweisungen Folge leisten konnte, kam es für mich in Frage, irgendeinem Programm oder einer Theorie für das private Weiterkommen ungeprüft Glauben zu schenken. So waren es weder die Fitnesstipps aus den Zeitschriften „MensHealth" und „GQ", noch die Beiträge in Internetforen, die mich überzeugen konnten, so gut die Versprechungen der Titelbilder auch waren: „Flacher Bauch jetzt", „Ihr Weg zum Superbody", „Sofort stärker", „Essen Sie sich schlank" bis hin zur „Six-Pack-Garantie" (allesamt Beispiele von MensHealth-Titelstorys der letzten Jahre). Instant-Erfolg? Nicht mit mir. Mir war längst klar, dass — wie auch in anderen Bereichen — Erfolg nicht vom Himmel fällt, sondern permanenter Übung bedarf. Das schöne Wort der Nachhaltigkeit der Bemühungen echote durch meinen Kopf. Was ich noch nicht verstand, ist, wie das mit der Motivation funktionieren konnte, die man brauchte, um dabeizubleiben. Speziell nach meinen oben geschilderten anfänglichen frustrierenden Erfahrungen.

Ich startete einen neuen Versuch. Nachdem die dringenden Empfehlungen einer neuen Freundin, es mit Yoga zu versuchen — trotz Personal Trainerstunden —, eher unbefriedigende Ergebnisse brachten und ganz nebenbei die bittere Erkenntnis, dass es mir nicht nur an Kraft und Ausdauer, sondern auch an Gelenkigkeit und Koordination fehlte, blieb es bei einer kurzen Episode. Dank Personal Training hielten sich die gefühlten Peinlichkeiten auch im Rahmen. Der „downward facing dog" ist nichts, was ich in meinem damaligen körperlichen Zustand einem breiteren Publikum ästhetisch zumuten wollte. Doch es gab auch kleine Erfolge. Immerhin gelang mir nach anfänglichem wiederholten Umfallen der „Baum", bei dem man — Yogakenner mögen mir die Beschreibung verzeihen — auf einem Bein steht, das andere abwinkelt und mit der Fußsohle auf den Oberschenkel stellt und gleichzeitig die Hände über den Kopf faltet, durchaus ansehnlich. Eine Übung, zu deren Wirkungen es auf Gesundheit. de (https://www.gesundheit.de/fitness/fitness-uebungen/yoga-uebungen/baum) heißt:

- Körperlich: stärkt den Gleichgewichtssinn. Verbessert die Haltung und festigt den Körper.
- Seelisch: stabilisiert und harmonisiert. Hilft, Bestimmtheit und Zielorientiertheit zu entwickeln.

Ob es bei mir wirklich gewirkt hat, kann ich nicht beweisen. Ich bin mir jedoch fast sicher, dass es ein bisschen geholfen hat, mich selbst neu zu sortieren und den Blick zu schärfen für das, was wirklich wichtig ist im Leben. Wirklich geholfen hatte mir jedoch der Druck durch jene Freundin wie durch den angeheuerten Trainer, kneifen war nicht. War das nicht bereits ein erster wichtiger Baustein in Sachen Motivation? Sich keinen Ausweg zu lassen?

Allen kleinen Anfangserfolgen zum Trotz: Ich fühlte mich nicht wirklich wohl mit Yoga. Eine neue andere, mit meinen Voraussetzungen und Möglichkeiten besser in Einklang zu bringende Sportart musste her, und ich war irgendwie ratlos. Vielleicht sollte ich endlich verstehen, was wirklich hilft, den richtigen Drive zu finden um „dranzubleiben". Denn so viel war klar, ohne Übung geht es nicht, und diese Übung stellte sich nur ein, wenn ich mich immer wieder aufraffen konnte, etwas zu tun. Was am besten für mich war, würde ich schon noch herausfinden, davon war ich überzeugt. Aber jetzt war es an der Zeit, sich mit den Grundlagen zu beschäftigen.

Am Anfang steht der Vorsatz

„Der gute Vorsatz ist ein Gaul, der oft gesattelt, aber selten geritten wird." Diese aus Mexiko stammende Redensart beschreibt wunderbar die jedem Menschen mehr oder weniger bewussten Schwierigkeiten, die eigenen Vorhaben in die Tat umzusetzen. Den Schreibtisch aufräumen, die Steuererklärung endlich abschließen, den Termin beim Zahnarzt nicht weiter aufschieben, immer gibt es scheinbar gute Gründe, etwas nicht oder nicht rechtzeitig anzugehen oder sich hinterher gar das eigene Versagen im Angesicht der Herausforderung schönzureden: „Gut, dass ich bei dem Wetter nicht laufen gegangen bin, in der Kälte wäre ich ja höchstens krank geworden …". Der Autor nimmt sich da ausdrücklich nicht aus.

In all diesen Fällen erwartet ja niemand eine Belohnung, oder diese bleibt aus der Sicht des Hier und Jetzt zu abstrakt und wenig greifbar. Zudem steht ja immer etwas zwischen einem selbst und der Herausforderung, die es zu meistern gilt. Es liegt in der menschlichen Natur, sich lieber mit dem Hier und Jetzt als mit einer möglicherweise nie eintretenden Zukunft zu beschäftigen. Wer weiß, vielleicht löst sich manches Problem ja von allein. Dabei scheint doch die Fähigkeit, sich jetzt hier und heute zusammenzureißen, um in Zukunft besser dazustehen, eine Schlüsselfähigkeit für die erfolgreiche Suche nach einem besseren Leben zu sein.

Verwiesen sei hier auf ein wissenschaftliches Experiment, mit dem der österreichstämmige Neuropsychologe Walter Mischel an der Columbia University in New York weltbekannt geworden ist (Walter Mischel: „The Marshmallow Test. Mastering Self-Control"):

In den 1960er Jahren hat Mischel amerikanischen Vorschulkinder einen Marshmallow vorgesetzt und ihnen angeboten, dass sie eine zweite Süßigkeit als Belohnung bekommen, wenn sie den Marshmallow zwanzig Minuten unberührt lassen. Wer allerdings den Marshmallow vor Ablauf der Zeit aufgegessen oder die Klingel betätigt hatte, um das Aufsichtspersonal zur rufen, bekam nichts. Die Ergebnisse waren sehr unterschiedlich. Einige Kinder konnten ohne Probleme die vorgegebene Zeitspanne abwarten, andere aßen das Marshmallow sofort auf, und wieder andere versuchten sich selbst abzulenken, um der Versuchung zu widerstehen. Mischel untersuchte später die Lebensleistungen der Versuchspersonen, und genau hier liegen die interessanten Erkenntnisse. Wer als Vorschulkind Willensstärke bewiesen hatte, war später im Berufs- und Familienleben erfolgreicher. Mischels Hypothese lautet: Wer über eine starke Willenskraft verfügt und sich auf langfristige Ziele konzentriert, hat bessere Chancen, ein erfolgreiches und zufriedenes Leben zu führen.

Dabei redet er jedoch nicht einem biologische Determinismus das Wort; anders gesagt, es ist seiner Ansicht nach nicht der genetische Hang zur Faulheit, der uns ein Leben lang daran hindert, das Beste aus uns zu machen. Nach Mischels Untersuchungen sind es die Kinder, die verschiedene Tricks einsetzen, um sich selbst abzulenken, von denen man am meisten lernen kann. Diese haben gezeigt, was zu tun ist, um den „inneren Schweinehund" auszutricksen und ein Ziel zu erreichen. Sich selbst von den störenden Versuchungen abzulenken kann im Internetzeitalter eben auch der temporäre Verzicht aufs Smartphone sein, warum nicht einfach den Flugmodus aktivieren, bis die dringend anstehende Aufgabe erledigt ist.

In seinem Buch empfiehlt Mischel auch, sich das zukünftige „Ich" mit der höheren Belohnung bildlich auszumalen. „Diese bewussten Vorstellungen wirken Wunder", schreibt er. Mischel unterscheidet zwischen heißen und kalten Zonen in unserem Gehirn. Das limbische oder heiße System sei für „primitive" Bedürfnisse wie den Sexualtrieb, Hunger oder Angst vorgesehen. Es strebt nach schneller Bedürfnisbefriedigung. Es ist der Teil, der uns sagt, dass wir jetzt auf der Couch Fernsehschauen, statt ins Fitnessstudio gehen sollten. Dem gegenüber steht das kalte System. Dieses ist für rationales Denken, langfristige Entscheidungsfindung und Selbstkontrolle zuständig. Beide Systeme stehen im Widerstreit. Mischel und andere Autoren betonen, dass wir das kalte System aktiv trainieren können.

Alle wissenschaftlichen Ansätze sind sich in einer Überlegung einig: Wer seine Willensstärke verbessern will, muss über die richtige Einstellung verfügen. Eine Einstellung, die sich – in gewissen Grenzen – trainieren lässt und die doch ständig bedroht ist durch das ein oder andere spannende Stück Information, die uns im Netz begegnet, durch die Verlockung, Mails zu checken – wer könnte uns wohl geschrieben haben? Und unsere Konditionierung auf WhatsApp und andere Nachrichten. Gleich Pawlowschen Versuchshunden lechzen wir geradezu nach Neuem, weil wir nicht genug bekommen können von den Belohnungen, die uns die digitale Welt versprechen. Ähnlich Spielautomaten-Süchtigen sind wir alle davon angezogen, dass es eben nicht immer das gleiche Ergebnis gibt, sondern eine „variable Belohnung" – etwas, das Forscher für den Schlüssel zur Manipulation des Nutzers halten.

Internet-Verlockungen sind wie ein Laden voller Süßigkeiten, der sofortigen Genuss ohne Reue verspricht, uns aber mittel- und langfristig abhängig machen kann. Um diesen Versuchungen in jeder Sekunde unseres Online-Daseins aktiv zu widerstehen, bedarf es enormer Willensstärke und vielleicht des ein oder anderen Tricks — angewendet gegen uns selbst. Ob und wenn ja wie genau uns nun neue Technologien dabei helfen können, uns im positiven Sinne selbst auszutricksen, das hatte ich mir vorgenommen, herauszufinden. Die Macht des Mediums für meine eigenen Zwecke zu nutzen, war ich angetreten und scheiterte doch immer wieder an mir selbst, indem ich immer wieder selbst den Nachrichteneingang prüfte, auch wenn selten etwas wirklich Spannendes reinkam, und ich mich beinahe ebenso häufig im Endlosstrom der Meldungen auf LinkedIn verlief. Nüchtern betrachtet wurden meine Erwartungen meist enttäuscht, und doch war ich immer wieder dran. Es ging gefühlt ja auch nicht ohne. Dennoch: Wollte ich was ändern, so musste ich angreifen; jetzt sofort. Dergestalt motiviert, die Informationsfülle des Internets für ein besseres Leben zu nutzen, was wäre da naheliegender, als sich zunächst aktiv eben dort zu informieren. Möglicherweise sind Sie auch auf die eine oder andere Studie gestoßen, die der Vorstellung, man wäre den Triebkräften des digitalen Umfelds ausgeliefert, widerspricht, oder Sie haben ganz allgemein nach Gesundheitsinformationen gesucht, weil Ihnen die klassische Vorgehensweise, erst dann nach Lösungen zu suchen, wenn ein Problem auftritt, gerade wenn es um Ihre Gesundheit geht, suspekt ist. Mit dieser Einstellung sind Sie erfreulicherweise nicht allein.

Kann man Gesundheit und besseres Leben googeln? Diese Frage kann als beantwortet gelten, alleine in Deutschland sind mehr als 40 Millionen Menschen im Netz auf der Suche nach Informationen zu ihren eigenen Befindlichkeiten, Zipperlein und Wehwehchen. Im Rahmen einer Studie der Bertelsmann Stiftung wurden 800 Mediziner verschiedener Fachrichtungen befragt, und 45 Prozent von ihnen gaben an: Patienten, die Gesundheitsinformationen googeln, belasten die Arbeit in den Praxen. Ein weiteres Drittel der Ärzte sieht darin zumindest teilweise eine Belastung. Die Ärzteschaft beklagt eine Verwirrung der Patienten und eine Verschlechterung des Verhältnisses von Patient und Arzt. Dass sich diese Form der Informationsbeschaffung wieder zurückschrauben ließe, wie manche Mediziner — nicht nur die Befragten in der Studie — sich zu wünschen scheinen, darf als unwahrscheinlich gelten.

In der Tat sind die Gefahren, an falsche Informationen zu geraten oder vorhandene unrichtig zu interpretieren für den medizinischen Laien groß. Plakativ gesagt: Im Extremfall droht Cyberchondrie — der hypochondrisch veranlagte Patient steigert sich derartig in die typischerweise mehrdeutige

Befundsituation hinein, bis er — mit eigentlich banalen Beschwerden — davon ausgeht, ein schwerwiegendes Leiden zu haben.

Was wir hier erleben, sind Anpassungsschmerzen, die wir auch aus anderen Branchen beziehungsweise Bereichen mit Expertenwissen kennen, die im Zuge der Digitalisierung verändert werden. Das Informationsgefälle zwischen Experte und Anwender/Kunde/Patient wird zunehmend eingeebnet. Der informierte Patient ist dabei leider häufig ein falsch informierter Patient. Es ist eine Herausforderung für die Ärzteschaft, damit sinnvoll umzugehen. Vielleich wäre eine aktive Adressierung der neuen Chancen und Risiken von Medizininformationen im Internet durch die Mediziner sinnvoll, etwa indem sie Patienten auf die vielfach vorhandenen sinnvollen und wichtigen Angebote verweisen.

Ein Beitrag in der F.A.Z. vom 13.7.2016 listet einige davon auf:

www.krebsinformationsdienst.de
„In der Studie der Bertelsmann Stiftung sollten Ärzte die Vertrauenswürdigkeit mehrerer Internetportale bewerten.

Besonders gut schnitt die Patientenseite des Deutschen Krebsforschungszentrums ab: 70 Prozent der befragten Ärzte, denen das Angebot geläufig war, hielten es für gut. Auf den Seiten finden Patienten Nachrichten zum Thema Krebs, es werden Statistiken geliefert und die physiologischen Hintergründe der Erkrankung erklärt. Zu den einzelnen Krebsarten fasst die Seite die wichtigsten Informationen übersichtlich zusammen. Auch für andere Krankheiten gibt es Fachseiten, die für Patienten gedacht sind. Einige davon betreiben die medizinischen Fachgesellschaften. Eine Übersicht gibt es beim ÄQZ (Ärztliches Zentrum für Qualität in der Medizin).“

www.washabich.de
„Ärztliche Befunde bestehen notwendigerweise aus vielen Fachbegriffen und sind für die meisten Patienten nicht zu verstehen. Medizinstudenten der TU Dresden lösen dieses Problem: Patienten können ihren Befund ins Internet hochladen, die werdenden Mediziner übersetzen ihn in verständliches Deutsch. Das soll den Kranken helfen, mit ihren Ärzten auf Augenhöhe zu sprechen. Das Projekt ist kostenlos, mehrfach ausgezeichnet und finanziert sich über Spenden. Partner ist unter anderem das ÄQZ. Bis ein Befund bearbeitet wird, kann es bis zu zwei Wochen dauern.“

www.patienten-information.de; www.leitlinien.de
„Das Ärztliche Zentrum für Qualität in der Medizin (ÄQZ) ist ein Zusammenschluss von Bundesärztekammer und Kassenärztlicher Bundesvereinigung, es betreibt mehrere Internetseiten. Die sind besonders für Volkskrankheiten wie Asthma und Depression zu empfehlen. Betroffene können sich dazu jeweils zweiseitige PDF-Dateien herunterladen. Die sind verständlich formuliert und fassen alles für den Anfang Nötige zusammen: Was sind, zum Beispiel, die Anzeichen für eine Depression? Welche Therapien gibt es? Wer tiefer einsteigen will, kann auf sogenannte Nationale Versorgungsleitlinien zurückgreifen: systematisch entwickelte Entscheidungshilfen über Therapien, die Patienten am besten mit dem Arzt durchgehen."

Von einzelnen Medizinern kommen inzwischen auch Beiträge. Zu einiger Berühmtheit hat es inzwischen der deutsche Arzt Dr. Johannes Wimmer gebracht, der auf seinem eigenen Youtube-Channel medizinische Grundlagen erklärt und es dort je nach Video zu drei bis fünfstelligen Abrufzahlen bringt. Inzwischen wurde er vom Fernsehen entdeckt und setzt dort seine Aufklärung in verschiedenen Formaten fort. In Deutschland ist er damit noch eine Ausnahmeerscheinung, international gibt es zahlreiche Protagonisten mit medizinischem Background, die sich an einer aktiven Patienteninformation via Internet versuchen. Beispielhaft sei hier der „Symptom-Checker" der Mayo Klinic aus den USA genannt (http://www.mayoclinic. org/symptom-checker/select-symptom/itt-20009075). Dieser adressiert — in vergleichbarer Funktionsweise wie ein Produktauswahlsystem oder -konfigurator — alghorithmenbasiert, d.h. ohne weiteres menschliches Zutun, die Befindlichkeiten des Nutzers, stellt weitere Fragen und liefert sogar eine erste Einschätzung über den Ernst der Lage und Hinweise, wann der Patient sich sinnvollerweise an einen Arzt oder eine Klinik wenden soll. Das vielfach als nützlich erachtete System der Mayo Klinic selbst ist allerdings nicht viel mehr als ein einfacher Auswahlbaum und bleibt folglich weit hinter dem zurück, was sich Anbieter von Künstlicher Intelligenz versprechen.

In der Tat bleiben Lösungen für die Diagnose in Form von „Symptom-Checkern" noch hinter den Leistungen von Ärzten zurück. Zu diesem Schluss kommt eine große Studie, die im Oktober 2016 in einem Fachjournal für innere Medizin veröffentlicht wurde (Hannah L. Semigran, David M. Levine, Shantanu Nundy, Ateev Mehrotra. Comparison of Physician and Computer Diagnostic Accuracy. JAMA Internal Medicine, 2016; DOI: 10.1001/jamainternmed.2016.6001). In der Studie hat man 234 Ärzte für innere Medizin gebeten, 45 klinische Fälle, die sowohl gängige als auch weniger gängige

Symptome aufwiesen und einen unterschiedlichen Schweregrad hatten, zu beurteilen. Im Ergebnis lagen die Ärzte mehr als doppelt so oft diagnostisch richtig als 23 gängige Apps, die unter die Kategorie der „Symptom-Checker" fallen. Dennoch machten die Ärzte in erschreckenden 15 Prozent der Fälle noch Fehler. Das Fazit der Forscher fällt daher auch gemischt aus. Sie sehen eine Verbesserungsmöglichkeit der Diagnosequalität zukünftig im Zusammenspiel von Maschine und Mensch.

Konsequenterweise vermarktet der Computerriese IBM seine Künstliche-Intelligenz-Technologie auch im Gesundheitswesen und verspricht zunächst nur eine „Unterstützung bei der Diagnose" (https://www-05.ibm.com/de/watson/gesundheitswesen.html). In der Beschreibung ebenda liest sich das so:

„Watson nutzt die Möglichkeiten der natürlichen Sprache, die Erzeugung von Hypothesen und das evidenzbasierte Lernen, um Ärzten bei Entscheidungen zu helfen. (…) Zuerst könnte der Arzt dem System eine Frage stellen und dabei die Symptome und weitere zugehörige Faktoren beschreiben. Watson beginnt dann mit der Analyse dieser Daten, um die wichtigsten Informationen zu ermitteln. (…)

Anschließend durchsucht Watson die Patientendaten nach relevanten Fakten über die Familiengeschichte, die aktuelle Medikation und weitere Bedingungen.

Er kombiniert diese Informationen mit aktuellen Befunden aus Untersuchungen und Diagnosegeräten und analysiert dann alle verfügbaren Datenquellen, um Hypothesen zu formulieren und zu überprüfen. Dabei kann Watson Behandlungsrichtlinien, elektronische Krankenakten, Notizen von Ärzten und Pflegepersonal, Forschungsergebnisse, klinische Studien, Artikel in medizinischen Fachzeitschriften und Patientendaten in die für die Analyse verfügbaren Daten einbeziehen.

Schließlich stellt Watson eine Liste möglicher Diagnosen und einen Wert bereit, der angibt, wie sicher jede Hypothese ist.

Die Fähigkeit, während der Erstellung und Bewertung von Hypothesen den Kontext zu berücksichtigen, erlaubt Watson die Lösung dieser komplexen Probleme und hilft dem Arzt — und dem Patienten — präzisere Entscheidungen auf der Basis fundierter Informationen zu treffen."

Diese eher defensiven Formulierungen sind von der schwierigen Gemenge-lage im (deutschen) Gesundheitssystem geprägt. Es ist absehbar, dass dieser bis dato streng regulierte Bereich früher oder später vom digitalen Wandel betroffen sein wird. Der Startschuss wird aber aller Voraussicht nach nicht in den westlichen Ländern gegeben, sondern eher in Ländern, in denen Krankenversicherungen selten und Arztbesuche schwierig sind, mithin Teile der Bevölkerung nur eingeschränkten Zugang zum Gesundheitssys-tem haben.

Dort, in Entwicklungs- und Schwellenländern, wird man das Risiko einer Fehldiagnose eher in Kauf nehmen, die Alternative wäre hier keine Versor-gung oder der Rückgriff auf Wunderheiler und Medizinmänner. Automa-tisierte Diagnosesysteme und Fernbetreuung via Internet und Smartphone können den Zugang zu einer grundlegenden Gesundheitsversorgung die-ser Zielgruppen erleichtern. Die oben genannten „Symptom-Checker" sind dafür ein Anfang, eine schnelle Entwicklung ist absehbar. Es darf erwartet werden, dass diese — auf dem Umweg über die Entwicklungsländer — früher oder später auch in der westlichen Welt ankommen. Noch sind die Probleme im Gesundheitswesen, wie Kostenexplosion, Wartezeiten auf Behandlungstermine etc., scheinbar noch nicht schmerzhaft genug, um eine Akzeptanz für neue Dienste herbeizuführen.

Erste Anzeichen finden sich in den USA, wo mit dem Startup Oscar im Zuge der dortigen Reform des Krankenversicherungssystems unter dem Stich-wort „Obamacare" ein neuer Versicherer gegründet wurde, der sowohl eine Vorqualifikation der Diagnose mittels „Symptom Calculator" als auch telemedizinische Dienste anbietet und seinen Kunden nicht nur einen Fitness-Tracker bereitstellt, sondern seine Nutzung auch mit bis zu einem US$ incentiviert. Ob das Versprechen der zukünftigen Belohnung bei Oscar hinreichend motiviert, darf bis dato als unbeantwortet gelten. Nach riesigen Verlusten ist die Zukunft des Unternehmens ebenso ungewiss wie die politische Bestandsfähigkeit des gesamten Krankenversicherungs-wesens der USA nach der Wahl von Donald Trump zum US-Präsidenten.

Gesund leben, aber wie?

Aber war ich wirklich auf dem richtigen Weg? Ernsthaft krank war ich — so viel hatte ein zwischenzeitlicher Gesundheitscheck bei meiner ganz realen Hausärztin ergeben — nicht, oder vielleicht noch nicht, wer weiß, wie sich mein Zustand weiterentwickelt hätte, hätte ich nicht beschlossen umzusteuern.

Also erneut auf ins Netz auf der Suche nach relevanten Informationen für meine Situation. Dass sich die Gesundheitsbranche hierzulande primär als reinen Reparaturbetrieb sieht, hatte ich bereits erwähnt.

Umso vielfältiger waren die Informationen, die nun meine Google-Trefferlisten bevölkerten. Mehr Achtsamkeit wurde mir ebenso empfohlen wie eine fleischlose Ernährung, die Teilnahme an einem Laufseminar oder gleich die finale Erlösung beim Sektenguru. Allein den hier „gefühlt" dominierenden Unsinn herauszufiltern, erweist sich als Medienkompetenzübung. Zu einfach wäre es gewesen, jetzt aufzugeben, man macht ja vermutlich ohnehin nicht das Richtige. Dennoch: Allen weiter oben angeführten Selbstentschuldigungen zum Trotz: Manchmal weiß man — bewusst wie unbewusst —, dass es besser wäre, jetzt tatsächlich mit Blick auf eine bessere Zukunft aktiv zu werden, auch wenn eine konkrete Belohnung nicht ansteht und die Aussicht auf eine solche in der Zukunft wolkig bleibt. Häufig scheitern Menschen jedoch daran, was volkstümlich gerne als „innerer Schweinehund" beschrieben wird. Gemeint damit ist allegorisch die Willensschwäche, die eine Person daran hindert, sinnvolle oder als ethisch gebotene Tätigkeiten tatsächlich durchzuführen. Anders gesagt, es fehlt an Selbstdisziplin.

Die Überwindung dieses „inneren Schweinehunds" ist in westlichen Gesellschaften ein Milliardengeschäft. Seminare, Bücher oder Coachings sichern das Auskommen zahlreicher „Experten". Google liefert ca. 95.800 Treffer zum Begriff „innerer Schweinehund" (wenn als Begriff markiert und in Anführungszeichen gesetzt), nicht wenige davon führen zu Motivationsratgebern.

Eine ähnliche Suche bei Amazon liefert mehr als 1.000 Treffer mit Büchern zum Thema „innerer Schweinehund". Einer der Autoren, Stefan Frädrich — Erfinder der Figur „Günter, der innere Schweinhund" —, hat nach Verlagsangaben in zehn Jahren mehr als eine Million Bücher zum Thema verkauft. In seinen 18 Titeln geht es um Verhandeln, Fitness, Flirten, Rauchen aufgeben, Schlank werden … Kaum ein denkbares Unterthema des „besseren Lebens" bleibt unberücksichtigt. Wären all diese Bücher gelesen und befolgt worden, der innere Schweinehund wäre möglicherweise bereits ausgestorben.

Zweifellos sind in diesen und ähnlichen Werken nützliche Tipps zu finden, die dabei helfen, den eigenen Zielen näherzukommen. Dennoch: Ich wollte einen eigenen Weg finden mit meinen eigenen Mitteln, aus dem beruflichen Umfeld, dass ich kannte. Ich wollte die Frage klären, ob uns die moderne Technologie, die uns umgibt, dabei helfen kann. Dabei galt es zunächst, einigen Mythen auf den Grund zu gehen.

Die 10.000-Schritte-Regel

Haben Sie sich auch schon gewundert, woher die Angabe kommt, man müsste aus Fitnessgründen täglich 10.000 Schritte zurücklegen. Diese Angabe findet sich häufig in der Literatur und ist — ganz ungeprüft — auch die Grundeinstellung bzw. das „Standardziel" zahlreicher Fitness-Apps und Bewegungstracker. Tatsächlich lässt sich die Angabe zurückverfolgen zu einer japanischen Studie zur Diabetes-Behandlung aus dem Jahr 1995, bei der die Forscher einer Gruppe von Teilnehmern relativ willkürlich genau dieses Ziel vorgaben. Im Vergleich zum Durchschnitt, den man für die Patientenbasis mit rund 4.500 Schritten ermittelt hatte, ist das eine deutliche Steigerung (http://www.ncbi.nlm.nih.gov/pubmed/?term=Yaman ouchi+pedometer). Das Ergebnis hier in Kürze: Ja, Mehr Bewegung hilft — mehr Bewegung ist besser als weniger.

Dass die darin verwendete Vergleichsgröße nun häufig die Standardtagesvorgabe für Schrittzähler und Fitness-Apps ist, ist also nicht mehr als dem Zufall geschuldet. Wer würde auch die Plausibilität anzweifeln. Auch an anderer Stelle scheint 10.000 eine magische Zahl zu sein. So wurde vom US-amerikanischen Autor Malcolm Gladwell in seinem vielbeachteten Buch „Überflieger: Warum manche Menschen erfolgreich sind — und andere nicht" (2009) die „10.000-Stunden-Regel" popularisiert, der zufolge die Experten ihres Tätigkeitsfeldes mindestens 10.000 Stunden Erfahrung brauchen. Tatsächlich lässt sich diese Zahl auf eine Studie des schwedischen Psychologen K. Anders Ericsson im Harvard Business Review im Sommer 2007 (https://hbr.org/2007/07/the-making-of-an-expert) zurückführen. Seine Erkenntnisse wiederum bauen auf Beobachtungen auf, denen zufolge zweistündiges Üben am Tag bei Musikern oder Athleten über einen Zeitraum von einer Dekade wesentliche Unterschiede in der Leistung im jeweiligen Wettbewerbsumfeld erklärt. Warum es dann nicht die „7.200-Stunden-Regel" geworden ist bei zehn Jahren mit angenommenen 360 Übungstagen, erklärt sich vermutlich nur dadurch, dass 10.000 Stunden irgendwie griffiger klingen oder eher zum Bestseller taugen, was Gladwell mit seinem Buch ja bewiesen hat.

Empfehlungen von fachlicher Seite, etwa die des American College of Sports Medicine (ACSM) (http://acsm.org/about-acsm/media-room/news-releases/2011/08/01/acsm-issues-new-recommendations-on-quantity-andquality-of-exercise) weichen davon ab. Das ACSM empfiehlt 150 Minuten Bewegung mittlerer Intensität pro Woche als Mindestmaß, was man mit 7.000 bis 8.000 Schritten übersetzen kann, signifikant mehr, als die meisten Menschen in westlichen Gesellschaften tatsächlich machen.

Festzuhalten ist, dass — so willkürlich diese Angaben sind — ein moderates Mehr immer hilft. Letztendlich schadet es nicht, wenn es statt 7.000 nun 10.000 Schritte am Tag werden. Es ist aber die Greifbarkeit der Zahl, die den Unterschied macht, und dem Mensch hilft es, diese — mit einem geeigneten Werkzeug, in diesem Fall einen Schrittzähler — auch nachzuverfolgen und damit letztendlich Erfolg zu haben. Erst durch die Hinterlegung von qualitativen Zielen mit quantitativen Aspekten werden diese messbar und somit erreichbar. Sonst bleibt es vielfach bei bloßen Ankündigungen, wie sie gern zu Silvester getroffen werden: „Ich will mehr für meine Gesundheit tun …", „Ich werde öfters laufen gehen" … etc.

Studien, die die Vorsätze zum Jahreswechsel untersuchen, gibt es einige. Beispielhaft sei hier eine des Meinungsforschungsinstituts Forsa genannt. In dieser Ende 2015 durchgeführten Untersuchung (http://www.wiwo.de/erfolg/trends/jahreswechsel-wie-man-seine-vorsaetze-durchzieht/12753086-2.html) gaben 62 Prozent der Befragten an, mehr für ein stressfreies Leben tun zu wollen. 59 Prozent wollen mehr Sport machen, 36 Prozent wollen abnehmen. An guten Vorsätzen mangelt es also nicht. Das ernüchternde Fazit: Rund die Hälfte der Befragten gibt schon in den ersten drei Monaten auf. Und das sind nur die, die dies gegenüber den Marktforschern auch offen zugegeben haben.

Hinterlegt man diese Vorsätze jedoch mit klaren Angaben, die auch erreichbar sind, wie: „Ich möchte jeden Morgen vor der Arbeit 15 Minuten auf dem Laufband joggen", und plant das auch fest in den Kalender ein, so funktionieren auch Ausreden á la „das Wetter war zu schlecht", „das Fahrrad ist kaputt" nicht mehr. Die Erfolgs- und Durchhaltequote steigt damit signifikant an.

Apropos Fahrrad. Warum es nicht mit Fahrradfahren versuchen? Fahrradfahren verlernt man nicht, so heißt es doch. Als ich noch in München wohnte, hatte ich schon mal die Idee verfolgt, durch Fahrradfahren fit zu werden. Dagegen sprachen zwei Dinge: der mörderische Stadtverkehr, trotz des relativ gut ausgebauten Radwegenetzes, und die Tatsache, dass mein strategisch im Herbst als „Auslaufmodell" angeschafftes Mountainbike mir im Winter aus einem verschlossenen Keller gestohlen wurde — selbst Houdini hätte das nicht besser hinbekommen, der Keller war nach dem Diebstahl wieder verschlossen. Kurz gesagt war jener Vorfall in München ebenso demotivierend für mich in Sachen Fahrradfahren wie eine mehrwöchige Regenfront beim Joggen. War es nicht gleichsam ein Wink des Schicksals, das Radfahren bleiben zu lassen?

Hier am neuen Wohnort kam mir nun der Zufall zur Hilfe. Ich hatte Wind davon bekommen, dass ein älterer Herr ein wenig gefahrenes Treckingrad abgeben wollte. Im Tausch gegen einige Flaschen Wein erhielt ich eine Art Vorläufer eines Mountainbikes. Von mehr als einem Jahrzehnt „parken" in der Garage waren die Reifen hinüber — der lokale Fahrradhändler konnte hier jedoch schnell Abhilfe schaffen. Jenseits der Farbstellung lila und gold, ein offensichtlich in den 90er Jahren des letzten Jahrhunderts gängiger Ton, kam das Rad nämlich mit ansehnlichen Shimano-XT-Schaltkomponenten, weiteren hochwertigen Teilen und vor allen Dingen einem — Überraschung — leichten Carbonrahmen. Nach einem kurzem Boxenstopp mit Neubereifung und Schmierservice lief dieses Rad besser als jedes andere Fahrrad, das ich vorher besessen hatte — das aus meinem Keller geklaute Mountainbike eingeschlossen. Es war also bald ganz automatisch erste Wahl, wenn ich irgendwo im Ort hinwollte, ob zum Friseur oder zum Einkaufen. Aber 500 Meter Radfahren machen noch keinen Sportler, oder?

Dass Radfahren gesundheitsfördernde Wirkung haben kann, ist belegt. Eine Studie der Lund-Universität Kopenhagen kam im Herbst 2016 sogar zu dem Schluss, dass der gesellschaftliche Nutzen des Radfahrens überwiegt, wohingegen Autofahren Nachteile bringt. Summiert man die Kosten für die Gesellschaft und die Kosten, die für Verbraucher individuell entstehen, dann kosten die Folgewirkungen eines Autos ca. 50 Cent pro gefahrenem Kilometer. Das Fahrrad liegt mit 8 Cent pro Kilometer weit darunter. Die Kosten-Nutzen-Analyse der Studie zeigt, dass — alleine für die Gesellschaft betrachtet — der Kilometer mit dem Auto Kosten in Höhe von 15 Cent verursacht, während dagegen der gefahrene Kilometer auf dem Rad 16 Cent einbringt (http://www.sciencedirect.com/science/article/pii/S0921800915000907). Anders gesagt: Das gute Gewissen fährt mit.

Ungeachtet der kurzen Strecken und der Wetterabhängigkeit hat gelegentliches Radfahren „gefühlt" gut getan, und so wurden die Entdeckungstouren immer zahlreicher — nie wirklich den Berg hoch natürlich, aber wäre es nicht eine überschaubare Herausforderung, einmal um den See herumzufahren? Schließlich ist da ein Radweg auf dem Großteil der Strecke. Und es sind nur gut 20 Kilometer. Der Weg führt allerdings nicht immer direkt am See entlang, und es befinden sich zwei ordentliche und einige kleinere Anstiege auf dem Weg.

Irgendwann gab es kein Halten mehr. 13:00 Uhr Sonnenschein und keine weiteren Telefontermine für die nächsten zwei Stunden. Los geht es. Nur noch kurz der Versuchung widerstanden, einen Zwischenstopp mit Plausch im Strand Café zu machen und den winkenden Bekannten an den Kaffeehaustischen zurückgewunken. „Das war gar nicht so schwer", war mein Gedanke, als ich an dieser ersten Hürde vorbeifuhr, „Das war gar nicht so schwer", dachte ich, als ich den ersten Anstieg am Eingang des nächsten Ortes noch voller Elan anging. Noch kurz und illegal über die Seepromenade, statt an der Hauptstraße lang und begeistert über die neuen Ausblicke an jeder Biegung des Weges hier am Wasser, auf den tiefblauen See, die an Bojen schaukelnden Boote und die umliegende Bergwelt. Das Fahren ging wie von selbst. Aus diesen Träumen wurde ich wenige hundert Meter später gerissen, der Weg geht dort plötzlich vom See weg und steil bergan, so steil, dass ich nach wenigen hundert Metern — aufwendige Gangschaltung hin oder her — so am Ende war, dass ich frustriert absprang und laut keuchend die restlichen gut hundert Meter Anstieg schiebend bewältigen musste. Meine Atemlosigkeit war zurück und ich fand mich mehr als bitter zurückgeworfen auf jenes erste Erlebnis im Treppenhaus meiner Münchener Altbauwohnung.

Das muss besser werden, war mein wesentlicher Gedanke. Ein ähnliches Erweckungserlebnis hatte ich auch am zweiten, nicht ganz so steilen, aber wesentlich längeren Anstieg, bevor es den Rest des Weges, gut die Hälfte der Strecke, wieder ohne gravierende Anstiege bis nach Hause ging. Auf diesem langen letzten Wegstück spürte ich dann die Müdigkeit in die Knochen kriechen, langsam aber unerbittlich. Dieses Gefühl wich, als ich schließlich wieder zu Hause war, einem Gefühl wohliger Müdigkeit, dem guten Gefühl, etwas geleistet zu haben, auch wenn es vermutlich nur subjektiv, rein für mich selbst, eine Leistung war und bikeerfahrene Leser sicher über meine läppischen 20-Kilometer-Rundstrecke schmunzeln werden. Übrigens: Aufgeben kam mir zu keinem Zeitpunkt in den Sinn, wie auch, ich hatte weder Telefon noch Geld für ein Taxi dabei. Beides hatte ich bewusst zu Hause gelassen. Ich dachte aber intensiv über die Frage nach, ob ich nach diesen Erfahrungen die Tour noch ein weiteres Mal probieren sollte.

Zurück zu Hause dämmert mir dann die Erkenntnis, dass ich es bei diesem ersten Mal wohl zu forsch angegangen war, ähnlich wie bei dem Versuch mit dem Lauftraining zuvor. Die Literatur für sportinteressierte Laien ist voller Hinweise, man müsse nur sein eigenes Tempo finden, und schon würde es klappen mit Laufen, Fahrradfahren oder anderen ausdauerorientierten sportlichen Aktivitäten. Man müsse sich dessen nur bewusst werden. Ich konnte hier zweifellos Hilfestellung gebrauchen. Zeit, tiefer in die Recherchen einzutauchen.

Studien des Massachusetts Institute of Technology kommen zu dem Ergebnis, dass bereits die bloße Benutzung eines Fitness-Trackers der Gesundheit hilft, einfach in dem es die eigene Aktivität bewusst macht (https://www.washingtonpost.com/national/health-science/high-tech-or-low-fitness-trackers-make-you-more-aware-of-your-steps-daily-activity/2014/10/20/db27eb10-4ef9-11e4-aa5e-7153e466a02d_story.html). Dabei ist es nach Angaben des dortigen Pennington Biomedical Resarch Center zunächst unerheblich, ob nur ein einfacher Schrittzähler oder ein anspruchsvollerer Fitness-Tracker eingesetzt wird.

Eine Metastudie verschiedener Forscher angesehener US-Hochschulen aus dem Jahr 2007 — veröffentlicht im renommierten Journal der American Medical Association (http://jama.jamanetwork.com/article.aspx?articleid=209526) — bestätigt dieses Ergebnis und belegt den motivierenden Effekt mit der Erkenntnis, dass Nutzer von Schrittzählern im Vergleich zum Durchschnitt beeindruckende 2.183 Schritte mehr unterwegs sind. Der Aktivitätsgrad hat damit bei den Probanden im Schnitt um ein Viertel zugenommen. Die Studie erwähnt in diesem Zusammenhang auch die oben benannte 10.000-Schritte-Zielgröße als wichtigen motivierenden Faktor. Und ja, ein verbesserter Body-Mass-Index (BMI) und positive Auswirkungen auf den Blutdruck waren das Ergebnis für die Teilnehmer.

Wer nun einwendet, die verwendeten Geräte wären ja nicht genau genug — ein Vorwurf, den man einem Großteil der Fitness-Tracker-Anbieter machen kann —, hat das Konzept nicht verstanden. Es geht nicht darum, ob es exakt 2.183 oder 2.257 Schritte sind. Diese Details sind für die meisten Anwendungen unerheblich. Primär zählt der Motivationseffekt. Die Zahl selbst liefert die Orientierung, und diese ist Entscheidung für den langfristigen Erfolg. Dennoch darf man nicht so einfach über Ungenauigkeiten und Messfehler hinweggehen, da diese potentiell gefährlich werden können, insbesondere bei Nutzern, die keine robuste Grundkonstitution und Gesundheit mitbringen. Ich werde noch auf die Grenzen der technologischen Möglichkeiten eingehen.

Quantified Self – Unser Leben unter der Lupe

Allen Debatten um die Genauigkeit von Messungen und Messgeräten zum Trotz ist vieles im Leben letztendlich eine Frage der Zahlen. Wir beschreiben unser Umfeld in Zahlen. Wir kennen die wichtigen Messgrößen. Die PS-Zahlen des neuen Wagens, die Quadratmeter-Zahlen der Traumwohnung, die ICE-Reisezeit zwischen zwei Städten, die Zahl der Likes für unser letztes Facebook-Posting, auch der nominelle Stromverbrauch unseres neuen Designerkühlschranks ist uns nicht unbekannt, aber was wissen wir eigentlich über uns selbst? Sie werden mir sicher beipflichten, wenn ich dies auf die Eckwerte, Größe, Augenfarbe (beides aus den Ausweispapieren) und vielleicht noch das Körpergewicht reduziere. Wenn Sie kürzlich noch einen Gesundheitscheck gemacht haben, haben Sie möglicherweise noch eine Tabelle mit zahlreichen Laborwerten vorliegen, die Ihnen allesamt wenig sagen und die Sie vielleicht sogar eher verwirren.

Dabei ist die Suche nach Selbsterkenntnis so alt wie die Menschheit selbst, sie ist letztendlich, was das Menschsein ausmacht und was unsere Vorfahren und uns seit Urzeiten bewegt.

„Wer bin ich und wenn ja wie viele" lautet der Titel eines der populärsten Bücher der letzten Jahre — eine Art „Einführung in die Philosophie für den Hausgebrauch" von Richard David Precht. Der Erfolg des erstmals 2007 erschienenen und zwischenzeitlich millionenfach verkauften Werks zeigt, welches Potential auch nach zweitausend Jahren Geschichte der Philosophie noch immer in der Grundsatzfrage der Menschheit nach dem Ich steckt.

Die Beschäftigung mit dem Ich ist ein Grundbedürfnis des Menschen. Gerade die Erkenntnisse aus der Verhaltenswissenschaft und Hirnforschung haben der Debatte in den letzten Jahren neue Wege aufgezeigt und deutlich gemacht, wie stark der „innere Höhlenmensch" noch immer unser Verhalten beeinflusst. Sie haben uns aber auch klar gemacht, dass wir bei der Erforschung unseres Gehirns, etwa hinsichtlich dessen Anpassungsfähigkeit an besondere Anforderungen der Umgebung, erst am Anfang stehen.

Dabei geht es insbesondere auch um Entwicklungen, die seit einigen Jahren unter den Schlagworten „Selbstvermessung" beziehungsweise Quantified Self und Gamification diskutiert werden. Quantified Self bezeichnet die Vermessung und Steuerung des eigenen Ichs durch den Nutzer selbst, während der damit in Verbindung stehende und später im Buch diskutierte Begriff der Gamification die Manipulation des Anwenders durch Dritte mit Hilfe gezielt eingesetzter Spielmechanismen meint. Letztendlich sind beide Konzepte nur die zwei Seiten derselben Medaille.

Da jede Beobachtung eine Rückwirkung auf den Beobachtungsgegenstand hat und Beobachter sowie Beobachtungsgegenstand bei der Vermessung des Selbst ein und dasselbe sind, ist eine unmittelbare Rückwirkung auf das eigene Verhalten nicht nur nicht auszuschließen, sondern geradezu unvermeidbar. Um die dahinter liegenden Mechanismen, deren Tragweite und möglichen Anwendungen bis hin zur gezielten Manipulation menschlichen Verhaltens zu verstehen, muss man jedoch die Zusammenhänge erkunden, zwischen dem, was Menschen motiviert, und den Wirkungen von Spiel und Wettbewerb auf das menschliche Verhalten.

Der Gedanke der Selbstvermessung mag dem einen oder anderen Leser anfangs seltsam vorkommen, mit zunehmender Beschäftigung mit dem Thema legt sich die anfängliche generelle Skepsis schnell. Zurück bleibt maximal Verwunderung ob einzelner Auswüchse. Unter dem Begriff Quantified Self fasst man seit gut zehn Jahren eine weltweite Bewegung von Menschen zusammen, die sich eben dieser Selbstvermessung mit technischen Mitteln widmen, mit dem Ziel, mehr über sich selbst zu erfahren und Kontrolle über das eigene Leben zu gewinnen beziehungsweise das eigene Verhalten meist mit dem Ziel einer besseren Gesundheit zu steuern. Viele Ideen aus dieser Community sind in den letzten Jahren bereits im Mainstream angekommen und stehen in Form von Smartphone-Apps oder Funktionen in Fitness-Trackern und Smartwatches der Allgemeinheit zur Verfügung.

Die dahinterstehende Idee ist aber viel älter. Historisch belegt ist, dass bereits im ausgehenden 16. Jahrhundert der Mediziner Santorio Santorio (auch Sanctorius von Padua) quantitative Messungen zum menschlichen Stoffwechsel unternommen hat. Zu den Beiträgen des späteren Professors für theoretische Medizin an den Universitäten Padua und Venedig für die Wissenschaft gehört eine von ihm entwickelte Stoffwechselwaage. Zudem war er einer der ersten, die systematisch Selbstversuche anstellten. Einige Quantified Self-Theoretiker gehen sogar noch weiter zurück und betrachten den antiken griechischen Philosophen Epikur als Vorbild der Bewegung (http://www.deutschlandfunk.de/epikur-auf-dem-weg-in-die-sanatoriumsgesellschaft.1184.de.html?dram:article_id=291523): „Für all dies ist die Einsicht Ursprung und höchstes Gut. Daher ist die Einsicht sogar wertvoller als die Philosophie, weil sie lehrt, dass ein angenehmes Leben ohne ein genaues Leben nicht möglich ist." Ein unverändert aktueller Gedanke, wie ich fand.

Bevor wir zu den heutigen Anwendungsgebieten kommen, hilft ein Blick auf die Grundlagen, die aktuelle Entwicklung besser einzuschätzen. Denn es sind zunächst ganz einfache Dinge, die uns eine erste aktive Rückmeldung über unser Leben geben. Für die Frage nach Messung der Länge der täglich zurückgelegten Wege gibt es seit Jahren einfache Schrittzähler für wenige Euro. Die Bedienung ist denkbar einfach, mehr als einen Knopf für das Zurücksetzen des Zählers auf Null haben die meisten Varianten der kleinen Kästchen, die einfach an die Kleidung gesteckt werden, nicht. Zudem sind sie praktisch überall erhältlich, selbst der Fastfood-Konzern McDonalds packte diese schon als Präsent in seine „Juniortüte". Aber was bedeutet die Zahl 9.760 auf der Displayanzeige dieses Gerätes tatsächlich? Möglicherweise einen Fortschritt gegenüber den 6.850 Schritten von gestern ..., aber sonst? Ist das ein guter oder schlechter Wert? Und wo ist der Schrittzähler im Smartphone, das man ohnehin mit sich herumträgt? Gängige Smartphones bringen die benötigte Sensorik ganz selbstverständlich mit, aber nur wenige Hersteller installieren entsprechende Apps bereits ab Werk. Für alle anderen Nutzer gibt es entweder Fitness-Tracker, Smartwatches oder Smartphone-Apps, die nicht nur die zurückgelegte Wegstrecke oder Zahl der Schritte, sondern eine Vielzahl von weiteren Informationen liefern:

Einer der Klassiker in diesem Bereich, „Mytracks", zeigt die Geschwindigkeit, die zurückgelegte Entfernung, die Höhenmeter, Durchschnittsgeschwindigkeit und sogar ein Höhenprofil — bei jeder Art von Eigenbewegung, also auch beim Joggen oder Radfahren. Zusätzlich kann man die zurückgelegten Wege in einer Karte auf Google Maps ansehen, zu Vergleichszwecken ins Internet hochladen und über Tage oder Wochen auswerten. Natürlich könnte man auch ganz ohne technische Hilfsmittel, mit Block, Landkarte und Stoppuhr seinen persönlichen Trainingsplan aufstellen und kontrollieren. Die einfache Verfügbarkeit und Bedienbarkeit sprechen jedoch für die Mobiltelefon-App — von der Bequemlichkeit der Selbstüberwachung einmal ganz abgesehen.

Anhand dieses Beispiels sieht man bereits, welche Rolle moderne Technologien bei der Selbstvermessung spielen können. Jenseits der Erfassung der Daten helfen sie bei der Auswertung und liefern den Bezugsrahmen beziehungsweise die Vergleichsbasis, unter Umständen sogar gleich die Plattform, auf der der Nutzer mit anderen Nutzern in einen Wettbewerb treten kann: ein Rund-um-die-Uhr-Vergleich mit einer Bestenliste im Internet. Smartphone-Nutzung und Internet erlauben in jedem Fall eine detaillierte Betrachtung des eigenen Handelns — geeignete Apps und Auswertung vorausgesetzt. Bis zur Nutzung als Motivationshilfe ist es hier möglicherweise nur ein kleiner Schritt. Doch dazu später mehr.

Geht man von den gerade genannten Beispielen aus, so ist die Beschäftigung mit der Vermessung des eigenen Ichs eine durchaus ernst zu nehmende Tätigkeit. Tatsächlich findet seit der Etablierung des Begriffs Quantified Self im Jahr 2007 so etwas wie eine anwendergetriebene Revolution statt, die in ihren Auswüchsen bis hin zur sprichwörtlichen Erbsenzählerei beim Tracking der Nahrungsaufnahme sicher alle möglichen Klischees bedient, im Kern aber eine gesamtgesellschaftliche Bedeutung hat und die Entwicklung von Apps wie „Mytracks" massiv befördert und die Wearable-Revolution erst ermöglicht hat.

Aber lassen Sie uns das anhand der Grundlagen erschließen, der Quantified-Self-Bewegung. In der Eigendarstellung liest sich das wie folgt:

„Quantified Self ist eine Gemeinschaft von Anwendern und Anbietern von Self-Tracking Lösungen. Ziel dieser Gemeinschaft ist der Austausch von Wissen über die Nutzung persönlicher Daten. Dies umfasst die Mittel und Methoden zur Erfassung von Daten aus allen Lebensbereichen. Im Vordergrund stehen jedoch die persönlichen Erkenntnisse, welche aus den Daten abgeleitet werden können, sowie die Veränderungen, welche sich mit ihnen nachvollziehen lassen.

Um persönliche Daten zu gewinnen, nutzt Quantified Self Verfahren wie die Verhaltensbeobachtung, die Erfassung biologischer Informationen, psychologische Tests, Dienste zur medizinischen Selbstdiagnose, Lifelogging, Genomsequenzierung und vieles mehr. Ähnlich einem Spiegel liefern die damit erfassten Daten über uns selbst eine Möglichkeit, uns zu reflektieren und zu erkennen, was bessere, informiertere Entscheidungen erlaubt.

Als Gemeinschaft fühlen wir uns dem Austausch über die persönliche Nutzung persönlicher Daten verpflichtet und vertreten keine politische Meinung oder ein besonderes Menschenbild. Unser Ziel ist es, möglichst vielen Menschen Wissen über Self-Tracking verfügbar zu machen und diese bei der Wahl der individuell für sie geeigneten Mittel und Methoden zu unterstützen. Deshalb sind unsere Treffen für alle zugänglich und jede Form der inhaltlichen Mitgestaltung ist ausdrücklich erwünscht." (http://www.qsdeutschland.de)

Quantified-Self-Anwender sammeln Gesundheitsdaten, Daten zu körperlichen Aktivitäten, emotionalen Zuständen und Nahrungsaufnahme oder Gewichtsentwicklung, aber auch Finanzdaten und werten diese durch geeignete, teilweise selbst entwickelte Werkzeuge aus. Neben verbessertem Wissen steht dahinter häufig eine Steigerung der Motivation, sich mit der Verbesserung des eigenen Lebens durch Optimierung bestimmter Parameter zu beschäftigen, also beispielsweise weniger Kalorien zu sich zu nehmen oder mehr Sport zu treiben. Eingesetzt werden dafür Smartphone-Apps und andere Sensoren wie Personenwaagen mit Netzanbindung, Smartwatches und Fitness-Tracker. Teilweise werden auch selbstgebaute Messgeräte verwendet oder existierende Messsoftware wie -hardware umgewidmet und anders als vom Hersteller vorgesehen eingesetzt. Ähnlich wie im Ursprungsland USA gibt es in Deutschland verschiedene Gruppen, die auf lokaler Ebene Erfahrungen austauschen und aus der eine Bewegung resultiert, die sich auf der zuvor genannten Website organisiert. Lokale Treffen, sogenannte „Meetups", gibt es derzeit unter dem Dach der deutschen Bewegung (Stand 10/2016) in: Aachen, Berlin, Hamburg, Köln, München, im Ruhrgebiet, in Stuttgart und Zürich. Es gibt Treffen in den nordamerikanischen Metropolen und weltweit (wie etwa in Kapstadt, Sydney, Tokyo, Rio de Janeiro) und in Europa (Amsterdam, Brüssel, Dublin, Helsinki, London, Mailand, Stockholm). Man kann also durchaus von einer weltweiten Bewegung sprechen.

Verkürzt man die Quantified-Self-Bewegung auf die inzwischen zahlreich angebotenen Fitness-Tracker und -Apps, die den Erfolg von Lauf-, Fahrrad- oder Fitness-Center-Trainings dokumentieren sollen, wird man der Entwicklung nicht gerecht. Will man Quantified Self tatsächlich verstehen, so kommt man nicht umhin, auch den experimentellen Charakter so mancher Vermessungsbemühungen zu betrachten. Nicht selten sind es gerade nicht professionelle Athleten oder Hobbysportler sondern ambitionierte Computerfans, die die Entwicklung vorantreiben. Die Folge: Vielfach steht das explorative Element bei der Konzeption und Entwicklung der Datenerhebung im Vordergrund der Aktivitäten. Die Reise in die Selbstvermessung wird zur persönlichen Entdeckungsreise in das weitgehend unerforschte Terrain des eigenen Lebens. Nachfolgende Beispiele belegen dies eindrucksvoll.

Shannon Conners ist besessen von ihrem Gewicht. So könnte man das vordergründig formulieren, wenn man die Website oder die LinkedIn-Seite der Forschungsdirektorin der Softwarefirma SAS besucht. Tatsächlich verfolgt sie nicht nur ihr Gewicht, sondern dokumentiert und erfasst auch ihre Nahrungsaufnahme differenziert nach Kalorien, Kohlenhydraten, Fett und Protein. Ebenso wird jeder Alkoholkonsum erfasst. Dass sportliche Betätigung ebenso getrackt wird ist selbstverständlich. Dabei nutzt sie sogar ein für Profisportler entwickeltes Gerät, das ein genaues Tracken der Arbeit mit Gewichten ermöglicht. Auf ihrer Website beschreibt sie ihren

Ansatz und ihre Ziele (https://weighthistory.wordpress.com/2015/09/26/
the-habits-of-tracking-my-diet-and-exercise-data/ — Übersetzung jeweils
durch den Autor):

Shannon Conners hebt Gewichte und trackt ihre Nahrungsaufnahme aus
vier Gründen:
- Erhalten von guten Gesundheitswerten (Biomarker Levels),
- Entspannung von Stress,
- das Sammeln von Daten als Selbstzweck und als nützliche Anwendung
  für ihre Arbeit,
- um einen athletisch aussehenden Körper zu haben.

Ihre Inputparameter:
- Aktivitätsmessung,
- Schlaf-Tracking,
- Dokumentation Fitnesstraining (Dauer und Intensität),
- Ernährung.

Ihre Outputparameter:
- Puls,
- Gewicht,
- Körperfett,
- MQ (Muskelqualität),
- weitere selten gesammelte Gesundheitsdaten (zum Beispiel: Choleste-
  rin, Blutzucker).

Interessant ist der Einblick, den Shannon Conners in die Verwendung von
Apps und Geräten gibt:
- Herzfrequenz: Polar H7 Fitness-Tracker,
- Gewicht: Withings Waage,
- Schritte/Schlaf und Ruhepuls: Fitbit,
- Geschwindigkeit, Kraft und Volumen des Gewichthebens: Push Band,
- Ernährung: MyFitnessPal App,
- Körperfett: Skulpt Aim.

Das ist ein sehr weitreichender, umfassender Ansatz, aber im Rahmen der
Quantified-Self-Community kein Einzelfall.

Eher ungewöhnlich in der Zielrichtung ist der Ansatz von Peter Torelli,
über Jahrzehnte seine Finanzen zu tracken, um dadurch Rückschlüsse auf
sein Leben zu ziehen. Torelli kommt ebenfalls aus der Softwarebranche,
und seine Ausführungen im Rahmen einer Quantified-Self-Konferenz zeu-

gen von seiner Begeisterung für die Aufgabe, unterschiedliche Daten über Jahrzehnte und über verschiedene technische Systeme hinweg zu sammeln, zu aggregieren und auszuwerten (http://petertorelli.com/img/ptorelli_QSv009.pdf). Die technische Herausforderung mag im Vordergrund stehen. Dennoch legt er Wert auf die Feststellung, für das Leben gelernt zu haben und vor allen Dingen persönlich davon zu profitieren.

Wem das noch nicht kurios genug ist, hier ein weiteres sehr ungewöhnliches Beispiel des Self-Trackings: Damien Catani hat einen Traum. Genauer gesagt beschäftig er sich mit dem Tracken von Träumen. Seit mehr als 17 Jahren erfasst er akribisch memorierte Träume (http://www.slideshare.net/goalmap):

- Gesamte Trackingdauer   17,55 Jahre
- Anzahl der dokumentierten Träume   7.459
- Durchschnittliche Anzahl der Träume pro Nacht   1,21
- Höchstanzahl von Träumen pro Nacht   14
- Längster Zeitraum mit mindestens einem Traum pro Nacht   58 Tage
- Längster Zeitraum ohne erinnerten Traum   21 Tage

Ausgehend von einer traumatischen Erfahrung als Teenager versucht er, durch Analyse seiner Träume mehr über sich herauszufinden und analysiert dazu seine Träume nach folgenden Kriterien:

- Wie variabel ist die Zahl der Träume je Zeitraum (über das Jahr / pro Woche)?
- Steht diese Zahl in Korrelation mit anderen Aktivitäten? Was beschleunigt oder bremst die Zahl der erlebten Träume?

Und die ambitionierteste Frage:

- Kann ich mein Unterbewusstsein durch das Setzen von Zielen bewusst steuern?

Seine Erkenntnisse sind für Außenstehende nicht so extrem:

- Träumen ist positiv korreliert mit Alkoholkonsum. Sport oder sexuelle Erlebnisse haben keinen großen Einfluss und führen zu einer geringfügig niedrigeren Traumanzahl.
- Je länger er schläft, umso mehr träumt er.

Catani hat übrigens auch seinen Beruf aus seiner Leidenschaft für Self-Tracking entwickelt: Er ist der CEO von Goalmap – einem Anbieter einer Self-Tracking-App mit dem Anspruch, alle Lebensziele an einem Ort zusammenzubringen. Die App (http://goalmap.com) bietet in den Bereichen:

- Diät, Gewicht,
- Sport und Training,
- Schlaf und Lifestyle,
- Produktivität, Arbeit und Finanzen,
- Lesen und Lernen,
- künstlerische und handwerkliche Betätigung,
- soziales Leben und Reisen.

die Möglichkeit, persönliche Ziele zu setzen und diese nachzuverfolgen. Garniert wird das Ganze mit Motivationsvideos, Zitaten zum Thema Motivation bekannter Persönlichkeiten (Mark Twain, Benjamin Franklin, Napoleon Hill u.a.) und mit Aussagen einer Comicfigur namens „KarateKat", von der Qualität der Aussagen her eine Art Konfuzius für Arme. Jenseits dieses vielfach bemüht wirkenden Überbaus ist die Funktionsweise einfach und nachvollziehbar.

Sind die Ziele einmal gesetzt, wird man daran mehr oder weniger penetrant erinnert. Bestätigt man die Erreichung, wird man mit hübschen Zielerreichungsgrafiken belohnt. Vorteil: Man kann quasi alles, was sich zählen lässt, eintragen — Quantified Self extrem. Der Nachteil dieses umfassenden Ansatzes ist die Notwendigkeit, alles selbst zu dokumentieren. Die Datenübernahme von Fitness-Trackern oder auch nur Schrittzählern ist — zumindest in der vorliegenden Version — nicht vorgesehen.

Einen anderen Weg, etwas über sich selbst herauszufinden, hat Brian Levine gefunden. Er hat eine App entwickelt, die dem Nutzer beim Entsperren seines Telefons Fragen stellt und damit seinen Gemütszustand ermitteln möchte (http://quantifiedself.com/2016/03/asking-10000-questions-brian-levine/). Sein Anlass war nach eigenem Bekunden, dass er herausfinden wollte, warum er sich häufig so müde fühlt.

Ebenfalls ein interessantes Trackinggebiet hat sich Robin Weis ausgesucht. Auf ihrer Website beschreibt sie sich als emotionale Person, die häufig weint. Um diesem Verhalten auf den Grund zu gehen, beschließt sie, dies zu dokumentieren, und berichtet später über fast 600 Tage Dokumentation: „Um mein Weinen tracken zu können, musste ich ein Schema entwickeln, um es zu dokumentieren. Zunächst definierte ich, dass Weinen mit dem Vergießen einer ersten Träne beginnt und aufhört, wenn ich mich wieder gesammelt habe. Da ich weiß, dass meine Heulattacken unterschiedlich intensiv sind, kreierte ich eine Skala von 1 bis 5, um die Stärke meiner Erfahrung festzuhalten. (…)" (http://www.robinwe.is/explorations/cry. html, Übersetzung durch den Autor). Robin Weis hat aber nicht nur die

Stärke und Dauer festgehalten, sondern auch die Anlässe und dann diese nach Anzahl pro Zeiteinheit und Dauer ausgewertet sowie nach Anlässen aggregiert dargestellt. Wenig überraschend waren dabei Liebesbeziehungen beziehungsweise deren Beendigung die wesentlichen Anlässe. Nur ein sehr geringer Anteil bezog sich übrigens auf Anlässe, die im Arbeitsleben zu verorten waren. Man sieht an den Beispielen sehr schön, wie sich die nerdorientierte Quantified-Self-Kultur immer wieder in Produkte überführen lässt. Mögen einzelne Beispiele auch für Außenstehende wie Sie und mich auch bizarr anmuten, müssen sie doch im kulturellen Kontext gesehen werden. Technikgläubigkeit ist bei den die Szene prägenden Personen ebenso Standard wie eine hohe Sensibilität für die Umwelt. Soziologen diagnostizieren gerne das „Snowflake Syndrome" als Vorstellung von der eigenen Einzigartigkeit, die eine besondere individuelle Behandlung beansprucht, und verorten diese gerne bei den für die aktuellen Entwicklungen in diesem Sektor maßgeblichen Angehörigen der Generation Y, also jenen nach 1980 geborenen jungen Menschen, die mit der Computerkultur aufgewachsen sind und diese als ganz selbstverständlichen Teil des Alltags sehen.

Die genannten Beispiele helfen auch bei einer ersten Annäherung an die Möglichkeiten der Selbstvermessung. Weitere Hilfsmittel beziehungsweise Grundlagen und mögliche Analysenmechanismen, um die neuen Verfahren auch positiv zu nutzen, können etwa sein:

- GPS-Daten (etwa vom eigenen Smartphone oder Pkw),
- Auswertung vorhandener Gesundheitsdatensensoren (zum Beispiel Puls- und Hautwiderstandsmesser),
- Auswertung von Umgebungssensoren (zum Beispiel UV-Messer, Kompass, Gyroskop) von Smartphone oder Smartwatch,
- Auswertung der Daten von Raumsensoren im Internet der Dinge,
- Webcams zur Auswertung von eigenen Emotionen per Bildverarbeitung,
- Analyse der gesprochenen Wörter zur Emotionserkennung (Wortverwendungen, Tonalität),
- Analyse von Kommunikationsinhalten,
- inhaltliche Auswertung von schriftlichen Dokumenten (zum Beispiel Wortschatzumfang, Wiederholungsrate).

Insbesondere der letzte Punkt dürfte für Journalisten, Autoren und andere Berufsgruppen, die mit Text arbeiten, ein spannendes Feld sein.

Eine Reihe von bisher ungelösten Problemen bleiben uns jedoch erhalten: Was ist mit nicht digital erfassten Aktivitäten? Sollte man diese — sofern Dokumente vorliegen — einscannen, per OCR (Optical Character Recognition) bearbeiten oder sogar versuchen, eine inhaltliche Auswertung der Dokumente vorzunehmen? Sollte man nichtdigitale Aktivitäten selbst dokumentieren und etwa mit Goalmap katalogisieren, und wer würde sich das selbst antun? Wie kommt man an die Daten heran, die durch Dritte erfasst wurden, etwa die Sprachkommandos, die an Assistenten wie Amazon Alexa, Google Now/Home, Microsoft Cortana und Apple Siri gerichtet werden? Werden die richtigen Daten erfasst? Ist die zugrundeliegende Idee, den Körper als Maschine zu betrachten, überhaupt zielführend beziehungsweise welche Korrekturmechanismen sind nötig, um sich dem Verständnis des menschlichen Lebens tatsächlich anzunähern?

Es steht zu befürchten, dass die Möglichkeiten zur eigenen Auswertung immer geringer werden, je besser die zur Verfügung stehenden Werkzeuge und Sensoren werden. Jedes Tool bringt seine eigene Hintergrundtechnologie und zumeist eine Cloud-Anbindung mit, eine Weitergabe der Daten erfolgt zumeist als Einbahnstraße in die Systeme der Anbieter, ein Export — der für eine Auswertung mit eigenen Methoden nach eigenen Kriterien notwendig wäre — ist vielfach nicht vorgesehen.

Es ist eine Ironie der Geschichte, dass der Siegeszug der Quantified-Self-Bewegung gleichsam auch das Ende der Grundidee von der selbstdefinierten Auswertung bedeutet. Quantified Self im Mainstream — als Bestandteil von Smartphone-Apps, Wearables und Smartwatches — bedeutet natürlich, dass mehr Menschen sich selbst auswerten und Rückschlüsse auf ihr Leben ziehen, vielleicht sogar zu einer Vorstellung kommen, wie ein besseres Leben aussehen kann — aber nur nach den von den Anbietern dafür vorgesehenen Kriterien in den dafür vorgesehenen Bahnen und mit den dafür vorgesehenen Geräten und Apps.

Man mag das Verschwinden der Kreativität der Auswertungen bedauern. Jenseits der eher von Nerds geprägten Kernszene ist das für alle ohne tiefergehenden technischen Background und Basteltrieb — wie mich und möglicherweise Sie als interessierter Leser — eine gute Nachricht, denn damit wird Technologie allgemein zugänglich und nutzbar und man kann sich auf die Anwendungen und nicht auf die zeitraubende Erschaffung der darauf basierenden technologischen Hilfsmittel konzentrieren. Die Pionierleistungen des Quantified Self waren nicht vergeblich. Im Gegenteil: Diese haben den Markt für die breite Allgemeinheit erschlossen und werden auch weiterhin Impulse für die Weiterentwicklung geben.

Von der Theorie zur Praxis

Aber wo steckt nun der konkrete Nutzen für das in diesem Buch propagierte bessere Leben, mag sich mancher Leser fragen? Vielleicht liegt er in den genannten Fällen weniger im Detail als in der Art und Weise, wie einem Quantified Self hier den Spiegel vorhält und die eigenen Gewohnheiten vor Augen führt. Im nächsten Schritt wird man möglicherweise seine eigenen Gewohnheiten hinterfragen und auf diese einwirken wollen. Von der Selbstvermessung zur Selbstbeeinflussung ist es kein besonders weiter Weg. „Selbsterkenntnis ist der erste Schritt zur Besserung." Sagt bereits der Volksmund.

Aber was half mir dieser erste Schritt? Quantified Self zu entdecken hatte mich in meinen Vermutungen bestätigt, war ich doch schon bei ersten Versuchen mit der Pulsuhr zu der Erkenntnis gelangt, dass Feedback mir helfen kann.

Mit etwas Suche im Internet und Rumgeklicke im App-Store stolperte ich schließlich wieder über Runtastic, eine App, die ich schon aus den Medienberichten über das gleichnamige Unternehmen kannte. „Runtastic" — eine App, die dem Namen nach verspricht, das Lauftraining zu unterstützen, aber tatsächlich noch viel mehr kann. Wie zahlreiche andere Smartphone-Apps bietet sie das wesentliche, was ich für mich als sportlichen Anfänger als hilfreich identifiziert hatte: Rückmeldung zu dem, was ich tue.

Mit Smartphone im Rucksack und Headset am Ohr startete ich — wenige Tage später — zur zweiten Fahrradrunde rund um den See. Ohne auf das Display des Smartphones zu sehen, liefert die App laufend (sprachlich) Rückmeldung über zurückgelegte Strecke und Zeit und hilft damit dem Nutzer, sein eigenes Tempo zu finden. Für mich war diese Funktion wesentlich, um festzustellen, dass es gar nicht schwer war, die beiden großen Anstiege meiner selbstdefinierten Trainingsrunde zu bewältigen, ich musste es nur vorher ruhiger angehen und mit meinen Kräften haushalten. Eine eigentlich triviale Erkenntnis, aber eine, bei der es mir die Technologie — das Smartphone und die zugehörige App — nicht nur ermöglicht hat, auch als Untrainierter ohne abzusteigen durchzukommen, sondern auch einen Anreiz gegeben hat, weiterzumachen. Nett war die Funktion, die gefahrenen Touren vergleichen zu können. So konnte ich mich nach wenigen Runden bereits nicht nur über die nun besser bewältigten Anstiege freuen, sondern auch über einen von Mal zu Mal merklichen Fortschritt meiner Leistungen.

Die überraschende Erkenntnis: Nach weniger als einem Dutzend gleichartiger Fahrradturns brauchte ich die Technik nicht mehr, um mein Tempo zu finden und zu halten. Natürlich sah ich hin und wieder noch auf die Vergleichswerte, aber die Tendenz war klar.

Zeit, die App aufzugeben? Nicht so schnell. Die App lieferte mir — jenseits der Rückmeldung über mein augenblickliches Vorankommen — deutlich mehr, nämlich tatsächlich einen spielerischen Anreiz dabeizubleiben. Mir, dem Gesellschaftsspiele ein Gräuel waren und der von Computerspielen nichts wissen wollte, mit Spielen zu kommen? Ein gewagtes Unterfangen. Aber meine Neugierde war stärker als meine Skepsis.

Gamification – Unser Leben als Spiel

Vieles von dem, was bei der Betrachtung der Selbstvermessung im vorigen Abschnitt beschrieben wurde, hat einen spielerischen Charakter, sofern man nach eigenen, selbstgesetzten Regeln agiert. Aber wie ändert sich die Situation, wenn man die Hoheit über die Regeln abgibt, freiwillig oder unfreiwillig zum Mitspieler wird, in einem Spiel, dessen Regeln sich andere ausgedacht haben? Eben diese andere Seite der Medaille soll nachfolgend erschlossen werden.

Beginnen wir mit den wesentlichen zugrundeliegenden Mechanismen: Spielen liegt in der Natur des Menschen. Vielfach belächelt und als Beschäftigung für Kinder abgetan, hat das Spielen — speziell mit Hilfe von elektronischen Systemen — dennoch einen festen Platz in unserer Kultur gefunden. Die Wissenschaft unterscheidet zwischen Spiel im Sinne von „paidia" (engl. Play) und Spiel im Sinne von „ludus" (engl. Game): Paida steht dabei für Spielen im Sinne von Spielzeug und spontanem Spiel zum Zeitvertreib, während ludus für ein Spiel steht, das nach festen Regeln geführt wird und einer bestimmten Spielmechanik gehorcht.

Alle Spiele — egal, ob Karten-, Brett- oder Videospiele — bestehen auf einer gewissen Abstraktionsebene aus einer Kombination ganz weniger Elemente. Man denke etwa an Würfel, Spielbretter und die „Straßen" bei Monopoly. Aus diesen recht einfachen Grundelementen ergeben sich unterschiedlichste Spielverläufe, die dieses Spiel auch mehr als 100 Jahre nach der ersten bekannten Vorläufervariante, „The Landlord's Game" von 1904, noch attraktiv machen. Entscheidend für den Erfolg dieses und anderer Spiele ist die richtige Kombination der einzelnen Spielelemente.

Der Spieldesigner Ralph Koster beschreibt in seinem Buch „A Theory of Fun", was den Reiz am Spiel ausmacht: „Freude am Spielen erwächst aus Meisterschaft, aus allmählichem Verstehen. Es ist das Bewältigen von Herausforderungen, das zu Spaß und Befriedigung führt."

Verkürzt man die Betrachtung des Spiels auf die — im Kontext dieses Buches — relevanten Spiele mit Bezug zu Informations- und Kommunikationstechnologie, auch verkürzend als „Videospiele" bezeichnet, so bekennen sich erstaunlich viele Menschen, die längst dem Kindesalter entwachsen sind, zur Freude am Spiel. Erstaunliche 32 Prozent der Befragten gaben nach einer Studie (Meinungsforschungsinstitut Aris im Auftrag der Bitkom 2011, n>1000, Teilnehmer ab 14 Jahren in Deutschland) an, Video- und Computerspiele zu spielen, fast zwei Drittel davon sogar täglich. Nach Angaben des BIU (Bundesverband Interaktive Unterhaltungssoftware e.V.) waren es 2015 sogar rund 34,3 Millionen Bundesbürger, die Spielesoftware nutzen, davon 28,9 Millionen, die mehrfach im Monat oder häufiger spielen (https://www.biu-online.de/wp-content/uploads/2016/08/ BIU_Infografik_Gesamtmarkt_2015.pdf). Dies ist ein erstaunlich hoher Anteil bei einer Gesamtbevölkerungszahl von rund 82 Millionen in der Bundesrepublik (Ende 2015 nach Zahlen des Statistischen Bundesamtes — (https://www.destatis.de/DE/ZahlenFakten/GesellschaftStaat/Bevoelkerung/ Bevoelkerungsstand/Bevoelkerungsstand.html) Sie gaben 2015 beinahe 2 Milliarden Euro für Computerspiele aus. Darunter fasst der BIU folgende Teilsegmente (in der Reihenfolge der Bedeutung):

- Kauf (einmalig),
- Mikrotransaktionen in Spielen,
- Abonnements,
- Hybridtoys.

Die Anschaffungskosten der für den Spielbetrieb notwendigen PCs und Spielkonsolen sind dabei nicht eingerechnet. Die Zahl der Nutzer einzelner Spiele kann leicht in die Millionen gehen. Selbst das Computerspiel World of Warcraft, das bereits 2004 erschien, hatte Ende 2015 nach Unternehmensangaben noch 5,5 Millionen Abonnenten. Auf dem Höhepunkt des Erfolgs war das Spiel 2010 mit rund 12 Millionen Spielern (http://winfuture.de/news,89687.html).

Außerhalb der relativ eng umrissenen Branche ist erstaunlich wenig davon zu bemerken. Vergleicht man den „Output" der Spielebranche etwa mit dem der Filmbranche, so stellt man gravierende Unterschiede in der Öffentlichkeitswirksamkeit fest. Praktisch jeder neue Film wird in den

Feuilletons besprochen, während eine Videospiel-Neuerscheinung es nur selten dorthin schafft. Außerhalb der typischen Gamer-Zeitschriften und Onlineforen findet die Berichterstattung über Videospiele kaum statt – und wenn, dann zumeist in Form von plakativen Horrorgeschichten über „Ballerspiele" und die von ihnen angeblich ausgehenden Gefahren.

Darüber hinaus kursiert das Vorurteil, dass das „Spielen am Computer" eine reine Männerdomäne sei, langes Sitzen am Computer dick mache und zu mangelnder Hygiene beitrüge. Und tatsächlich gibt es einige Studien, die einen Zusammenhang zwischen Computerspielen und Gewicht sehen. Eine über drei Jahre durchgeführte Studie mit Teenagern (482 Jugendliche, Eintrittsalter zu Studienbeginn zwölf Jahre) der Michigan State University, über die im „Journal of Computers in Human Behaviour" berichtet wurde, kam jedoch zu dem Ergebnis, dass Fettleibigkeit bei Heranwachsenden, die besonders oft Videospiele spielen, nicht überproportional häufig vorkommt. Darüber hinaus fanden die Studienautoren auch Belege für die These, dass Internetnutzung die Lesefertigkeit verbessert.

Aber zurück zum Klischee des männlichen „Gamers": Nach Zahlen des Branchenverbandes BIU (2015) machen Frauen mittlerweile rund 47 Prozent aller Gamer in Deutschland aus (nach 44 Prozent in 2011 – Tendenz weiter leicht steigend). Maßgeblich dazu beigetragen haben nach BIU-Angaben Bewegungs-, Musik- und Tanzspiele, die verstärkt auch weibliche Zielgruppen ansprechen. Darüber hinaus liegen vor allem Spiele, die direkt in sozialen Netzwerken gespielt werden, im Trend bei den Frauen.

Der deutsche Videospieler ist demnach im Durchschnitt 32 (nach anderen Studien 34) Jahre alt und bringt schon mehr als zehn Jahre Spielerfahrung mit. Gespielt wird in jedem Alter, vor allem aber in der Gruppe der Teenager, in der drei Viertel und damit 5,5 Millionen regelmäßig spielen. Erstaunlich viele Gamer gibt es in der Altersgruppe 50+. Rund 7 Millionen spielen hier regelmäßig, weitere 1,3 Millionen zumindest ab und zu.

International existieren ähnlich beeindruckende Zahlen. Demnach nutzen in den USA nach Angaben des dortigen Branchenverbandes „Entertainment Software Association" mehr als 150 Millionen Menschen Videospiele bei einem Durchschnittsalter von 35 Jahren und einer Geschlechterverteilung von 59 Prozent männlich zu 41 Prozent weiblich (http://www.the-esa.com/about-esa/industry-facts/). Der durchschnittliche Heranwachsende hat bereits 10.000 Stunden Spielerfahrung, wenn er seinen 21. Geburtstag feiert (Angaben aus Jane McGonigal: „Reality is broken"). Allein das wäre Grund genug, dem Phänomen Videospiel in einem eigenen Buch nachzuspüren. Für dieses Buch sind jedoch nur Teile der Entwicklung relevant, daher nimmt die nachfolgende Darstellung ausgewählte Aspekte in den Blick.

Mit Computerspielen sind hier Telespiele, Videospiele, Handyspiele, Konsolenspiele und andere Varianten gemeint. Die Bedeutung der Begriffe ist tatsächlich fließend und war zumindest anfangs geprägt von den Telespiel-Konsolen, die Mitte bis Ende der 70er Jahre einfachste Spiele wie etwa „pong" auf die heimischen Fernsehgeräte brachten. Der Name Atari ist untrennbar mit dieser frühen Generation der elektronischen Spiele verbunden und feierte 2012 sein 40-jähriges Gründungsjubiläum, auch wenn außer dem Namen und der Erinnerung an die Pionierleistung bei den am Fernseher anschließbaren Telespielen sowie den auf Steckmodulen gespeicherten Spielen kaum etwas geblieben ist. Inzwischen gibt es immer noch Spiele, die sich als Konsolen an den Fernseher anschließen lassen, mit DVDs oder Blu-Rays als Datenträger. Mit realitätsnaher Grafik und vielfach mit Onlinezugang haben diese kaum noch etwas mit ihren Urahnen gemeinsam. Allen Entwicklungen der Konsolen zum Trotz ist ein erheblicher Teil des Spielemarkts inzwischen zu PCs und von diesen zu Tablets und Smartphones abgewandert. Es existieren Spielmöglichkeiten auf

- Videospielkonsolen,
- PCs (PC-Spiel, Browserspiel),
- Tablets (Spiele-App, Browserspiel),
- und Smartphones (Spiele-Apps, Browserspiel, vorinstallierte Spiele).

So manches elektronische Gerät bringt zudem Spiele als Zusatzfunktionen mit. Selbst einfache Handys oder andere Elektronikgeräte wie DVD- Player haben häufig einen Spielemodus, in dem simple Games aufgerufen werden können. Sogar in mancher seriöser Anwendungssoftware versteckt sich eine Spielfunktion. Bereits von der Textverarbeitungssoftware Word 97 wurde berichtet, dass sich ein verstecktes „Flipper"-Spiel aktivieren ließ. Unvergessen sind auch die Patiencen, die Microsoft jahrelang als Teil seines Windows Betriebssystems mitlieferte.

Zahlreiche Wissenschaftler beschäftigen sich mit Computerspielen und deren Entwicklung. Eine der meistzitierten wissenschaftlichen Untersuchungen zum Thema kommt zu der Erkenntnis, dass im Untersuchungszeitraum Videospiele noch überwiegend offline stattfanden, und ermittelt bei der Spieldauer einen Mittelwert von 6,25 Stunden pro Woche, die ein durchschnittlicher Spieler mit diesen Aktivitäten verbringt (Fritz, J., Lampert, C., Schmidt, J.-H. & Witting, T. (Hg.) (2011), „Kompetenzen und exzessive Nutzung bei Computerspielern: gefordert, gefördert, gefährdet"). Interessant ist, dass Untersuchungen zu Onlinespielen praktisch immer erheblich höhere Zahlen ausweisen (Quandt/Wimmer: Die Computerspieler: Studien zur Nutzung von Computergames): 11,5 Prozent spielen 0 – 5 Stunden/Woche, 18,4 Prozent spielen 5,5 – 10 Stunden/Woche, 32,7 Prozent spielen 10,5 – 20 Stunden/Woche, 32,4 Prozent spielen 20,5 – 50 Stunden/Woche und 5 Prozent spielen mehr als 50 Stunden/Woche.

Die Spieldauer ist online demnach deutlich höher, 20 Stunden oder mehr die Woche spielen offline nur 6,2 Prozent. Man könnte auch sagen, Onlinespiele haben eine höhere „Stickiness" (deutsch: „Klebrigkeit"). Der Nutzer bleibt länger dabei. Die Vermutung liegt nahe, dass dies an der Interaktion mit anderen Spielern liegen könnte. Zwar lassen sich auch die meisten Offline-Spiele mit mehreren Teilnehmern nutzen, diese müssen sich jedoch an einem Ort zusammenfinden.

Der Trend zu Smartphone-Spielen kommt nicht überraschend. Hier trifft das Interesse am Spiel auf die Funktion des Handys als perfekter „Pausenfüller". Damit ist es aus der Sicht der Entwickler die ideale Basis für Spielangebote, zumal auch die Rahmenbedingungen in den meisten Fällen stimmen. Aktuelle Smartphones verfügen über hochauflösende Displays und schnelle Prozessoren (teilweise mit acht Prozessorkernen), deren Leistungsfähigkeit noch vor wenigen Jahren hochwertigen Laptops zur Ehre gereicht hätte. Kein Wunder, dass sich Smartphones sukzessive zur bevorzugten Spielplattform entwickeln und die Top-Titel Millionen von Nutzern erreichen. Warum nicht diese offensichtlich vorhandene Spielbegeisterung kanalisieren für ein besseres Ich? Die Rückwirkungen auf die Realwelt sind ja an anderer Stelle längst zu sehen, etwa beim Glücksspiel.

Vom Spiel zum Vergnügen oder zur Unterhaltung zum Spiel um Geld und zum Glücksspiel ist der Weg vielfach nicht weit. Die ganz reale Welt der Geldspielautomaten und Spielcasinos und der überall präsenten Lotto-Kioske und -Annahmestellen lässt grüßen. Ganze Städte und Regionen (man denke an Las Vegas oder Macau) leben vom Spielbetrieb oder besser vom Spieltrieb. Lottogesellschaften erwirtschaften Milliarden. Allein die Gesellschaften des Deutschen Lottoblocks setzen jährlich nach Unternehmensangaben rund 6,9 Milliarden Euro mit der Spielleidenschaft der Deutschen um und hoffen, diese Zahlen via Internet auf rund 8 Milliarden steigern zu können (Zitiert nach: https://www.isa-guide.de/isa-gaming/articles/122168.html). Fast überall auf der Welt regeln gesetzliche Vorgaben den Standort, den Zugang und den Betrieb und sorgen nicht nur für Staatseinnahmen, sondern – so die Betreiber – auch für eine faire Behandlung des Spielers.

Das Internet hatte in dieser wohlgeordneten Welt des staatlich gelenkten oder zumindest konzessionierten Spielbetriebs niemand vorgesehen. Plötzlich war es möglich, auch an anderen Orten als dem Wohnort und über den Radius des einfachen Reisens hinaus, Lottoscheine zu kaufen, Casinospiele zu spielen oder auf den Ausgang eines Sportereignisses zu setzen. Online-Casinos waren bereits in den Anfangstagen des Internets ein beliebtes Besuchsziel. Es entstand eine – unregulierte – Schattenbranche mit geschätzten Milliardenumsätzen. Letztendlich ist eine staatliche Regulierung immer ein Abwägen zwischen Einnahmegenerierung und Maßnahmen zur Vermeidung der Begünstigung von Spielsucht, die hohe gesellschaftliche Kosten verursacht. Um all dies müssen sich Anbieter aus Drittstaaten nicht scheren, da das Internet keine Landesgrenzen kennt.

Man kann also festhalten: Das Spielen im Internet und auf dem Smartphone, gleich, ob um Geld oder „nur" um des Gruppenerlebnisses und gemeinsamen Spielerfolgs willen, in Form der Auszeichnung oder gar der eigenen Genugtuung durch Bezwingen des nächsten Levels, ist ein vielschichtiges Phänomen mit hohem Attraktivitätspotential, zumindest für einen nicht gerade kleinen Anteil der Bevölkerung. Das Smartphone entwickelt sich zum wesentliche Zugang für diese Spielwelten. Dies gilt es auch anderweitig zu nutzen.

Nachfolgend sollen zunächst die Wirkmechanismen und auch die möglichen Suchtpotentiale beschrieben werden, bevor die Anwendung der Spielmechanismen in Gamification und Self-Tracking als Basis für die Anwendung mit Blick auf ein besseres Leben diskutiert wird.

Der Spieleboom: Gründe-Fakten-Folgen

> „The goal of the future is full unemployment, so we can play."
> Arthur C. Clarke

Was bringt erwachsene Menschen dazu, stundenlang fiktive Monster zu bekämpfen, eine virtuelle Farm zu leiten oder mit anderen Erwachsenen in einen ebenfalls virtuellen Krieg zu ziehen, bei dem es nicht mehr zu gewinnen gibt als Ruhm und Ehre und vielleicht das gute Gefühl, es „geschafft" zu haben?

Gut gemachte und den Zuschauer fesselnde Spiele zeichnen sich durch eine Reihe von Faktoren aus. Sie verfügen über eine klar definierte Funktionsweise, im Fachjargon der Branche „Spielemechanik" genannt, und ein ausgeklügeltes Belohnungssystem. Sie halten den Spieler damit in einem Zustand zwischen permanenter Herausforderung und Erfolg, der die Nutzer dabeibleiben lässt. Das Spielerlebnis wird dabei immer auch vom Interaktivitätsgrad und der vom Spieler bereits investierten Zeit und Energie mit beeinflusst. Jeder, der sich einmal an einem Videospiel versucht hat, weiß auch von frustrierenden Erlebnissen mit dem Verlust von Spielfiguren oder erfolglosem Spiel zu berichten. Nur wenn diese Frustrationen nicht überhand nehmen, „funktioniert" das Spiel im Sinne der Entwickler, das heißt, der Spieler bleibt auch dabei. Die Ähnlichkeiten zu den oben beschriebenen Mechanismen auf Webseiten von Social-Media-Plattformen mit ihrem endlosen Strom an Neuigkeiten und Reizen sind unübersehbar, auch beim nächsten Punkt, den soziale Aspekten. Über Spiele — so berichten es vor allem Spieler von Onlinespielen — entwickeln sich persönliche Bindungen. Natürlich spielt auch der Wettbewerbsgedanke eine Rolle. In der Spielwelt kann jeder — unabhängig von Herkunft, Aussehen und anderen persönlichen Faktoren — ein Held sein, einen bestimmten sozialen Status innerhalb der Gemeinschaft der Spieler erreichen und sich mit anderen vergleichen.

Computerspiele sind immer auch Spiele mit der eigenen Identität. In der virtuellen Welt kann auch der im realen Leben Introvertierte und Vorsichtige zum gefürchteten Krieger oder großen Helden werden und sogar Beziehungen eingehen und leben, die für ihn im realen Leben nicht vorstellbar sind. Kein Wunder, dass so mancher Nutzer im Spiel praktisch aufgeht und dabei ein anderes Zeiterleben entwickelt, oder — aus der Sicht der Außenstehenden betrachtet — die Zeit und alles um ihn herum in der Wirklichkeit vernachlässigt. Die wesentlichen Motivationsfaktoren sind:

- Spielspaß,
- Anerkennung (aus der Bezugsgruppe),
- Erhalt von Waren, Geld, Rabatt,
- Entwicklung von neuen Fertigkeiten,
- Entdeckung von Meisterschaft und den Möglichkeiten autonomen Handelns,
- Erleben, Sinn/Bedeutung, Macht, Status und Ehre,
- Empfindung von Liebe, Romantik oder zumindest Zugehörigkeitsgefühl zu einer Gruppe.

Diese Aufzählung deutet es bereits an: Die Motivation des Spielers speist sich aus unterschiedlichen Quellen, oder anders formuliert: Spieler können sowohl extrinsisch als auch intrinsisch motiviert sein. Von intrinsischer Motivation spricht man, wenn eine Aktivität um ihrer selbst willen getan wird. Eine extrinsische Motivation findet statt, wenn eine bestimmte Aktivität durchgeführt wird, weil man sich davon eine Belohnung verspricht oder man eine Bestrafung vermeiden möchte. Ein typisches Beispiel für extrinsische Motivation als wesentlicher Treiber beim Spiel wäre Online-Poker um Geld. Die Motivation entsteht hier primär durch die Aussicht auf einen möglichst hohen Geldgewinn. Im Gegensatz dazu setzen die meisten anderen hier betrachteten Spiele auf intrinsische Motivation. Grundlegend gilt: Man muss den Anwender nicht mit Geld oder Preisen (Gewinnen) incentivieren. Es gibt stärkere, nachhaltiger wirkende Formen der Belohnung.

Ein zentrales Element der Frage, ob ein Spieler länger dabei bleibt oder nach kurzer Zeit das Spiel wieder aufgibt, liegt im „Flow", der richtigen Balance zwischen Spielherausforderung und Spielerfolg. Mihály Csíkszentmihályi, inzwischen emeritierter Professor für Psychologie an der Universität Chicago, beschrieb erstmals in den 70er Jahren des letzten Jahrhunderts dieses Phänomen, das er Flow nannte. Es bezeichnet das Gefühl des völligen Aufgehens in einer Tätigkeit; bezogen auf Künstler würde man auch vom „Schaffensrausch" sprechen.

Eine Voraussetzung, um in diesen Flow-Zustand zu kommen, ist die Balance zwischen der individuellen Befähigung und dem Schwierigkeitsgrad der Aufgaben. 2003 definierte Csíkszentmihályi in seinem Buch „Flow and the Making of Meanings" die sogenannten neun Flow-Bedingungen, also Voraussetzungen, die vorliegen müssen, damit ein Mensch in diesen Zustand gelangt:

1. Jede Phase des Prozesses ist durch klare Ziele gekennzeichnet.
2. Man erhält immer unmittelbar ein Feedback für das eigene Handeln.
3. Aufgaben und Fähigkeiten beenden sich im Gleichgewicht.
4. Handeln und Bewusstsein bilden eine Einheit.
5. Ablenkungen werden vom Bewusstsein ausgeschlossen.
6. Man hat keine Versagensängste.
7. Selbstvergessenheit.
8. Das Zeitgefühl wird aufgehoben.
9. Die Aktivität wird „autotelisch" (Autotelie leitet sich ab vom griechischen autós „selbst" und télos „Ziel" und bedeutet, dass eine Tätigkeit

zum Selbstzweck wird. In den wirklich gut gemachten Spielen tritt genau das ein.

Aber nicht alle Spieler sind oder verhalten sich gleich. Beschäftigt man sich tiefgehender mit dem Phänomen der Videospiele und deren Akzeptanz, so stößt man über kurz oder lang auf Einteilungen der Nutzer in Spielertypen. Diese unterscheiden sich im Detail, die Grundidee ist jedoch immer ähnlich. Beispielhaft sei hier folgende Aufstellung (in Anlehnung an die häufig zitierte Beschreibung von Richard Bartle in: „Hearts, Clubs, Diamonds, Spades: Players who suit muds") getroffen (http://www.mud. co.uk/richard/hcds.htm):

- Killer
Killer sind definiert durch einen starken Fokus auf Gewinnen und das Bestreben, in einer Spielrangfolge eine hohe Position zu erreichen. Sie zeichnen sich durch starke Wettbewerbsorientierung („Mann gegen Mann") aus. Ihr Engagement wird angetrieben durch erhaltene Rangabzeichen und die Position in der Bestenliste.

- Explorer
Explorer (Entdecker) sind stark auf Erkundungen fokussiert. Sie treibt der Drang, das Unbekannte eines Spiels zu erforschen. Sie werden motiviert durch verdeckte Belohnungen.

- Achiever
Achiever sind im Wesentlichen fokussiert auf das Erreichen von Status und ihrer vordefinierten Ziele. Dies wollen sie schnell und/oder gründlich erledigen. Ihr Engagement richtet sich nach dem bereits Erreichten.

- Socialites
Sogenannte Socialites richten ihren Fokus auf neue Kontakte, Bekanntschaften und Freundschaften. Sie werden motiviert durch Freundeslisten, Newsfeeds und Chats.

Jenseits dieser unterschiedlichen Spielertypen nutzt sich jedes Spiel mit der Zeit mehr oder weniger stark ab. Ein besonderes Augenmerk gilt dabei der Benutzerentwicklung während des Spiels. Dieser von der Community-Spezialistin Amy Jo Kim geprägte Begriff meint, dass die Herausforderungen entsprechend der Befähigung/Erfahrung eines Spielers wachsen müssen. Ansonsten wird das Spiel langweilig und der Nutzer gibt auf. Kim schlägt dazu eine Art Gruppierung in „Visitor — Novice — Regular — Leader — Elder" vor.

Die Entwicklung des Genres oder besser der Spielegenres verspricht weiter spannend zu bleiben. Längst definiert nicht nur der Zuwachs an Grafikleistung von einer Rechnergeneration zur nächsten die Spielentwicklung. Intelligente Steuerung, die Nutzung von Smartphones als Spieleplattform und die Einbeziehung der Umgebung und insbesondere der im Gerät integrierten Sensoren (GPS, Lagesensoren ...) versprechen weitere interessante Möglichkeiten für Spieldesigner und Anwender gleichermaßen.

Warum spielen gut ist

Spielen stärkt die Reaktionsfähigkeit. Spieler von Action-Spielen können laut einer Studie Entscheidungen um 25 Prozent schneller treffen als eine nicht spielende Vergleichsgruppe und das bei identischer Genauigkeit (Zitiert nach: http://online.wsj.com/article/SB10001424052970203458604 577263273943183932.html). Forscher an der Universität Rochester wollen sogar herausgefunden haben, dass die Fähigkeit zum „Multitasking" bei Intensivspielern stärker ausgeprägt ist als bei der Normalbevölkerung. Diese könnten — nach Angaben der Wissenschaftler — ihre Aufmerksamkeit auf mehr als sechs Dinge gleichzeitig richten, während die Aufmerksamkeit von Nichtspielern typischerweise vier Dinge nicht übersteigt.

Stellt man dem aber die ernüchternden Studienergebnisse zur menschlichen Befähigung zum Multitasking gegenüber, relativiert dies die Angaben. Bei dem im Abschnitt „Nutzung gezählt" diskutierten Unterbrechungsfaktor der E-Mail- und Messaging-Dienste kam es bereits an den Tag: Das schnelle Umschalten zwischen einzelnen Aufgaben — und nichts anderes ist Multitasking — führt zu erhöhten Fehlerquoten und aufgrund der Notwendigkeit, sich immer wieder neu in seine Aufgabe hereinzudenken, zu insgesamt längeren Arbeitszeiten, man könnte auch sagen zu einer geringeren Produktivität. Clifford Nass (Stanford), Dr. John Medina (Direktor des „Brain Center for Applied Learning Research" und Autor: „Brain Rules") und Diana Beck (University von Illinois) kommen im Rahmen ihrer Untersuchungen zu folgendem Ergebnis:

- Menschen sind fest verdrahtet für selektive Aufmerksamkeit.
- Das menschliche Gehirn arbeitet sequentiell und ist nicht fähig, zwei Dinge gleichzeitig zu machen.
- Es gibt keinen wie auch immer gearteten Autopiloten im menschlichen Gehirn.

Selbst bei routinisiert durchgeführten Tätigkeiten wie dem Autofahren ist eine zusätzliche Aufgabe, wie z.B. das Telefonieren während der Fahrt, nur bedingt möglich.

Aber auch jenseits der umstrittenen Frage nach dem Multitasking werden positive Wirkungen gesucht und auch gefunden. Forscher der Michigan State Universität unter der Leitung der Psychologin Linda Jackson gehen davon aus, dass Computerspielen bei Kindern kreativitätsfördernd wirkt, im Unterschied etwa zur Nutzung von Smartphones, Computern und dem Internet zu anderen Zwecken. Im Rahmen einer dreijährigen Studie wurde dieser Effekt festgestellt anhand des guten Abschneidens von 491 Mittelschülern im sogenannten „Torrance Test of Creative Thinking" (TTCT), der ein standardisiertes Messverfahren für Kreativität darstellt. TTCT ist eines der gebräuchlichsten Testverfahren in diesem Bereich, wenn auch nicht unumstritten. TTCT wird auch im deutschsprachigen Raum eingesetzt (weitere Informationen zu TTCT und anderen Testverfahren: http://www.uni-kassel.de/incher/gf hf/tagung2009/horneber_2009.pdf).

Interessant ist auch eine bereits im Jahr 2002 durchgeführte und 2007 veröffentlichte Studie, die bei Chirurgen einen Zusammenhang zwischen instrumentellen Fähigkeiten und Computerspielen erkannt haben will (http://archsurg.jamanetwork.com/article.aspx?articleid=399740). Kurz gefasst behauptet diese Studie zu belegen, dass diejenigen Teilnehmer eines 33 Personen starken Endoskopie-Weiterbildungskurses, die mehr als drei Stunden pro Woche mit Videospielen verbrachten, im Umgang mit dem Endoskop geschickter waren, das heißt, weniger Fehler machten und schneller reagierten als ihre in Videospielen weniger erfahrenen Kollegen. Die Studienautoren gehen davon aus, dass sich die Hand-Auge-Koordination durch intensives Spielen am PC verbessert. Diese Studie lässt sich natürlich — wie viele andere — aufgrund der geringen Stichprobengröße in Zweifel ziehen. Die Fachwelt hält aber noch zahlreiche weitere Berichte bereit, die ähnliche positive Auswirkungen von Spielen dokumentieren.

Nach einer Untersuchung der Universität Rochester (http://www.themed-guru.com/articles/action_packed_computer_games_improve_vision-86121374.html) kann das Spielen von Action-Spielen sogar positive Auswirkungen auf die Sehfähigkeit und insbesondere die Wahrnehmung von feinen Kontrasten haben. Derartige Effekte lassen sich bereits nach 30 Stunden Spiel feststellen. Laut Aussagen der Studienleiterin ging man bisher davon aus, dass die Kontrastsehfähigkeit (die etwa beim Autofahren im Dämmerlicht wichtig ist) nicht verbessert werden kann.

Noch einen großen Schritt weiter geht die international bekannte amerikanische Spieledesignerin und Autorin Jane McGonigal. In ihrem Buch: „Reality is Broken: Why Games Make Us Better and How They Can Change the World" (Penguin Press) schreibt sie den Videospielen beinahe magische Fähigkeiten zu: Computerspiele bieten demnach spannende Herausforderungen, ansprechende Belohnungen und „heroische" Siege, die, so McGonigal, den Menschen oftmals in der realen Welt fehlen. Nach ihrer Meinung sollte die Kraft, die in den Spielen steckt, nicht der „Flucht vor dem Alltag" vorbehalten bleiben, die Videospiele vielfach vermeintlich zu sein scheinen. McGonigal sieht dabei in Videospielern Problemlöser ersten Ranges, die besonders teamfähig sind, da sie es gewohnt sind, mit anderen Spielern zur Bewältigung von virtuellen Herausforderungen zusammenzuarbeiten.

Warum spielen schlecht ist

Hätten Sie andere Erwartungen an die Aussagen einer bekannten Computerspieldesignerin gehabt, als dass sie die Ergebnisse ihrer eignen Arbeit ins positive Licht rückt und dabei die negativen Aspekte ausblendet? Wundern Sie sich über so manche Studie, wie die zuvor beschriebene Untersuchung der Michigan State University, die bei Heranwachsenden als Wirkung im Wesentlichen die Förderung der Kreativität sieht, während Kinder- und Jugendschützer vor dem Spielkonsum warnen und bekannte Hirnforscher als Folge sogar die weite Verbreitung von „Digitaler Demenz" sehen? Kaum ein Thema polarisiert so sehr, deshalb zurück zu den Fakten:

Festhalten lässt sich in jedem Fall, dass Spielen Zeitverschwendung ist. Rund 10.000 Stunden verbringt ein Heranwachsender mit Onlinespielen (diese Zahl nennt das bereits zitierte Buch „Reality is broken" unter Bezug auf mehrere Untersuchungen zum Thema). Man ist geneigt zu fragen, ob es keine bessere Verwendung für diese Zeit gibt.

Die bereits zuvor im Kontext mit dem Klischee des „dicken Computernerds" genannte Studie der Michigan State University, über die im „Journal of Computers in Human Behaviour" berichtet wurde, kam nicht nur zu der Erkenntnis, dass an dem Klischee etwas Wahres dran ist, sondern stellte außerdem fest, dass schlechtere Schulnoten und weniger ausgeprägtes Selbstvertrauen durchaus in Bezug mit häufiger Nutzung von Videospielen zu sehen sind.

Auch kann das für viele Spiele typische Ranking der Spieler in Bestenlisten den IQ beeinträchtigen, wie die Forscher Kenneth T. Kishida, Dongni Yang, Karen Hunter Quartz, Steven R. Quartz und P. Read Montague in ihrem Forschungsbeitrag „Implicit signals in small group settings and their impact on the expression of cognitive capacity and associated brain responses" in „Philosophical Transactions of the Royal Society B: Biological Sciences" dokumentieren (http://rstb.royalsocietypublishing.org/content/367/1589/704). Vereinfachend gesagt, beeinträchtigen Rankings und Wettbewerbe die Leistungsfähigkeit. Übertragen auf die Welt außerhalb der Spiele würde dies bedeuten, dass Mitarbeiterbewertungen und „Mitarbeiter des Monats"-Boards, wie sie häufig in US-amerikanisch geprägten Unternehmen anzutreffen sind, kontraproduktiv sind (http://blogs.wsj.com/ideas-market/2012/02/03/ranking-people-can-reduce-iq).

Vollständig trennen lassen sich positive und negative Rückwirkungen also nicht. Einer Studie der Universität von Indiana zufolge lassen sich Einflüsse auf Hirnfunktionen, die mit der Emotionskontrolle in Zusammenhang stehen, bereits nach einer Woche intensiven Spiels feststellen. Fest steht: Videospiele können das Verhalten über das konkrete Spielerleben hinaus beeinflussen und steuern. Diese Feststellung führt konsequenterweise zu der Frage, ob und inwieweit Computerspiele „süchtig" machen können beziehungsweise was eine Sucht nach einer derartigen Betätigung überhaupt charakterisiert. Erfahrungen aus dem Bekanntenkreis des Autors sprechen durchaus für einen möglichen Zusammenhang, kommen aber allenfalls als „anekdotischer Beweis" in Betracht. Auch berichten etwa Betreiber von Internetcafés immer wieder von Besuchern, die bis Ladenschluss unentwegt spielen und sich auch dann nur sehr schwer zum Verlassen der Lokalität bewegen lassen. Die Betreiber neigen aber − wohl mit Blick auf die Einnahmen − dazu, derartige Verhaltensweisen als „noch normal" durchgehen zu lassen.

Auf der anderen Seite unterstellt man Psychologen gerne, dass sie − ähnlich wie die Pharmaindustrie im Verdacht steht, neue Krankheiten zu lancieren − neue Süchte und Behandlungsnotwendigkeiten (er)finden. Die Debatte rund um die „Internetsucht" spricht in diesem Zusammenhang Bände. Der Bericht der Drogenbeauftragten des Bundes spricht hier klar von Suchtverhalten. Demnach sind 560.000 Menschen im Alter von 14 bis 64 Jahren betroffen (http://www.drogenbeauftragte.de/fileadmin/dateien-dba/Service/Downloads/160928_Drogenbericht-2016_NEU_Sept.2016.pdf). Frauen sind demnach insgesamt bei intensivem Computerspielen eher unterrepräsentiert, dafür aber, wenn es um die suchthafte Beschäftigung mit sozialen Netzwerken geht, deutlich überproportional vertreten. Der

Bericht der Bundesregierung unterscheidet allerdings nur teilweise zwischen Internet- und Computerspielsucht. Gerade im Bereich der Online- und insbesondere Browserspiele dürften die Grenzen in der Tat fließend sein.

Kommen wir daher zurück zu den Erkenntnissen der Suchtexperten und betrachten Computerspieler unter den Kriterien, die Grüsser/ Thalemann 2006 in ihrem Buch „Computerspielsüchtig?" als Diagnostik für Computerspielsucht vorschlagen:

- Ständige gedankliche Beschäftigung mit dem Thema (auch während man nicht spielt),
- anhaltend exzessives Spielen trotz schädlicher Folgen (Übermüdung, Leistungsabfall, Mangelernährung, soziale Isolation),
- verminderte Kontrollfähigkeit, die sich in dem Gefühl „nicht aufhören können" ausdrückt,
- der Nutzer erlebt entzugsähnliche Erscheinungen (Nervosität, Unruhe, Schlafstörungen), wenn nicht gespielt wird,
- es kommt zur Vernachlässigung anderer Vergnügungen und Interessen,
- es kommt zur sogenannten Toleranzentwicklung, das heißt der Spieler muss länger spielen, um zufrieden zu sein,
- es besteht für den Anwender ein Zusammenhang mit Belastungen durch den Alltag in Form einer vordergründigen Entlastung, später aber verbunden mit negativen Folgen,
- die „reale Welt" verliert für den Spieler an Bedeutung bis hin zur Isolation.

Auch bei nicht vorhandenen psychologischen Detailkenntnissen lassen sich bei den meisten Lesern bestimmt im Bekanntenkreis Beispiele finden, auf die diese Beschreibung zutrifft. Wenig überraschend ist daher, dass verschiedene wissenschaftliche Untersuchungen auf einen klaren Zusammenhang zwischen intensiver Computerspielnutzung und Suchtverhalten hindeuten. Ein wichtiger Schritt zur Klärung der Frage, wann eine Computerspielnutzung mit Krankheitswert vorliegt, erfolgte 2013 durch die Expertengruppe für die fünfte Revision des „Diagnostischer und statistischer Leitfaden psychischer Störungen" (DSM-5) der American Psychiatric Association (APA). Der von der APA herausgegebene Katalogband definiert die gängigen Störungsbilder und beeinflusst insoweit auch Diagnosen. In der 1994 herausgegeben Ausgabe („DSM-4") tauchte erstmalig die „Aufmerksamkeitsstörung" (auch Aufmerksamkeitsdefizitsyndrom oder kurz ADS/ADHS) auf und wurde in Folge zum Renner unter den Diagnosen. Die Computerspiel- und Internetabhängigkeit wird von der Expertengruppe als Internet Gaming Disorder bezeichnet und existiert unabhängig von der genutzten Plattform (PC, Spielkonsole, Smartphone, Tablet etc.) sowohl für die Onlinespielnutzung (Spiele mit aktiver Internetverbindung) als auch für die Offlinespielnutzung (Spiele ohne aktive Internetnutzung). Interessanterweise taucht die im Kontext der umfassenden Vernetzung gebräuchliche Bezeichnung „Burnout" im DSM-Handbuch nicht auf. Diese gilt als rein deutsches Phänomen, auch wenn nach Angaben der deutschen Betriebskrankenkassen mehr als 9 Millionen Deutsche darunter leiden sollen (http://www.dimdi.de/static/de/hta/aktuelles/news_0297. htm_319159485.htm). Auch die „Internationale Klassifikation der Krankheiten" (ICD-10) der Weltgesundheitsorganisation WHO (http://www.who. int/classi cations/icd/en) kennt keinen „Burnout" und keine „Internetsucht".

Die Lage ist also erheblich komplizierter, als typischerweise in den Medien dargestellt. Einfache Lösungen und Beschreibungen sind nicht in Sicht.

Dennoch ist die Diskussion wichtig, um die mit dem Faktor Spiel in Verbindung stehenden Mechanismen und deren mögliche Bedeutung für ein „besseres Leben" einordnen zu können. Betrachtet man die Debatte rund um eine mögliche Sucht aus dem Blickwinkel der Neurobiologie, so werden dort „vergleichbare Reize bei Drogenkonsum, Glücksspiel- und Computerspielsucht" festgestellt (Thalemann, Wölfing & Grüsser, in: Behavioral Neuroscience 2007). Die bei Computerspielen erlebten Reize führen zu einer Aktivierung des Belohnungssystems und Suchtgedächtnisses.

Einleuchtend ist auch die Vorstellung, dass Computerspiele unterschiedliches „Suchtpotential" haben. Nach Angaben der Suchtexpertin Chantal P. Mörsen von der Charité Berlin sind dafür folgende Kriterien maßgeblich:

- Es besteht ein hohes Maß an Interaktion zwischen den Spielern.
- Es erfolgt die Anlage eines „zweiten Ichs" (Avatar), das im Spiel weiterentwickelt wird.
- Die Spielumgebung zeichnet sich durch immer wechselnde Konstellationen aus.
- Es erfolgt eine unmittelbare Wertschätzung und Rückmeldung durch Belohnung.
- Die Spieler unterstützen sich gegenseitig.
- Durch intensives Spielen erfolgt ein sozialer Aufstieg in der virtuellen Gemeinschaft mit weiteren Aufstiegschancen.
- Andererseits droht ein Verlust von Ansehen bei zu geringer Spielpraxis.

Insgesamt besteht ein starker Gruppendruck, da die Mitspieler auf zuverlässiges Mitspielen der anderen Teilnehmer der Gruppe, oft auch als „Gilde" bezeichnet, angewiesen sind.

Die sogenannten Verstärker, das heißt Spielmerkmale, die den Anwender dazu bringen, „dran" zu bleiben, finden sich zu Beginn des Spiels häufig und tauchen dann in immer längeren zeitlichen Abständen auf. Das heißt, zu Anfang entsteht ein schneller Spielerfolg, später steigt der Aufwand für weitere Erfolge stark an. Betrachtet man die verschiedenen Typen der Spiele, die in den letzten Jahren an Bedeutung gewonnen haben, so weisen diese zumeist Merkmale der Interaktion mit anderen Spielern auf. Die zunehmende Vernetzung unseres Alltags führt auch zur zunehmenden Vernetzung des Spielgeschehens. Gruppendynamik sorgt dann entsprechend für eine höhere Attraktivität und intensivere Nutzung. Warum sollte diese Gruppendynamik nicht auch an anderer Stelle nützlich sein, etwa wenn es um die Erreichung sportlicher Ziele geht.

Dieses „Nicht-mehr-aufhören-können" ist ebenso typisch für das Glücksspiel. Zuvor wurde ja bereits auf die Ähnlichkeiten zwischen Computerspiel- und Glücksspielsucht verwiesen. Interessant sind auch die weiteren Gemeinsamkeiten. Nach Angaben der Universitätsklinik Mainz (zitiert nach Klaus Wölfing, Leiter der Ambulanz für Spielsucht in einem Vortrag vom 15.10.2009, http://www.lups.ch/upload/docs/pdf/2009-10-15_Referat_Klaus_Woling_1.pdf) sind beide Szenen männlich dominiert. Im Fall von Glückspiel sind 100 Prozent der Patienten männlich, durchschnittlich 34,8 Jahre alt (bei einer Spanne von 25 bis 44 Jahren), während bei der Computerspielsucht 93 Prozent der Patienten männlich sind, deren Durchschnittsalter 20,3 Jahre beträgt (bei einer Spanne von 13 bis 34 Jahren). Man könnte anhand dieser Altersunterschiede durchaus mutmaßen, dass beides eine Generationenfrage ist, wenn man unterstellt, dass Computerspiele mit Langeweile-Bekämpfung zu tun haben, sind Spielautomaten und andere Glücksspiele möglicherweise die Langeweile-Bekämpfungsmittel der Vor-Internet-Generation.

In der Debatte um Suchtpotentiale muss aber auch — insbesondere angesichts der gerade genannten typischen Altersklasse für Computerspieler — die Frage gestellt werden, inwieweit ein derartiges Verhalten, so es sich denn auf eine Lebensphase beschränkt und mit zunehmendem Alter von anderen Interessen abgelöst wird, überhaupt eine Sucht ist. Die Frage, ob es in jedem Fall „Sucht" ist oder im Einzelfall eher „Symptom" für ein temporäres jugendtypisches Verhalten, bleibt häufig unbeantwortet. Der Autor jedenfalls kennt zahlreiche Personen, die in ihrer Jugend Intensivspieler auf Commodore64, Atari und Co. waren, und nun als Erwachsene keine Verhaltensauffälligkeiten haben.

Spiele und Gewalt

Keine Betrachtung des Themas Videospiele kommt ohne die Debatte rund um sogenannte Killerspiele und Gewalt aus. Dabei ist heftig umstritten, ob intensive, also suchtartige Nutzung von Videospielen gewaltbereites Verhalten begünstigt, die Hemmschwelle zur Gewaltanwendung in der realen Welt herabsetzt oder – quasi als gegenteiliger Effekt – dabei hilft, angestaute Frustrationen abzubauen und damit eher gewaltverhindernd wirkt.

Auch die Politik stolpert bisweilen über derartige Probleme, so auch bei der Vergabe des Deutschen Computerspielpreises 2012. Der Preis wird von den Branchenverbänden Bundesverband Interaktive Unterhaltungssoftware (BIU) und vom Bundesverband der deutschen Games-Branche e.V. (GAME) gemeinsam mit dem Beauftragten der Bundesregierung für Kultur und Medien (BKM), Staatsminister Bernd Neumann, vergeben:

„Bestes Deutsches Spiel: In dieser Kategorie wird das beste Spiel prämiert -- unabhängig von der Zielgruppe, des Genres und der verwendeten Spieleplattform. Wichtig ist, dass das Spiel technisch und künstlerisch hochwertig sowie kulturell und pädagogisch wertvoll ist, aber auch Spaß und Unterhaltung bietet." (http://www.deutscher-computerspielpreis.de)

2012 ging dieser Titel an das Spiel „Crysis2" – einen Ego-Shooter mit einer für Nicht-Gamer kaum nachvollziehbaren Hintergrundgeschichte. Es verwundert daher nicht, dass Proteste gegen die Preisverleihung an ein „Gewaltspiel" laut wurden, während das Spiel in Fachmedien durchweg gute Kritiken erhielt. Nicht wenige Intensivspieler sind daher der Ansicht, dass den Außenstehenden, den Nicht-Spielern, der notwendige Bezug zur Materie fehlt.

Folgen

Die Auswirkungen intensiver Beschäftigung auf das Gehirn und auf unsere Gewohnheiten und Vorlieben bis hin zur Sucht sind überall nachvollziehbar und dokumentierbar. Die Besonderheit des Spiels liegt bei intensiver Betätigung in der Ansprache des eigenen Belohnungssystems. Ungeachtet dessen, wie man nun persönlich den Suchtbegriff definiert und ob oder inwieweit man den oben dargelegten Argumenten folgt, lässt sich daher festhalten: Computerspiele, insbesondere in Verbindung mit anderen Teilnehmern, etwa über Onlinesysteme, haben für einen erheblichen Teil der Bevölkerung eine hohe Attraktivität und massive Auswirkungen auf das Verhalten. Sie erinnern gar an jenes weltbekannte wissenschaftliche Experiment aus den 50er Jahren an der McGill Universität in Montreal, bei dem Ratten dazu gebracht wurden, bestimmte Knöpfe in der Versuchsanordnung zu betätigen, um eine elektrische Stimulation des eigenen Gehirns mittels eingepflanzter Elektroden zu erhalten. Diese taten dies dann nicht nur einmal, sondern immer wieder bis zur vollständigen Erschöpfung und schließlich zum Hungertod. Ähnliche Mechanismen der Selbststimulation und positiv erlebten Rückmeldung finden sich auch in Videospielen.

Was liegt da näher, als die zugrundeliegenden Wirkprinzipien auch jenseits der Spielwelten zu nutzen: als Unternehmer für die Verbesserung der eigenen Ertragssituation und Kundenbindung beziehungsweise -lenkung, als Individuum, um — ausgehend von den per Quantified Self gewonnen Erkenntnissen — an der Verbesserung einzelner Aspekte des eigenen Lebens zu arbeiten. Besseres Leben auf spielerische Weise erreichen. Ein spannender Gedanke, der mich nicht mehr loslassen sollte.

Das Gamification-Prinzip

Das Zauberwort für die Nutzung der dargestellten Mechanismen lautet Gamification. Gamification verspricht, die Wirkprinzipien der Spielwelt auf andere technische Systeme, die sich nicht originär den Spielen zurechnen lassen, zu übertragen und damit auch dröge Aufgaben zum Erlebnis zu machen. Man versteht darunter die Verwendung von spieltypischen Mechaniken außerhalb reiner Spiele, mit dem Ziel, das Verhalten von Menschen zu beeinflussen. Eine für jeden Einzelfall individuell zu beantwortende Grundfrage lautet dabei: Wie macht man eine bestimmte Aktivität attraktiver als eine andere? Welche Elemente müssen hinzugefügt werden, damit man etwa eine Arbeitsplatzsoftware mit Vergnügen nutzt, oder was muss geschehen, damit der nächste Workout nicht schon im Vorfeld auf der Couch endet?

Die wesentlichen Elemente von Gamification

Gamification verwendet Elemente aus Spielen. Im Wesentlichen sind das definierte Herausforderungen, denen sich der Spieler stellt. Den Erfolg bei der Bewältigung der Aufgaben dokumentieren Punktesysteme und daraus abgeleitete Bestenlisten. Auszeichnungen oder Rangstufen ergänzen diese. Zu beachten ist, dass zwischen Spielelementen im Spiel und in Nicht-Spielen keine 1:1-Beziehung besteht — und dass das bloße „Zusammenstecken" von spieletypischen Elementen allein weder ein schönes Spiel garantiert noch Engagement und Begeisterung auf Seiten der Anwender hervorruft. In jedem Fall belohnt der Gestalter des Spielsystems Wohlverhalten des Anwenders und machte dieses auch gegenüber anderen sichtbar — ein gewisser Gruppendruck entsteht so von ganz allein.

Lernen

Ein häufiger Anwendungsfall von Gamification ist das Erlernen von Aufgaben: Die wesentlichen Lehren aus Gamification in Bezug auf die Unterstützung von Lernaufgaben lassen sich dabei wie folgt zusammenfassen (in Anlehnung an Daniel Cook: „Building fun into your software designs"):

- Trenne große Lernprozesse in mehrere kleine auf,
- baue fortgeschrittene Konzepte auf bereits Erlerntem auf,
- sorge für eine sanfte Lernkurve,
- messe den Fortschritt des Benutzers,
- bewerte und belohne die Leistung.

Man sieht, dass Gamification kein Hexenwerk ist, sondern durchaus den Erwartungen oder Erfahrungen entspricht, die man mit dem Aufbau von Lernumgebungen auch anderweitig — ohne vorherige Kenntnis des Gamification-Konzepts — machen kann. Wesentlich für den Erfolg einer solchen spielorientierten Gestaltung ist: Die Nutzer sollen dabei nicht merken, dass sie sich in einem „Spiel" befinden. Dies ist etwa bei typischer Lernsoftware der Fall, bei der man erst nach Abschluss eines Moduls samt zugehörigem (Online-)Wissenstest auf das nächste Modul (im Spiel die nächste Spielebene) zugreifen kann — entsprechend der Gamemechanik „Leveling".

Innovationsprozesse

Die IT-Analystenfirma Gartner sieht die zukünftigen Anwendungsbereiche von Gamification vor allem im Bereich von Innovationsprozessen (http://www.gartner.com/it/page.jsp?id=1629214) und benennt unter anderem die Weltbank als Beispiel, die mit ihrem Spiel „Evoke" Ideen zur Bewältigung für globale Probleme generiert. Als wesentliche Antriebskräfte hat Gartner dabei schnelle Feedback-Zyklen sowie klare Ziele und Regeln isoliert.

Das ganze System sollte dabei von einer starken Rahmenhandlung getragen werden. Wichtig ist zudem, dass Ziele oder Zwischenziele kurzfristig erreichbar sind.

Kundenbeziehungen

Was wäre, wenn man den Kunden in seinen Entscheidungen per Spielmechanismus steuern könnte? Manche halten bereits die Bonuskarte des Supermarkts oder das Bonusmeilenprogramm einer Airline für angewandte Gamification. Die unausgesprochene Frage dahinter lautet: Wie oft haben Sie bereits eine bestimmte Airline wegen der Bonusmeilen beziehungsweise der damit verbundenen Vorteile bevorzugt, auch wenn ein gleichwertiges Angebot eines anderen Anbieters vorhanden und möglicherweise sogar kostengünstiger war? Nach Markus Breuer von „The Otherland Group" (http://de.slideshare.net/markus.breuer/gamification-die-neueste-sau-die-durchs-marketingdorf-getrieben-wird) umfasst eine intelligente, nachhaltige Gamification der Kundenbeziehung:

* Anwender kennenlernen,
* herausfinden, was sie antreibt,
* Balance finden — Erwartungen versus Belohnungen,
* Spielmechaniken intelligent einsetzen,
* Raum zum Wachsen lassen,
* Feedback geben,
* Feedback annehmen.

Die Spielmechaniken sind dabei nur ein kleiner Teil eines erfolgreichen Projektes für Kundengewinnung und -bindung mit Gamification. Der wichtigste Teil ist eine solide Recherche und ein Grundverständnis dessen, was die Kunden/Anwender wirklich antreibt. Eine Grundlage für eine manipulative Ausgestaltung der Kundenbeziehung ist damit bereits gelegt, auch wenn Protagonisten von Gamification derartiges weit von sich weisen.

Wenn man in Kenntnis dieser Zusammenhänge aus Nutzersicht genau hinsieht, entdeckt man derartige Zusammenhänge überall — bei Webanwendungen wie Apps. Nur wenige Unternehmen machen jedoch die Zusammenhänge offenkundig, wie folgendes Beispiel zeigt.

Zu den größten Kostenblöcken in vielen Unternehmen zählt der Kundenservice. Insbesondere bei komplexen Produkten und Dienstleistungen mit geringen Margen wie elektronischen Geräten oder Telekommunikationsdienstleistungen müssen Unternehmen auf die Kosten achten. Deshalb wird derzeit im Bereich Kundenservice ein neuer Trend besonders diskutiert: „Unsourcing". Darunter versteht man eine auf Gamification basierte Verlagerung des Supports auf die Kunden. Die zugrunde liegende Idee besteht darin, einen Support von Kunde zu Kunde über Kundenforen zu incentivieren und damit Kosten im Support zu sparen. Pionier dieser Idee ist das Softwareunternehmen Lithium. Auf deren Website heißt es:

„Menschen lieben Spiele. Wissenschaftler haben dafür alle möglichen Gründe gefunden, aber letztlich ist es einfach so: Spiele machen Spaß. Mit Spielen können wir einen sehr befriedigenden Bewusstseinszustand erreichen, bei dem unsere Herausforderungen und unsere Fähigkeiten nahezu deckungsgleich werden. Der bekannten Spieledesignerin Jane McGonigal zufolge bieten Spiele uns „glückselige Produktivität" — die Chance darauf, uns zu verbessern, voranzukommen und den nächsten Level zu erreichen.

Falls man seine Kunden in den sozialen Netzwerken dazu bringen möchte, Produktbeurteilungen einzustellen, anderen Kunden bei Problemen zu helfen, neue Lösungen vorzuschlagen, Vertriebshinweise zu geben oder neue Produkte mit zu entwickeln, kann die Einbindung von Spielen in die Nutzererfahrung — die Chance auf glückselige Produktivität — die richtigen Anreize dafür setzen, eine häufigere und nachhaltigere Interaktion zu erreichen." (http://www.lithium.com/pdfs/whitepapers/Lithium-Gami cation_bm2DEI6s.pdf)

Diese Beschreibung verdeutlicht das dem Kernprodukt von Lithium zugrundeliegende Prinzip. Lithium bietet eine Software, die Unternehmen eine Internetplattform bereitstellt, auf der Kunden anderen Kunden helfen können. Ziel ist die Vermeidung vom Kosten im Kundenservice, denn statt teurer Kundendienstmitarbeiter werden unbezahlte Freiwillige eingesetzt, die durch die eingesetzten Spielmechanismen wie virtuelle Titel und Ehrungen motiviert werden. Nach Angaben der Marktforscher von Gartner können mit derartigen Lösungen die Kosten im Kundensupport um bis zu 50 Prozent reduziert werden. Als Beleg führt Gartner das Kundenforum von TomTom an, bei dem in nur zwei Wochen rund 150.000 US-Dollar Kosten durch die Behandlung von 20.000 Supportanfragen im „Kundenhelfen-Kunden"-Verfahren gespart werden konnten („Outsourcing is so last year — the future of customer support", in „The Economist" 11.05.2012 — http://www.economist.com/node/21554524).

Es wäre sicher überzogen, hier von Ausbeutung zu sprechen, es wird ja niemand gezwungen. Tatsächlich bieten viele Unternehmen, die derartige Lösungen einsetzen, zumindest zum Teil auch werthaltigere Anreize als die genannten Ehrungen, etwa Gesprächsminuten oder zusätzliches Datenübertragungsvolumen im Mobilfunk.

Wissenschaft

Gamification-Mechanismen werden auch im Bereich der Wissenschaft angewandt. Prominentestes Beispiel ist „Foldit": Es ist ein experimentelles Computerspiel, das in Zusammenarbeit der Abteilungen „Computer Science and Engineering" und „Biochemistry" der University of Washington entstanden ist. Die Mitspieler helfen dabei, ein möglichst gut „gefaltetes" Protein zu erzeugen, ein Modell des Proteins im Zustand des Energieminimums, wie es in der Natur vorkommt. Dies gelingt ohne Vorkenntnisse, allein durch Betrachten eines Tutorials. Mit Foldit werden menschliche Fähigkeiten, 3D-Muster zu erkennen, für die Wissenschaft nutzbar gemacht. Man könnte Foldit daher als einfache Crowdsourcing-Lösung sehen, wären da nicht die Spielelemente, die für die hohe Akzeptanz und den weit überdurchschnittlichen Nutzungsgrad sorgen.

Crowdsourcing mit Spielelementen anzureichern und damit als Freizeitbeschäftigung attraktiv zu machen, wie hier bei Foldit, scheint zu funktionieren, eine gelungene Gestaltung einmal vorausgesetzt. Dies lässt Unternehmen hoffen, auch andere Aufgaben kostenlos bearbeiten lassen zu können.

Straßenverkehr

Verkehrsregeln sind nicht immer einsichtig. Die Polizei und teilweise auch private Unternehmen sorgen durch Überwachung und Sanktionierung von Übertretungen des Erlaubten für die Einhaltung der Regeln. Für viele Verkehrsteilnehmer waren Verkehrsregeln allerdings schon immer eine Art Spiel. Es ging augenscheinlich darum, festzustellen, wie weit man mit einer Regelübertretung gehen kann, ohne erwischt zu werden. Rein rational wird derjenige, der etwa zu schnell fährt, unter Umständen zur Kasse gebeten. Wer sich hingegen an die Regeln hält, bekommt erwartungsgemäß keine Belohnung, unsere gesellschaftliche Konvention setzt ja voraus, dass es sich um normales Verhalten handelt.

Ein gänzlich anderer Ansatz wird in Schweden getestet. Hier hat man einen Spielmechanismus auf eine Radarfalle angewendet (http://www.wired.com/gadgetlab/2010/12/swedish-speed-camera-pays-drivers-to-slow-down). Selbstverständlich wird auch hier der Regelverstoß „schneller fahren als erlaubt" sanktioniert. Das Geld fließt aber nicht in die Staatskasse oder die Gemeindeschatulle, sondern dient als Preisgeld für eine Verlosung, an der alle teilnehmen, die im Bereich der Radarfalle regelkonform fahren. Die tatsächlich gefahrene, durchschnittliche Geschwindigkeit ging in diesem Fall übrigens signifikant um ganze 22 Prozent zurück. Der Anreiz des Preisgeldes funktioniert offensichtlich (http://www.ddb.com/stuff-weve-done/work/the-speed-camera-lottery.html).

Grundlegend eine gute Idee, mit einem signifikanten Problem: Damit die ordnungsliebenden Fahrer auch belohnt werden können, müssen die Kennzeichen erfasst werden. Ob dies etwa in Deutschland realisierbar wäre, ist umstritten. Einer „verdachtsunabhängigen Kennzeichenerfassung" hat das Bundesverfassungsgericht hierzulande bereits 2008 — mit Blick auf den Schutz der Privatsphäre — eine Absage erteilt. Aus den erfassten Daten von einigen wenigen, gezielt positionierten Kennzeichenscannern ließen sich nämlich auf einfache Weise Bewegungsprotokolle erstellen.

Von derlei rechtlichen Bedenken hinsichtlich des Datenschutzes unberührt geht eine US-Initiative noch weiter. Eine Studie der NHTSA (National Highway Traffic Safety Administration — die US-Behörde für Straßensicherheit) hat demnach ergeben, dass eine permanente Geschwindigkeitsüberwachung mittels Fahrzeug-GPS im Sinne der Einhaltung der Geschwindigkeitsbegrenzung dann besonders erfolgreich ist, wenn die Fahrer nicht nur bei Überschreitung sanktioniert, sondern auch bei Einhaltung belohnt werden (http://www.npr.org/2012/06/21/155454615/gps-study-shows-drivers-will-slow-down-at-a-cost).

Auch hier stellt sich — im kontinentaleuropäischen Verständnis von Datenschutz — mehr als nur Unbehagen ob der permanenten Überwachung ein. Dennoch sind ähnliche Modelle sehr nah. Die Erfahrung der Vergangenheit zeigt, dass — auch wenn gute Absichten zunächst vorherrschen mögen — jede Technologie auch neue Begehrlichkeiten weckt, die in diesem Fall geradewegs in den Überwachungsstaat führen können. Möglicherweise löst sich das Problem aber mittelfristig von selbst. Bei hinreichender Verbreitung selbstfahrender Fahrzeuge gehören sanktionierbare Regelverstöße ganz automatisch der Vergangenheit an. Welches selbstfahrende Fahrzeug würde denn gegen die Straßenverkehrsordnung verstoßen?

Insgesamt muss man davon ausgehen, dass die Anwendungen von Gamification noch ganz am Anfang stehen und die Unternehmen dabei sind, sich die Potentiale gerade erst nutzbar zu machen, intern, mit Blick auf die eigenen Mitarbeiter, genauso wie extern, mit Blick auf Kunden und möglicherweise auch Lieferanten.

Nichts ist perfekt – Kritik an Gamification

Nichts ist perfekt, schon gar nicht die Versprechungen, die Gamification-Anbieter ihren Kunden machen. Der Grund dafür ist: Spiele haben diverse Eigenschaften und Elemente, die sich nicht ohne Weiteres auf jede andere Software übertragen lassen. Dazu zählt die Narration, also welche „Geschichte" die Anwendung erzählt, die Eigendynamik, die von einem Spiel und hier entsprechend auch vom Anwendungssystem erwartet wird, und die schlichte Erkenntnis, dass Arbeit nicht immer mit Spiel gleichzusetzen ist. Nicht immer gelingt es Unternehmen nämlich, dem Nutzer eine Arbeitsaufgabe als Spiel schmackhaft zu machen. In vielen Fällen dürfte der Arbeitscharakter einer Anwendung alles andere überstrahlen.

Aber selbst wenn es gelingt, alles wie ein Spiel aussehen zu lassen, ist noch lange nicht gesagt, dass dies vom Nutzer auch akzeptiert wird. Die bittere Erkenntnis der Spieleforschung lautet immer noch: Ähnlich wie bei Filmerfolgen und Musiktiteln ist es nicht möglich, einen Erfolg vorab vollständig und bis ins Detail zu planen. Manche Spielideen zünden und werden zum Erfolg, andere eben nicht. Bevor Angry Birds – ein Spiel der finnischen Firma Rovio – erfolgreich wurde, hatte das Unternehmen mehrere Dutzend erfolglose Anläufe und es bis dato nicht geschafft, ein auch nur mittelmäßig erfolgreiches Spiel auf den Markt zu bringen. Auch nach dem Abklingen des Erfolgs von Angry Birds gab es bisher keine zündende neue Spielidee des Anbieters, und man rettet sich bis dato mit immer neuen Derivaten des bekannten Erfolgsspiels.

Kritik an Gamification kommt auch aus dem Lager der Spieleentwickler. Margaret Robertson, eine international bekannte englische Spieleentwicklerin, publizierte unter dem Titel „Can't play, Won't play" eine massive Kritik an Gamification: „Gamification ist ein – wenn auch unbeabsichtigter – Schwindel. Leute glauben fälschlich, dass sie irgendetwas [...] mit der psychologischen, emotionalen und sozialen Kraft eines großartigen Spiels aufladen könnten." (http://www.hideandseek.net/2010/10/06/cant-play-wont-play)

Letztendlich ist Gamification – wenn konsequent angewendet – der Versuch, Menschen in Laborratten zu verwandeln, die immer genau das Knöpfchen drücken sollen, das ihnen vorgegeben wird. Pragmatiker mögen einwenden, es wäre ja seit Erfindung der „Reklame" nie anders gewesen. Auch bei der Werbung gehe es schließlich darum, Menschen bewusst, aber auch unbewusst zu einem bestimmten Verhalten zu bewegen. Dem ist grundlegend beizupflichten. Dennoch sind die hier beschriebenen Methoden mit herkömmlichen Werbe- und Kundenbindungsstrategien nicht mehr vergleichbar. Die hier dargestellten Systeme beeinflussen nicht nur das Verhalten, sondern sie liefern die Interaktion gleich mit.

Niemand glaubt mehr den Reklamebotschaften einer „Weißer-als-weiß"-Werbung. Dennoch vertrauen die meisten Menschen ganz unbewusst den Suchergebnissen einer Suchmaschine oder den Empfehlungen einer App. Die Technologieanbieter profitieren diesbezüglich von der Neutralitätsvermutung … noch.

Eine wichtige Debatte, zweifellos, viel wichtiger ist hier jedoch die Frage nach der Verwendbarkeit beziehungsweise der Verwendung dieser Mechanismen für ein besseres Selbst. Bei aller geäußerter Kritik am Konzept von Gamification und dessen Einsatzfeldern: Es ist „was dran", Gamification funktioniert grundlegend. Einer der Schlüssel für den erfolgreichen Weg zum besseren Ich steckt in eben diesen Mechanismen – verbunden mit der Bereitschaft des Nutzers, sich darauf einzulassen.

Nach meinen Versuchen mit der Runtastic-App auf dem Fahrrad und meinen Recherchen war ich mehr als überzeugt, dass da was dran war.

Tatsächlich geben sich die App-Anbieter alle Mühe, damit die Nutzer dabeibleiben. Im Falle von Runtastic und bei vielen anderen Apps für Hobbysportler sind umfangreiche Funktionen für die Bereitstellung der Daten im Netz und für den Vergleich der eigenen Leistungen mit der von Anderen und weitere Motivationshilfen enthalten. Damit stellt man sich dem Wettbewerb. Dies kann ein wesentlicher Ansporn sein. Schließlich wäre es mit einem sozialen Stigma verbunden, würde man sich gehenlassen und aufgeben. Für Fortgeschrittene und Top-Sportler ist es vielleicht auch eine moderne Form des Selfies, wenn man statt eigener Bilder die Belege seiner körperlichen Leistungsfähigkeit postet. Für den Anfänger, zumal für einen Spätberufenen, ist ein derartiger Vergleich aber möglicherweise auch kontraproduktiv, es sei denn, man kann diesen limitieren auf einen unter ähnlichen Voraussetzungen trainierenden Vergleichspartner und sich so gegenseitig motivieren.

Man muss keine Studien bemühen, um die Wirksamkeit bewerten zu können. In gewisser Weise sind die angebotenen Onlinefunktionen das Äquivalent zu der Verabredung zum Sport – etwa zu einer Laufgruppe – in der realen Welt, nur dass das „Miteinander" hier weder gemeinsame Zeit noch gemeinsamen Ort benötigt.

Fitness-Apps, Smartwatches und Fitness-Tracker

Dass ich gerade auf Runtastic gestoßen war, war eigentlich Zufall. Gibt man „Fitness" als Stichwort in einen der App-Stores von Apple oder Google ein, so wird man schier erschlagen von der Vielzahl der offerierten Apps. Die Chance, einen Überblick zu gewinnen, gibt es für „Otto Normalnutzer" kaum. Aber Fitness-Apps sind nicht nur in unglaublicher Zahl in den Stores anzutreffen, sie sind auch beim Nutzer sehr populär. Ende Mai 2017 waren folgende Fitness-Apps in den Top-Charts für Bezahlsoftware des iOS App-Stores anzutreffen:

— 7 Min Workout,
— Runtastic PRO GPS (Joggen),
— Runtastic Road Bike PRO GPS,
— AutoSleep Schlafaufzeichnung,
— Runtastic Mountain Bike Pro,
— Instant Herzfrequenz,
— Runtastic Fitness Pack — Muskelaufbau ohne Geräte,
— FullFitness-Trainingsprogramm,
— Bodyweight-Training.

Nimmt man noch die Apps dazu, die versprechen, beim Aufgeben unschöner Angewohnheiten wie dem Rauchen zu helfen oder einen Überblick über die Ernährung zu gewinnen, ist dies ein eindrucksvoller Anteil an den Umsätzen, die Apple und Google in ihren App-Stores machen und somit weit mehr als ein Randphänomen.

Wie gewinnt man nun den Überblick? Wie wählt man die für die eigenen Bedürfnisse am besten passende App aus? Dies ist — nüchtern betrachtet — ein Ding der Unmöglichkeit. Erste Hilfe versprechen die Top-Listen, die einzelne Computerzeitschriften und Onlineanbieter liefern. Sie liefern eine Grundorientierung im App-Dschungel. Dort wird vielfach auch der Versuch gemacht, die unter dem Stichwort „Fitness" gefassten Apps für die persönliche Lebensgestaltung etwas weiter in Untergruppen zu differenzieren. Eine sinnvolle Einteilung wäre etwa in Anwendungen für Diät/ Ernährung, Personal Training und Ausdauersport zu unterteilen. In diesen drei Kategorien finden sich die meisten App-Angebote (nachfolgende Übersicht in Anlehnung an die Übersicht von t3n, http://t3n.de/news/fitness-apps-abnehmen-ios-android-523551/3/):

Beispiele für Ernährungs-Apps:

— Myfitnesspal — umfassende Datenbasis, zusätzlich Übungsdatenbank,
— Fatsecret — umfangreiche Nahrungsmitteldatenbank. Berechnet
  Tagesbedarf,
— FDDB — umfassende Tagebuchfunktionen,
— Yazio — Kalorienzähler und Ernährungsplan,
— LoseIt! — Trainings- und Ernährungstagebuch. Hilft bei der Erfassung
  von Mahlzeiten durch Bilderkennung,
— Lifesum — Kalorientagebuch und Diätrechner,
— Fooducate — Ernährungsberatung,
— Noom Coach — Abnehmplanung.

Beispiele für Personal Trainings-Apps:

— Strong — Trainingstagebuch für Krafttraining,
— Tabata Stopwatch — App für Intervalltraining,
— Runtastic Six Pack — Avatare und Videos sollen beim Bauchmuskel-
  training helfen,
— Freeletics — App und Community für Functional Training,
— Fitocracy — an Gamification orientierte Trainings-Apps mit Highs-
  cores, die es zu schlagen gilt.

Beispiele für Ausdauersport-Apps:

— Nike+ Run Club — Fokus auf Laufcommunity / Vergleich / Motivation,
— Strava — Tracking für Läufe und Radtouren, Community-Funktionen,
— Randomrun — erstellt zufällige Laufrouten — spaß- und motivations-
  orientiert,
— Rundkeeper — Tracking von Ausdauersport, Vergleichsfunktionen,
— Runtastic — Tracking von Ausdauersport, Vergleichsfunktionen, ver-
  schiedene Varianten der App, die sich speziell an einzelne Sportarten
  richten, vorhanden (z.B. Roadbike, Mountainbike).

Insbesondere Apps für Ausdauersport arbeiten häufig mit Wearables
zusammen oder setzen bestimmte Geräte voraus. Darüber hinaus gilt: Alle
genannten Apps sind Beispielanwendungen. Wie so oft im Internet gilt
auch hier: „The winner takes it all": Ein geringer Teil der Anwendungen
zieht den Großteil des Nutzerinteresses auf sich. Zahlreiche Anwendungen werden kaum wahrgenommen. Wer nicht jenseits des App-Stores Aufmerksamkeit erregt und die potentiellen Nutzer direkt zu seinem Produkt-
angebot führen kann, wird kaum gefunden. Auch für den Nutzer hat die

enorme Vielfalt und der Wettbewerbsdruck bei den App-Anbietern nicht nur Vorteile — wie niedrige Preise. Er hat kaum die Chance die Angebote zu vergleichen und bleibt auf Empfehlungen außerhalb des App-Stores angewiesen — gleich, ob diese nun „Mund-zu-Mund-Propaganda" sind oder die mehr oder weniger unabhängig kuratierten Listen der Fachmedien. Dennoch: Für alle gängigen mobilen Plattformen gibt es ein hinreichendes Angebot, nicht nur für Apple iOS oder Android, sondern auch für die Randerscheinung Windows Phone. Die gerne vorgebrachte Entschuldigung, „man könne ja nicht … denn es gäbe ja nichts geeignetes«, greift da nicht, auch wenn die überbordende Vielfalt der Apps sich bei den von Apple und Google bereitgestellten Betriebssystemen versammelt.

Der gemeinsame Nenner aller genannten Programme für das bessere Leben besteht darin: Sie liefern mal mehr mal weniger ein Feedback über die eigenen Aktivitäten. Während einige Apps sich darauf beschränken, Empfehlungen zu geben, was man etwa essen sollte oder nicht, oder — wie die meisten Personal Trainings-Apps — Vorgaben aufstellen, welche Übungen man zu einem bestimmten Zeitpunkt machen sollte, dominiert bei den Ausdauersport-Apps der Gedanke an Dokumentation und Vergleichbarkeit der sportlichen Leistungen. Hier kommen die oben beschriebenen Grundsätze der Selbstvermessung und Gamification in voller Ausprägung zum Tragen.

Die Kernfunktionen der Apps nutzen dabei die bei gängigen Smartphone vorhandenen Umgebungssensoren. Da gibt es längst mehr als Kamera und GPS, jene beiden gängigsten Elemente, die einem dazu vermutlich zuerst einfallen.

Folgende Aufstellung liefert eine Übersicht über den Stand der Technik im Bereich Smartphone-Sensorik (in Anlehnung an: http://www.zeit.de/digital/mobil/2014-05/smartphone-sensoren-iphone-samsung/komplettansicht). Zu beachten ist, dass nicht alle Geräte alle Sensoren mitbringen, insbesondere Einsteigermodelle beschränken sich dabei auf die nötigsten Elemente:

• Luftdruckmesser
Neuere Geräte können — wie ein Barometer — den Luftdruck messen. Hochwertige gängige Sensoren messen so genau, dass bereits Treppensteigen als Höhenveränderung registriert werden kann.

- Beschleunigungssensor

Wird das Handy gedreht, ändert sich die Richtung, aus der die Schwerkraft auf das Gerät einwirkt. Diese Kräfteverschiebung misst ein sogenanntes Akzelerometer auf drei Achsen.

- Bluetooth

Kein Sensor im engeren Sinn, aber zu weit mehr als zur Anbindung an Freisprechanlagen, Kopfhörer und Lautsprecher zu gebrauchen. Erlaubt die Steuerung von Geräten, etwa im vernetzten Heim.

- Elektromagnetischer Sensor (Hall-Geber)

Der Sensor registriert bei Smartphones oder Tablets, ob die (magnetische) Hülle geöffnet oder geschlossen ist.

- Fingerabdrucksensor

Spezieller Sensor, der meist als Basis für ein Zugangskontrollsystem eingesetzt wird, ab und an auch mit Pulssensor kombiniert.

- GPS

Dient zur Bestimmung der Position des Gerätes per Satellitenpeilung. Bei Smartphones wird die Positionsbestimmung vielfach ergänzt durch WLAN-Erkennung.

- Gyroskop (Lagesensor)

Erlaubt dem Gerät festzustellen, wie es gehalten wird.

- Helligkeitssensor

Erkennt die Umgebungshelligkeit und dient zur dynamischen Regelung der Bildschirmhelligkeit.

- Luftfeuchtigkeitsmesser und Thermometer

Wie der Name sagt …

- Magnetometer

Misst die Stärke des Erdmagnetfeldes und dient als fortschrittlicher Kompass.

- Mikrofon

Der Sensor schlechthin in jedem Telefon. Vielfach werden mehrere Mikrofone in Smartphones eingebaut. Teilweise nehmen diese nicht die Sprache auf, sondern sind fixiert auf Umgebungsgeräusche, um diese aus der Verbindung herauszufiltern.

- Mobilfunkantennen
Die im Gerät eingebauten Antennen sind die Basis für den Mobilfunkempfang und helfen auch bei der Bestimmung der Position im Verhältnis zu erreichbaren Funkmasten.

- Näherungssensor
Erklärt sich durch den Begriff selbst und dient zumeist dazu, den Bildschirm des Smartphones abzuschalten, wenn dieses an das Ohr gehalten wird.

- NFC
Funktechnik für den Nahbereich, die im Bereich weniger Zentimeter senden und empfangen kann, wird derzeit vor allen Dingen für Zahlungsfunktionen verwendet.

- Pulsmesser
Spezieller Sensor, bestehend aus LED-Licht und Kamera, der die Durchblutung der Haut misst und die Datenbasis für die Pulsberechnung liefert.

- Thermometer
Mithilfe entsprechender Sensoren im Akku und einer Software wird die Eigenwärme des Smartphones gemessen. Zusätzlich dazu gibt es einen Temperaturfühler, der die Umgebungstemperatur ermittelt. Aus beiden Werten wird rechnerisch versucht, auf die tatsächliche Umgebungstemperatur zu schließen, auch wenn das Handy in der Hosentasche steckt.

- Touchscreen
Sensor, der Ort und Dauer der Berührung, in vielen Fällen auch bereits die Annäherung eines Fingers, dokumentiert.

- Kamera
Gängigster Sensor in Smartphones. Dient nicht nur für Fotoaufnahmen, sondern liefert auch die Basis für Gesichtserkennung und eine Vielzahl anderer Anwendungen. Spezielle Smartphone-Kameras operieren etwa auch im für Menschen nicht sichtbaren Lichtbereich etwa als Wärmebildkamera.

- WLAN
Wesentliche Datenverbindung, gleichzeitig auch Basis für Ortung, insbesondere auch bei Nutzung innerhalb von Gebäuden.

Ein bei einer Fahrradtour oder Laufrunde mitgeführtes Smartphone kann anhand eingebauter Sensoren dabei helfen, die zurückgelegte Zeit, Wegstrecke, Steigung und andere Umgebungsdaten zu dokumentieren und daraus die richtigen Rückschlüsse zu ziehen. Aber ein Smartphone alleine kann nicht alles. Körperbezogene Daten — Paradebeispiel Puls — können damit (wenn überhaupt) nur sehr umständlich erhoben werden.

Bei Sportlern seit vielen Jahren gängig sind etwa Brustgurte mit Pulssensoren, die ihre Daten per Bluetooth an das Smartphone senden und so die auswertbare Informationsvielfalt vergrößern. Nachteil: Derartige Sensoren sind mehr als unkommod. Niemand käme auf die Idee, diese dauernd zu nutzen. Anders bei den sogenannten Wearables. Typischerweise am Arm getragen wie eine Armbanduhr stören diese Geräte kaum.

Man sieht diese Wearables — Smartwatches wie Fitness-Tracker — seit einigen Jahren überall an den Handgelenken von Sportlern, Spaziergängern, Teenagern, Führungskräften und manchmal auch in anderer technischer Ausprägung als Anstecker an der Kleidung, selten auch in anderen Gestaltungsformen wie Datenbrillen. Ein richtiges deutsches Wort für Wearable gibt es bislang nicht. Gemeint sind damit Geräte, die direkt am Körper getragen und genutzt werden. Galten bisher Mobiltelefone — und insbesondere Smartphones — als das persönlichste technische Gerät, so stellt das Wearable einen noch persönlicheren Bezug her. Das Smartphone wird vielleicht temporär verliehen, ein Wearable ist aber stets ein persönlicher Gegenstand eines einzelnen Nutzers. Persönlicher geht es zur Zeit nicht — ein Gedanke, der selbstverständlich auch die werbetreibenden und datensammelnden Unternehmen fasziniert. Ein Gedanke, der im Augenblick aber zu weit von der Kernthematik dieses Buches wegführt und deshalb zurückgestellt werden muss.

Doch zurück zu den Wearables selbst: Die wesentlichen Varianten sind Armbänder, die als sogenannte Fitness-Tracker Bewegungs- und andere Körperdaten aufzeichnen, und die sogenannten „Smartwatches", die eher an eine Armbanduhr erinnern, aber zusätzlich zur Anzeige der Uhrzeit weitere Funktionen, etwa den Zugriff auf Anwendungen auf dem Smartphone oder auch die Aufzeichnung, Auswertung und Anzeige der eigenen körperlichen Aktivität erlauben. Bekanntester Vertreter dieser Gruppe ist die Apple Watch. Diese gilt über verschiedene Anwendergruppen hinweg als Must-Have-Accessoire. Andere Hersteller — die Bandbreite reicht von chinesischen Garagenfirmen über Start-ups bis hin zu etablierten Anbietern der Schweizer Uhrenbranche (zum Beispiel: Tag Heuer) — tun sich erheblich schwerer mit der Akzeptanz am Markt. Bei der erstgenannten

Gattung, den Fitness-Trackern, ist das Angebot noch unübersichtlicher — zahlreiche Hersteller bieten unterschiedlichste Konzepte und Funktionalitäten an.

Ob und inwieweit ein Smartphone nötig ist, um den vollen Funktionsumfang auszuschöpfen, ist je nach Konzept und Angebot unterschiedlich. In vielen Fällen ist die Smartwatch oder das Fitnessband nur ein Satellit des Smartphones. In einigen wenigen Fällen ist dank einer eigenen, von Smartphone unabhängigen Funkverbindung oder eines gelegentlichen Abgleichs auch ein weitgehend autarkes Funktionieren möglich. Mit Blick auf immer weitere Miniaturisierung ist davon auszugehen, dass mittelfristig immer mehr Technologie direkt in das Wearable gepackt werden wird und das Smartphone irgendwann überflüssig werden könnte.

Aber zurück zum hier und heute: Das Spannende an Wearables in allen Ausführungen und Formen ist die direkte Messung von Körperfunktionen oder Umweltfaktoren, etwa durch die Aufzeichnung der Bewegungen, die Messung der Herzfrequenz oder die Dokumentation der Luftqualität oder UV-Einstrahlung. Die meisten der Geräte bringen eine, mehrere oder gleich eine Vielzahl von Sensorfunktionen mit, die sich zum Teil auch in Smartphones wiederfinden (siehe obige Liste).

In Fachkreisen spricht man von Biosensing Wearables und bezeichnet damit sowohl Armbänder und andere Geräte für das Aufzeichnen von Daten wie Smartwatches, Bekleidung mit Sensoren, aber auch Sensoren, die als Pflaster aufgeklebt, als Pille geschluckt oder als Implantat unter die Haut kommen. Pflaster, Pille und Implantate sind allerdings dem Forschungslabor noch nicht entwachsen, davon wird später noch die Rede sein.

Die gängigste Sensorik ist die Bewegungserkennung. Die Technik hinter der Bewegungserkennung stammt von einer altbekannten Erfindung, dem sogenannten Gyroskop. Die meisten Smartphones und ein Großteil aller Smartwatches und Wearables beinhalten diesen Sensortyp als Standardausstattung. Praktisch jede Smartwatch, jeder Fitness-Tracker, trackt Bewegungen, selbst einfache Armbänder, die es bereits für unter 10 Euro gibt. Dokumentiert wird darüber — mehr oder weniger präzise — die Zahl der gelaufenen Schritte. Außerdem dienen Bewegungssensoren auch dazu, das Schlafverhalten aufzuzeichnen. Zahlreiche Anbieter von Geräten und passenden Apps versprechen, Schlafphasen zu dokumentieren und Schlafqualität und -dauer messen zu können.

Ebenfalls wesentlich ist die Messung der Herzfrequenz (Puls). Diese Funktion hatten bereits die Vorläufer der heutigen Smartwatches, die sogenannten Pulsuhren, häufig in Verbindung mit Brustgurten, die den Pulssensor in Herznähe bringen und damit eine gute Messung erlauben, aber aufwendig anzulegen und unbequem zu tragen sind. Man kann daher eine Tendenz hin zur Pulsmessung am Handgelenk beobachten — die Herzfrequenz wird dabei direkt im Armband am Handgelenk abgenommen. Auch innerhalb dieser Gattung gibt es wiederum Unterschiede, insbesondere bei der Permanenz der Aufzeichnung. Einfache Geräte zeichnen nur kurzzeitig auf, andere überwachen ganze Trainings- oder vollständige Tragezyklen.

Neben den zweifellos bedeutsamen Herzfrequenzmessern gibt es eine Vielzahl von weiteren Sensoren, die in diesen Geräten enthalten sein können beziehungsweise in unterschiedlichen Kombinationen enthalten sind:

- GPS zur Positionsbestimmung (eigenständig und unabhängig vom Smartphone),
- Temperatur,
- Luftdruck — in Form eines Barometers, was die Bewegung des Nutzers in der Höhe erfassen soll, wichtig etwa für das Tracking von Bergsteigern,
- Atmung (Respiration),
- Leitfähigkeit der Haut (Skin Conductance) — im einfachsten Fall dazu geeignet, um festzustellen, ob das Band oder Gerät gerade vom Nutzer getragen wird, in fortgeschrittenen Anwendungen ob und wie stark der Nutzer schwitzt,
- Gehirnaktivität,
- Haltung,
- Glukosewert,
- Sauerstoffsättigung im Blut (Oxygen Level),
- Variabilität der Herzfrequenz,
- Muskelaktivität,
- Blutdruck,
- Eyetracking,
- Ingestion: Sensor zur Messung der Aufnahme von Nahrung oder Medikamenten,
- UV-Strahlung.

Während Sensoren für Bewegungserfassung, Puls und Schlaftracking überall gängig sind, sind die anderen Sensoren entweder als eigenständiges „Gerät" (etwa für die Erfassung von Gehirnaktivitäten) oder in unterschiedlichen Kombinationen erhältlich.

Ein wichtiger konzeptioneller Unterschied von Wearables zu PC und Smartphone ist jedoch immer vorhanden. Die neue Geräteklasse umfasst zumeist Spezialgeräte, die nur bestimmte, oft eng begrenzte Funktionen erfüllen, wohingegen PC, Tablet und Smartphone stets Universalgeräte sind, das heißt in ihrer Funktionsweise auch nachträglich mehr oder weniger beliebig änderbar sind.

Spannend ist die Verwendungsmöglichkeit einzelner Sensoriken in eng umgrenzten Anwendungsbereichen bei Spezialformen von Wearables. So werden die oben genannten Bewegungssensoren auch als Erschütterungsmesser eingesetzt, etwa um bei Sportlern Gefahren für Kopfverletzungen mess- und sichtbar zu machen – eingebaut sind diese dann typischerweise in Kappe oder Helm. Zu finden sind derartige Sensoren etwa im Reebok Checklight, einem Wearable, das wie eine Badekappe aufgesetzt wird und potentiell gefährliche Erschütterungen des Kopfes, wie sie bei Kampf- und auch bei Mannschaftssportarten vorkommen, dokumentiert. Entwickelt wurde „Reebok" mit Blick auf die Bedürfnisse im American Football, einem Sport, bei dem Helme genutzt werden, dennoch Gehirnerschütterungen an der Tagesordnung sind. Bei rund einer viertel Million registrierter Kopfverletzungen bei Athleten jährlich (http://www.fastcodesign.com/3035264/innovation-by-design-2014/reebok-heads-off-injury) ist dies ein signifikanter Markt.

Ähnlich speziell sind Sensoren, die die Körperhaltung erfassen und den Nutzer dazu mahnen, sich korrekt hinzusetzen. Dies dient der Vorbeugung beziehungsweise Begrenzung von Haltungsschäden und damit ganz praktisch der Verbesserung der Lebenssituation. Orthopäden würden dies vermutlich sofort bejahen. In der Praxis findet man derartig spezielle Lösungen jedoch jenseits der Vertriebskanäle klassischer Medizinprodukte nur selten. Damit bleiben diese Anwendungen vielen Menschen verschlossen, die auf Selbstbestimmung und Selbstoptimierung fokussiert sind, den Gang zum Arzt aber ablehnen, aus ihrer Sicht sind sie ja nicht krank und behandlungsbedürftig.

Derartig spezialisierte Geräte hatte ich in meinem Selbstversuch nicht in Gebrauch. Probiert habe ich stattdessen eine Vielzahl gängiger Systeme vom einfachen Bewegungstracker-Armband (Xiaomi) bis hin zur Apple Watch.

Smartwatches und Fitness-Tracker waren ursprünglich separate Gattungen, nun nähern sich die Geräte immer mehr an. So bieten Smartwatches vielfach umfassende Sensoren und Funktionen zur Dokumentation und

Auswertung von Körperfunktionen (die Kerndomäne der Fitness-Tracker) während Fitness-Tracker auch zur Anzeige von Nachrichten vom Smartphone dienen (Kernfunktion einer Smartwatch). Möglicherweise ist die Unterscheidung in Zukunft auch mehr oder weniger obsolet, denn weitere Miniaturisierung der Bauteile und fallende Kosten für Sensoren und andere Komponenten führen absehbar dazu, dass alle Geräte immer umfangreichere Funktionalitäten mitbringen. Der Unterschied liegt dann im Design und in der Software.

Glaubt man den vielfältigen Studien von Marktforschern und Unternehmensberatungen so werden diese Smartwatches und Fitnessbänder zukünftig zum Milliardengeschäft und wesentlichem Teil dessen, was man Internet der Dinge nennt. Erstaunlich ist, dass lediglich Einigkeit über ein erwartetes starkes Wachstum besteht, die Bandbreite der Erwartungen aber enorm differiert. IDC etwa erwartet rund 213 Millionen Geräteverkäufe in 2020 (http://www.idc.com/getdoc.jsp?containerId=prUS41530816), während CCS Research von 411 Millionen derartigen Geräten im gleichen Jahr ausgeht (http://www.forbes.com/sites/paullamkin/2016/02/17/wearable-tech-market-to-be-worth-34-billion-by-2020/#6c9377d73fe3). Wer Recht behält, oder ob die Wahrheit in der Mitte liegt, bleibt abzuwarten. Diese Prognosen sind sich in jedem Fall in der Richtung einig, und diese ist entscheidend für die Entwicklungen, die in diesen Sektor fließen und damit entscheidend für zukünftige Geräte und Anwendungen.

Das Angebot an Endgeräten ist jedenfalls bereits heute unüberschaubar. Sowohl in Preis und Design als auch bei der Funktionalität existieren enorme Unterschiede. Von einfachen Bewegungs-Trackern aus chinesischer Produktion mit einfachem Gummiarmband, die für wenige Euro im Internet angeboten werden, bis hin zu aufwendigen Smartwatches von Technik- oder Uhrenfirmen mit mehreren Tausend Euro Kaufpreis reicht die Bandbreite der Geräte, die zumeist als Erweiterung eines Smartphones vorgesehen sind. Nur die wenigsten funktionieren eigenständig ohne Anbindung an Smartphone oder PC.

Konzepte, die ein Mobilfunkmodul direkt in das Armband integrieren, sind bisher noch eine Ausnahme. Mit der weiteren Miniaturisierung der zugrundeliegenden Technologie und Fortschritten bei der Eingabetechnik — die Displays und wenigen Funktionstasten eignen sich kaum für umfangreichere Eingaben — ist es denkbar, dass in einigen Jahren Smartphones zumindest zum Teil abgelöst werden könnten. Noch ist das nicht der Fall, denn Fitnessbänder wie Smartwatches sind typischerweise an eine technische Basisstation — zumeist ein Smartphone — gebunden, um vollständig nutzbar zu sein. Nicht immer ist dabei übrigens die Abgrenzung zwischen Fitnessband/Aktivitäts-Tracker und Smartwatch einfach, so kann eine Apple Watch Sport 2 durchaus als fortgeschrittener Fitness-Tracker gesehen werden, während eine Withings Active als Bewegungs-Tracker am Markt ist, aber wie eine elegante analoge Armbanduhr wirkt, der man die Funktion als Fitnessband nur auf den zweiten Blick ansieht. Am besten nähert man sich den Wearables, also den tragbaren Computersystemen, in dem man ihre Anwendungsfelder näher betrachtet. Zu diesen zählen insbesondere (um nur die wichtigsten zu nennen):

- Anzeige von Nachrichten und Terminen (insbesondere bei Smartwatches),
- Anzeige und Aufzeichnung von Vital- und Umgebungsdaten,
- Fernsteuerung anderer Geräte,
- telefonieren,
- bezahlen,
- Anzeige der Uhrzeit (ja, auch das!).

Die Reihenfolge der Nennung in der Liste ist nicht notwendigerweise ein Indikator für die Wichtigkeit, denn zu unterschiedlich sind die Erfahrungen und Erwartungen, wenn man mit unterschiedlichen Anwendern spricht.

Im geschäftlichen Alltag sind es häufig die Anzeigeoptionen für eingehende Nachrichten und Termine, die die Nützlichkeitserwägung bestimmen. Insbesondere Nutzer der Apple Watch geben — in einer informellen Umfrage des Autors — an, dass die Informationen über eingehende Nachrichten und anstehende Termine, ohne jedes Mal zum Mobiltelefon greifen zu müssen, ein wesentliches Leistungsmerkmal ihrer Smartwatch ist. Natürlich wird auch die Neugierde befriedigt. Ist das Telefon stummgeschaltet, so kann man auch in einer geschäftlichen Besprechung oder einer anderen sozialen Situation mit einem unauffälligen Blick auf das Handgelenk erfahren, wer gerade anruft oder welchen Betreff eine eingehende Nachricht hat.

Ein Kernmerkmal von Fitness-Trackern, aber auch Bestandteil der meisten Smartwatches, ist die Aufzeichnung, Anzeige und Dokumentation von Vital- und Umgebungsdaten. In einfachen Fällen misst ein Sensor die Bewegung des Handgelenks und leitet daraus mehr oder weniger genau die Zahl der zurückgelegten Schritte ab. Ergänzt wird dieser von einer je nach Gerät unterschiedlichen Auswahl von anderen Sensoren, darunter Pulsmesser, Hautwiderstandsrezeptoren, manchmal aber auch UV-Sensoren und GPS-Empfängern (zu einer Übersicht der in Smartwatches und Fitness-Trackern siehe oben). Ein weiterer Funktionsschwerpunkt findet sich in der Fernsteuerung anderer technischer Gegenstände. Naheliegenderweise zählt das Smartphone dazu, neben der bereits oben genannten Anzeige von eingehenden Anrufen und Nachrichten besteht oftmals die Möglichkeit, diese auch sogleich — ohne direkten Zugriff auf das Smartphone — zu beantworten. Ob die Smartwatch sich als Freisprecheinrichtung für das Smartphone durchsetzen wird, ist nicht absehbar, die technische Funktion geht hier mit eindeutigen Bediennachteilen einher, zudem gilt der Nutzer für sein Umfeld schnell als Sonderling, wenn er „in seine Uhr spricht" (zumindest heute noch). Bei Nachrichten (gleich ob E-Mail, SMS oder Instant Messaging) behindern die eingeschränkten Eingabefunktionen eine sinnvolle Verbreitung, und die Spracheingabe ist je nach Umfeld vielfach unerwünscht oder durch Nebengeräusche massiv eingeschränkt.

Aber nicht nur das Smartphone lässt sich fernsteuern. Smartwatches und andere Wearables verfügen über eine Vielzahl von Anwendungen, etwa als Zugangsberechtigung für Haus oder Wohnung, das Büro oder als Helfer zum automatischen Entsperren eines Personal Computers, zur Steuerung der Haustechnik im vernetzten Haus oder zum Zugriff auf ein vernetztes Fahrzeug. Besitzern von Tesla-Fahrzeugen erlaubt die App unter anderem folgende Funktionen (offizielle Angaben zur App):

- Verfolgen des Ladevorgangs in Echtzeit, Starten und Stoppen des Ladevorgangs,
- Heizen oder Kühlen des Fahrzeugs vor der Fahrt (auch wenn das Auto in der Garage steht),
- Positionsbestimmung des Fahrzeugs mit Beschreibung des zurückgelegten Wegs,
- Betätigen der Scheinwerfer und Hupe zum einfacheren Auffinden des geparkten Fahrzeugs,
- öffnen und schließen des Sonnendachs,
- Ver- und Entriegelung des Fahrzeugs per Fernsteuerung.

Ähnliche Apps existieren auch von anderen Herstellern. Besonders sinnvoll sind diese bei Fahrzeugen mit elektrischem Antrieb, bei denen die Überwachung des Aufladevorgangs für die Betriebsbereitschaft wesentlich ist. Fraglich ist jedoch, welche der genannten Funktionen tatsächlich sinnvollerweise auf der Smartwatch selbst genutzt werden, mit Ausnahme von Fahrberechtigungsystemen und Öffnungs-/Schließfunktionen kann man durchaus argumentieren, dass das Smartphone der geeignetere Platz für diese Anwendung ist.

Ähnlich populär in den Medien wie die Nutzung von Smartwatches beim Connected Car ist die Nutzung von Wearables für Bezahlvorgänge. Im Wintersport sind Armbänder oder Uhren mit Zusatzfunktionen seit Ende der 1990er Jahre als Zugangskontroll- beziehungsweise Bezahlverfahren bekannt und international längst Standard. Bezahlfunktionen als Zusatz-funktionen sind jedoch ein relativ neues Gebiet. In den meisten Fällen wird dabei jedoch nur das implementiert, was auf dem Smartphone ebenfalls vorhanden ist, etwa in Form eines aufgebrachten beziehungsweise inte-grierten NFC-Chips, über den eine Zahlung an der Kasse eines Geschäfts autorisiert wird. Hierbei geht es im Wesentlichen um die Beschleunigung des Bezalvorgangs im Vergleich zur Nutzung von Bargeld oder der Karten-zahlung für geringere Beträge. Smartwatches und andere Wearables sind hier klar im Vorteil, da sie am Arm getragen werden und der Griff in die Tasche oder zur Geldbörse entfällt.

Man mag es beinahe nicht erwähnen, aber telefonieren kann auch zum Funktionsumfang eines Wearable zählen. Gemeint ist hier nicht die Fern-steuerung des Smartphones, sondern die Nutzung als eigenständiges Mobilfunkgerät. Einige wenige Geräte bieten diese Funktion bereits an. Ob dies besonders sinnvoll ist, steht dabei auf einem anderen Blatt. Ziemlich trivial mutet die Nutzung als Uhr an. Zeitanzeige beherrschen alle Geräte, ein funktioneller Vorteil im Vergleich mit einer beliebigen Armbanduhr — ob einfache Quarzuhr oder aufwendige Manufakturware — lässt sich jedoch nicht erkennen. Ein gestalterischer Nachteil jedoch zumeist schon. Mehr zu diesem unterschätzten Faktor am Schluss dieses Kapitels.

Jenseits der vorgesehenen Anwendungsfelder ist ein wesentliches Merk-mal vieler Smartwatches die freie Programmierbarkeit. Andere Wearables sind zumeist funktional beschränkt, das heißt, sie kommen mit einem bestimmten Set von Funktionen und erlauben nicht die Installation weite-rer, vom Hersteller nicht unmittelbar vorgesehener Anwendungen.

Beispiele für von Dritten bereitgestellte Zusatzfunktionen sind bereits genannt worden, als es um Fernsteuerfunktionen ging. Anwendungen für die Steuerung von Smarthomes und vernetzten Kraftfahrzeugen sind eben gerade kein Bestandteil einer Smartwatch eines Geräteherstellers wie Apple, Samsung oder Motorola, sondern ein Programm, das typischer-weise der Autohersteller oder Lieferant der Smarthome-Komponenten als Servicekomponente für sein Angebot liefert, während grundlegende Funktionen wie zum Beispiel die Anzeige und Beantwortung von Nach-richten oder grundlegende sportorientierte Funktionen stets serienmäßig sind. Die Basis für geräteherstellerunabhängige Applikationen sind die Betriebssysteme und Programmierschnittstellen der Wearables und Endgeräte. Das umfangreichste Angebot an Apps hat dabei bis dato Apple, deren „Apple Watch" die Programmierer scheinbar zu kreativen Höchstleistungen verhilft — mit nicht immer besonders sinnvollen Anwendungen, wie oben bereits bei per Smartwatch abfragbaren Fahrzeugfunktionen dargestellt.

Wir stehen am Anfang einer Entwicklung, und es gibt kaum etwas, was mittelfristig — mit steigender Rechnerleistung und immer umfassenderer technischer Aufrüstung der Geräte mit zusätzlichen Sensoren und Ein- und Ausgabegeräten — nicht vorstellbar ist. So auch der Missbrauch zu Spionagezwecken. Das britische Parlament hat im Herbst 2016 ein Verbot der Apple Watch während der Parlamentssitzungen ausgesprochen. Ob auch andere Smartwatches und Wearables betroffen sind, ist unbekannt. Es besteht die Befürchtung, ausländische Mächte könnten diese Geräte zum Abhören bzw. Belauschen der Abgeordneten missbrauchen (http:// www.telegraph.co.uk/news/2016/10/09/apple-watches-banned-from-cabi- net-after-ministers-warned-devices/)

Die britische Regierung ist in diesem Punkt möglicherweise besonders sensibel, da ja mit den Enthüllungen von Edward Snowden bekannt wurde, in welch ungeheurem Ausmaß der britische Geheimdienst GCHQ gelauscht hat und vermutlich auch heute noch lauscht. So wurden Delegierte auf dem G20-Gipfel auf teils sehr kreative Weise — unter anderem mit gefälschten Internetcafés und durch gezielte Hackerangriffe auf deren Blackberrys — ausgespäht (https://www.theguardian.com/uk/2013/jun/16/ gchq-intercepted-communications-g20-summits). Warum also nicht davon ausgehen, dass eine Smartwatch ähnlich kompromittierbar sein könnte?

Aber auch jenseits von Geheimdienstaktivitäten und Regierungshandeln zurück im grauen Alltag sind Überraschungen nicht ausgeschlossen. Wer hätte gedacht, dass sich Smartwatches zum „Spicken" in Prüfungssituationen eignen. Ende 2013 hatte eine belgische Hochschule, die Artevel- dehogeschool in Gent, Uhren in Prüfungen verboten, inzwischen haben zahlreiche Ausbildungseinrichtungen international nachgezogen (http:// www.heise.de/newsticker/meldung/Uhrenverbot-bei-Pruefungen-2543682. html). Eine triviale Anwendung wäre, den Speicher dieser Uhren als Spick- zettel zu benutzen, dies soll vielfach vorgekommen sein — nicht nur in Gent.

Auch Forscher haben sich bereits mit dem Thema beschäftigt. So erschien im März 2014 unter dem Titel: „Outsmarting Proctors with Smartwatches:

A Case Study on Wearable Computing Security" im Tagungsband zur 18. „International Conference on Financial Cryptography and Data Security" (https://jhalderm.com/pub/papers/smartwatch13.pdf – „Proctors" sind im englischen Aufsichtsführende) ein bemerkenswerter Beitrag, der möglicherweise den ein oder anderen Studierenden erst auf neue Ideen brachte. Die Forscher beschrieben nämlich ein System, bei dem Nutzer während einer Prüfung unauffällig über die Ergebnisse von Multiple-Choice-Prüfungen abstimmen konnten. Ein unauffälliger Knopfdruck genügte, und das Ergebnis wurde durch einen bestimmten Pixel im Display einer Smartwatch angezeigt. Die Forscher stellten dieser schriftlichen Ausarbeitung auch gleich den Beweis („Proof of concept") zur Seite, dass dies auch in der Praxis funktioniert, und zwar mit einer bestimmten Smartwatch, die auch in Deutschland erhältlich ist. Es sei erwähnt, dass diese hier vorgestellte Anwendung, die Lösung zur Prüfung durch die „Weisheit der Massen" („Wisdom of the crowd") zu ermitteln, auch einer Internetverbindung bedarf. Diese wird je Teilnehmer über ein Smartphone hergestellt, das – prüfungsrechtlich unbeanstandet – natürlich in der Tasche bleiben darf.

Wie kann man derartiges unterbinden? Man könnte auf die Idee kommen, das Internet abzuschalten. So absurd die Vorstellung zunächst klingen mag, ist das nicht vollständig abwegig. Zumindest ein Staat der Welt hat in der Vergangenheit eben diesen Weg beschritten, um Betrug in Prüfungen zu verhindern. Ob es dabei konkret um Smartwatches ging, ist nicht überliefert, der Fall ist jedoch interessant. So berichtet eine NGO (Non-Governmental Organization) aus dem Libanon davon, dass mehrere Internet-Ausfälle im Irak von jeweils drei Stunden an drei aufeinanderfolgenden Tagen zur jeweils gleichen Uhrzeit im Frühjahr 2016 auf eine Anweisung des dortigen Kommunikationsministeriums zurückgehen. Demnach wurden während der zur gleichen Zeit überall im Land stattfindenden Abschlussprüfungen von Sekundar- und Oberschulen die Internetverbindungen gekappt, um Betrugsversuche zu verhindern. Die Nachteile, mehrere Stunden Konnektivität zu verlieren, dürfte eine demokratische Regierung, deren Vertreter wiedergewählt werden wollen, jedoch kaum in Kauf nehmen, zu groß wäre der Aufschrei aus der Bevölkerung. Eine auch nur temporäre Rückkehr zu Vor-Internet-Zeiten ist kaum denkbar.

Alles in allem zeigt das Beispiel, wie kreativ die Menschen im Umgang mit Technologie werden können, wenn sie sich davon Vorteile versprechen. Für mich war das alles faszinierend zu entdecken, mein Spieltrieb war geweckt. Dennoch, es war Zeit, mich wieder auf mein eigentliches Thema zu konzentrieren. Und da konnte ich Ablenkung nicht gebrauchen.

Kapitel 2 – Der Weg

Motiviert von meinen Anfangserfolgen auf dem Rad sah ich zwar beim Blick in den Spiegel nicht wesentlich anders als zuvor aus, aber ich fühlte mich besser. Nur das zählte, zumindest redete ich mir das ein. Dennoch nagten an mir Zweifel. Bei schönem Wetter mal eine Runde Fahrrad fahren, kann es das gewesen sein? Ich begann zwar mich besser, irgendwie fitter zu fühlen, aber einige Bergwanderungen mit Freunden brachten mich schnell wieder von meiner zwischenzeitlichen beinahe euphorischen Verfassung zurück auf festen Boden. Nüchtern betrachtet wusste ich nicht nur, dass sie Recht hatten, wenn Sie mir zu weiteren Aktivitäten rieten, ich konnte auch nicht verhehlen, dass speziell meine Kreuzschmerzen um keinen Deut besser waren. Eher hatte ich den Eindruck, dass die ein oder andere Radrunde meine immer wiederkehrenden Problemchen mit der Wirbelsäule eher verschlimmerten.

Also auf ins Fitnesscenter. Ich, der ich im Leben noch kein Mitglied in einem Fitnessclub war, in der Muckibude? Das war kaum vorstellbar, aber ich war ja angetreten, meine bisherigen Grundsätze in Frage zu stellen und es nicht nur bei der Theorie zu belassen. Also los. Todesmutig das Schnupperangebot für drei Monate gewählt. Drei Monate! Eine gefühlte Ewigkeit! Unter lauter kleinen Schwarzeneggers sollte ich, dessen Körperkonturen von Größe 52 gerade so gut verhüllt war, nun auch noch mit Hanteln und Geräten trainieren.

Zeit, sich meinen Vorurteilen gegenüber den Besuchern von Sportclubs und der gesamten Branche zu stellen.

Zyniker behaupten, die Branche der Fitnessstudiobetreiber könne nur aufgrund nicht eingelöster guter Vorsätze existieren. Tatsächlich sind nach eigenen Angaben die Anmeldezahlen von Neumitgliedern gerade im Januar deutlich höher als in allen anderen Monaten. Die guten Vorsätze, die viele an Silvester getroffen haben: „mehr Bewegung, weniger Gewicht …" verlangen nach Umsetzung, die geschmiedeten Pläne nach Durchführung.

Immerhin geht es in Deutschland um eine Branche mit fast 5 Mrd. Euro Jahresumsatz 2015 und rund 9,5 Millionen Mitgliedern (https://www2. deloitte.com/de/de/pages/presse/contents/studie-2016-der-deutsche-fitness-markt-2016.html). 11,6 % der Bevölkerung gehen ins Fitnessstudio oder haben besser gesagt zumindest ein Abo. Im europäischen Vergleich ist das übrigens nur Mittelfeld, Norwegen (19,4 %), Schweden (16,7 %) und die Niederlande (16,4 %) liegen deutlich darüber, Frankreich (7,8 %) und Italien (8,4 %) signifikant darunter.

Böse Zungen spotten weiter, dass die Branche davon lebt, dass Mitglieder mit lange laufenden Verträgen gebunden werden, aber dann doch nur selten oder — nach einer gewissen Zeit — gar nicht mehr kommen. Genaue Angaben dazu sind rar, glaubt man jedoch einer nicht repräsentativen Umfrage bei Besuchern von 32 Studios, so ergibt sich folgendes Bild (http://www.menshealth.de/artikel/so-viel-geld-verschwenden-sie-im-gym.447912.html):

- 21 % trainieren mehrmals wöchentlich,
- 34 % trainieren mehrmals monatlich,
- 12,5 % trainieren einmal im Monat,
- 32,5 % trainieren noch seltener als einmal im Monat.

Insbesondere die letzten beiden Gruppen sollten sich fragen, ob sie mit einer Tageskarte im Bedarfsfall besser bedient wären. Vielleicht ist aber auch der Gedanke „Ich könnte ja wenn ich wollte" die letzte Verbindung zu den guten Vorsätzen, die man zumindest im Augenblick des Vertragsabschlusses hatte, und man möchte dieses dünne Band nicht gänzlich kappen, weil man darin ein Eingeständnis des eigenen Versagens sähe.

Aber auch bei denen, die noch nicht aufgegeben haben und nach obiger Einordnung noch aktiv dabei sind, sieht die Motivation nicht immer rosig aus. So will die Unternehmensberatung Grieger & Cie in ihrer 2014 durchgeführten Fitnessstudie (https://www.grieger-cie.de/fitnessstudie) auf der Basis einer repräsentativen Bevölkerungsbefragung mit einer Stichprobengröße von 1.021 in Deutschland lebenden Personen sowie einer quotenrepräsentativen Befragung von 2.013 in Deutschland lebenden und trainierenden Fitnessstudio-Mitgliedern herausgefunden haben, dass trotz allgemeiner Zufriedenheit sieben Prozent ihr Studio nach Vertragsende wechseln wollen und zwölf Prozent beabsichtigen, ihre Mitgliedschaft zu kündigen. Die Gründe sind der gleichen Quelle zufolge folgende: 40 Prozent geben zu hohe Mitgliedsbeiträge an, 25 Prozent den Wechsel zu anderen Sportarten. Zeitmangel ist lediglich für 2,5 Prozent der Mitglieder ein Grund, ihre aktuelle Mitgliedschaft zu kündigen.

Egal. Die Unterschrift war geleistet. Alle Bedenken wurden damit zurückgestellt. Es war irgendwie so wie in meinem Kindertagen, als ein Skitag mit der Familie noch bedeutete, die Liftkarte müsste abgefahren werden, egal ob gerade ein Schneesturm tobte oder die Temperaturen auf arktische Werte fielen. Die dabei erlernte Durchhaltefähigkeit sollte mir noch von Nutzen sein, soviel war sicher. Dennoch wollte ich auf ganz, ganz sicher gehen und buchte mir eine Trainerstunde (und später noch einige mehr). Zuviel hatte ich davon gehört und gelesen, was denn alles falsch laufen konnte.

Sie als Leser mögen es vielleicht als Verrat an der Buchidee sehen, dennoch bitte ich Sie um Nachsicht. Ich war ja nicht ohne Hightech unterwegs, wobei — anders als beim Gehen, Laufen oder Radfahren, die Auswahl an für das Fitnesscenter geeigneten Apps schon geringer wird.

Letztere sind nicht zu verwechseln mit Apps, die einzelne Fitnesscenter, insbesondere Fitnessketten, für ihre Mitglieder anbieten. Diese dienen zumeist der Information und im Einzelfall auch schon mal der Kursbuchung oder der Reservierung eines angeschlossenen Tennisplatzes und haben mit der Grundidee, sich selbst per App zu kontinuierlicher sportlicher Betätigung anzuhalten, zumeist nur am Rande zu tun.

Damit keine Missverständnisse aufkommen. Es mangelt nicht an Apps für Trainingspläne, manche Fitnessketten haben sogar das Kursprogramm an die Maschinen ausgelagert oder übertragen es — zentral in einem Studio produziert — per Videostream an alle Filialen — eigene Gerätschaften sind nicht nötig. Woran es tatsächlich mangelt, sind Bewegungs-Tracker, die für die Anwendung im Fitnesscenter geeignet sind. Natürlich funktioniert der Pulsmesser — gleich ob per Brustgurt oder Armband — im Umfeld der Fitnessstudios genauso wie im freien Gelände. Übliche Programme, die Laufen oder Radfahren tracken, versagen jedoch im Studio kläglich. Da man nicht vom Fleck kommt, wird das Training falsch oder gar nicht aufgezeichnet. Spezielle Gerätevarianten wie TomTom Spark unterstützen aber auch die Dokumentation von Aktivitäten im Fitnessstudio. Geht es um Training an Hanteln und Geräten, wird die Auswahl klein, und die Geräte werden sehr speziell. Stellvertretend für die Gattung seien „Gymwatch StrenX" und „Beast Sensor" genannt. Beides sind Sensoren für das Hantel- und Gerätetraining, die aber — so die Bewertungen der Kunden — noch einiges zu wünschen übrig lassen.

Ich vertraute auf die Fähigkeiten des (zwischenzeitlich nicht mehr angebotenen) „Microsoft Band", das mit einem speziellen Gym-Modus beworben wurde und — neben dem Puls — im Wesentlichen eine Berechnung der verbrauchten Kalorien mitbrachte und bei mir für die bittere Erkenntnis sorgte, dass es durchaus mühselig sein kann, mehr als ein paar Hundert Kalorien, gerne etwa in Form von Eiskrem zwischendurch mitgenommen, wieder abzutrainieren.

Ausgerüstet war ich damit gut genug, um in meine „Karriere" als Muckibudengänger zu starten. Dennoch war ich gewarnt und wollte keinesfalls ohne vernünftige, sprich fachlich korrekte menschliche Anleitung das Trainieren anfangen.

Ein Wort noch zu Kalorien. Während Pulsmesser in Wearables im allgemeinen brauchbare Ergebnisse liefern, legt eine 2017 veröffentlichte Studie der Uni Stanford nahe, dass Kalorienmessungen meist kaum mehr als grobe Schätzungen sind. Das Team testete dabei gängige Fitness-Tracker und Smartwatches — die Apple Watch, Basis Peak, Fitbit Surge, Microsoft Band, Mio Alpha 2, PulseOn, and Samsung Gear S2 — mit 31 Männern und 29 Männern in zwei verschiedenen Versuchsgruppen, die jeweils mehrere Geräte gleichzeitig während verschiedener sportlicher Aktivitäten trugen, darunter Laufbänder und Fitnessbikes. Gegengecheckt wurden die Messungen unter Laborbedingungen. Während die Ergebnisse der Pulsmessung allesamt geringe Abweichungen zeigten — in der Spitze knapp 7 % — lagen die Fehlerraten bei den Kalorienberechnungen dramatisch höher — zwischen 27 und beinahe 93 %(!) (https://www.theguardian.com/technology/2017/may/24/fitness-trackers-out-of-step-when-measuring-calories-research-shows).

Anders gesagt: Wildes Raten wäre manchmal zielführender, als der Scheingenauigkeit dieser Apps zu folgen, wenn es um Kalorien geht. Ein Fakt, der manche Interessierte irritieren dürfte, mich aber weniger berührte, da ich mir vorgenommen hatte, einfach fitter zu werden und mich bewusst entschlossen hatte, auf keinen Fall zum Erbsen-, pardon Kalorienzähler zu mutieren. Allein die Beobachtung in meinem weiteren Bekanntenkreis brachte mich zur Überzeugung, dass eine hinreichende sportliche Betätigung nur selten mit einem unpassenden Gewicht korreliert. Insofern war ich optimistisch. Sehr optimistisch. Ich beschloss Kalorienberechnungen vollkommen zu ignorieren.

Und wie perfekt sind Sie?

Aller Anfang ist schwer. Wie war nochmal die richtige Einstellung für den Rückenstrecker? Welche Gewichte sollte ich bei den Hanteln wählen, und wie genau sollte ich die halten? Fragen über Fragen, die mich während der ersten Besuche beschäftigten, so dass ich kaum zu anderen Gedanken kam. Gottseidank hatte der für einige Stunden gebuchte Trainer mir einen Plan gemacht — ganz altmodisch auf Papier. Eine App hätte es auch dafür gegeben, ich fand aber meine Schwellenangst besser aufgehoben in den Händen eines leibhaftigen Trainers. „Trainingszeit ist Leidenszeit" lautete sein Credo — fernab aller Versprechungen leichter Veränderungen machte er mir klar, dass es nicht ohne Einsatz ging. In gewisser Weise hatte er Recht, aber mit der Zeit stellten sich Erfolge ein, langsam aber kontinuierlich sah ich sowas wie erste Konturen einer Armmuskulatur. Gleichzeitig verschwand von Besuch zu Besuch immer mehr die Notwendigkeit, im Trainingsplan nachzusehen. Mein Leben im Gym lief auf Autopilot, und zwei- oder dreimal pro Woche schaffte ich es — je nach Reisetätigkeit — auch tatsächlich dahin. Ich brauchte eine Weile, um für mich rauszufinden, wann ich am besten mit dem Training klar kam. Für mich war der Abend am besten. Frühmorgens war und bin ich als bekennender Langschläfer nicht zu gebrauchen, und tagsüber war es zumindest unter der Woche kaum möglich, mich aus den zahlreichen Anrufen auszuklinken. Ich verortete mich auch früher schon als „Eule", wenn man die gängigen Einteilungen der Schlafforscher „Lerche und Eule" heranzieht. Früh aufstehen war mir ein Gräuel, und ich sah mich da in der Tradition großer Denker wie dem Physiker Erwin Schrödinger, der — als ihm die Friedrich-Wilhelm-Universität Berlin im Jahr 1927 die Nachfolge Max Plancks antrug — sich Vorlesungstätigkeiten am Vormittag verbat. Schrödinger? Da war doch was. Richtig. Er ist durch „Schrödingers Katze" berühmt geworden, einem Gedankenexperiment.

Für mich war es längst viel mehr als ein Gedankenexperiment, diese Frage nach dem „besseren Leben" mit Technologie. Ich war mittendrin. Und ich fand irgendwie Gefallen daran, besonders an lauen Sommerabenden. Mit dem Fahrrad zum Sportcenter und auf dem Rückweg eine Runde im See schwimmen. Für mich gab es — allen Plackereien dazwischen zum Trotz — in jenen Augenblicken kaum etwas Schöneres. Ich hatte mich daran gewöhnt. Der Besuch im Gym war für mich zur Gewohnheit geworden, unterbrochen von meinen Reisen, aber irgendwie eine Gewohnheit. Spätestens nach einer Woche ohne Training hatte ich das Gefühl, dass mir was fehlte. Ich, der ich Routinen immer gehasst hatte, freute mich auf die Trainingsrunde, zum Auftakt einige Kilometer Laufband und dann weiter durch den Geräteparkour. Manchmal konnte ich es selbst kaum glauben. Eine neue Gewohnheit hatte sich etabliert und verfestigt.

Immer häufiger ertappte ich mich dabei, wie ich mir Gedanken über die anderen Besucher machte. Meine ursprünglichen Befürchtungen, das

Center wäre von dumpfen Bodybuildern dominiert, die sich geräuschvoll um Hanteln und andere Trainingsgeräte balgen und Neulinge bestenfalls mitleidsvoll ansehen oder gleich vollständig ignorierten, erwiesen sich als unbegründet. Mehr als unbegründet. Zum einen stellten und stellen noch heute Bodybuilder, die rein optisch ins Klischee passen, nur einen geringen Anteil der Besucher meines Centers, egal zu welcher Tages- oder Nachtzeit ich es zum Training schaffte. Das Gros der Besucher war so, dass es sich einer Einordnung entzog. Frauen wie Männer in den unterschiedlichsten Altersklassen und Fitnesszuständen vom Gelegenheitsnutzer, der was „gegen Rücken" tat, bis zur Profiskifahrerin, die Teile ihres Trainings ebendort absolviert. Zum anderen erwiesen sich gerade auch die „schweren Jungs" als ebenso freundlich und zuvorkommend, wie insgesamt der Umgangston des Hauses war und ist. Ob der dort als angenehm erlebte Mikrokosmos nun eher die Ausnahme als die Regel ist, wage ich nicht zu beurteilen, mir fehlt da schlicht der Vergleich, und ein Gym im Hotel — von denen ich in letzter Zeit einige gesehen und genutzt habe — verbietet sich als Vergleich von selbst, denn dort ist die Zusammensetzung des Publikums stets nur eine Momentaufnahme. Aber zurück in mein Studio. Mit immer mehr Routine und Automatisierung der Abläufe fängt der Geist an zu wandern, und bei mir führte dies — gerade mit dem ein oder anderen verstohlenen Blick auf die breiten Schultern und gewaltigen Oberarme der Bodybuilder — zu der Frage, wieviel von dem, was wir für uns selbst tun, wohl freigewählt ist und wieviel uns gesellschaftlich oktroyiert wird. Mir fiel dazu im Wesentlichen wieder eine Schlagzeile einer Sonntagszeitung ein, die vor gut zwei Jahren mein Interesse geweckt hatte.

„Und wie perfekt sind Sie? (…) Hochgebildet, richtig ernährt zu sein wird zur Norm — und zum Zwang" — so titelte die „Welt am Sonntag" am 15. März 2015 und beschrieb damit und im folgenden Artikel mit eindeutigen Worten einen der wesentlichen gesellschaftlichen Trends unserer Zeit: „Wir haben alle Möglichkeiten, das BESTE aus unserem LEBEN zu machen in Beruf und Freizeit, in der Partnerschaft und Familie, bei Aussehen und Fitness aber kommt mit dem Können auch der Zwang, es zu schaffen. Verantwortlich für unser Glück sind nur wir selbst. Kann das gut gehen?"

Der Gedanke an die Selbstverantwortlichkeit für das eigene Glück ist keineswegs neu oder gar originell — man denke nur an den „amerikanischen Traum". Auch in der europäischen Literatur findet er seinen Niederschlag. Bereits April 1927 erschien das Buch „Sich selbst rationalisieren — Lebenserfolg ist erlernbar" des Münchner Psychologen und Ökonoms Gustav Großmann. Dieses Pionierwerk des Selbstmanagements verkauft sich bis heute und ist in der 28. Auflage (1993) erhältlich. Großmann legt seinen

Lesern darin das Führen eines „Glückstagebuchs" nahe. Der nach Erfolg strebende Leser soll darin jeden Tag vorab planen und rückblickend protokollieren. Dass dies selbst damals keine wirklich neue Idee war, wissen wir seit der Veröffentlichung von Goethes Tagebüchern, die spätestens ab 1796 ganz prosaische Einträge zu seinen Aktivitäten und Arbeiten an seinen Werken enthalten. So erfahren wir bei der Lektüre etwa vom 16. August 1796 „Schluß des Romans revidirt". Und erfahren im Kommentar dazu, dass es sich bei dem an jenem Spätsommertag überarbeiteten Werk um „Wilhelm Meisters Lehrjahre" handelt. Auch andere Literaten, Künstler und Vertreter weiterer Berufsgruppen führten mit einem ähnlichem Ziel Tagebücher. Heute gibt es dafür auch noch Apps wie das oben bereits beschriebene „Goalmap" und natürlich eine Unzahl von mehr oder weniger fokussierten To-Do-Listen-Programmen, wie das inzwischen in „Microsoft To-Do" aufgegangene Programm „Wunderlist".

Daraus eine systematische Methodik nicht nur für sich selbst, sondern auch für die Verwendung durch andere zu entwickeln, ist aber ein Gedanke, den wir erst in der modernen Welt des industriellen Zeitalter und des Taylorismus sehen, wie das oben genannte Buch von Großmann zeigt, dass die „Rationalisierung" bereits im Titel trägt.

Eine Fülle anderer Verfahren wurde seither entwickelt und propagiert. Beispielhaft sei hier die sogenannte „Pomodoro"-Methode erwähnt, die nur sehr indirekt etwas mit Tomaten zu tun hat, anders als der Name suggeriert. Die Technik besteht aus fünf Schritten (hier in Anlehnung an die Beschreibung in: https://de.wikipedia.org/wiki/Pomodoro-Technik dargelegt):

- die Aufgabe schriftlich formulieren,
- den Kurzzeitwecker auf 25 Minuten stellen,
- die Aufgabe bearbeiten, bis der Wecker klingelt; Ergebnis markieren oder durchstreichen,
- kurze Pause machen (5 Minuten),
- nach vier Pomodori-Zeitabschnitten eine längere Pause machen (15 − 20 Minuten).

Die Phasen Planung, Nachverfolgung, Aufzeichnung, Bearbeitung und Visualisierung sind wesentliche Elemente dieser Methodik. In der Planungsphase werden die Aufgaben nach Priorität in eine Liste für den aktuellen Tag geschrieben. Dabei wird der jeweilige Aufwand abgeschätzt. Das „Durchstreichen" eines zu erledigenden Punktes soll ein Erfolgsgefühl bewirken und liefert Rückmeldung für spätere Dokumentation. Wesentliches Ziel der Pomodoro-Technik ist die Fokussierung auf die Arbeit selbst und die Minimierung von Unterbrechungen. Der Namen leitet sich übrigens von der Form einer Küchenuhr ab, die der Erfinder der Methode Francesco Cirillo als Zeit-Tracking-Werkzeug nutzte.

Es gibt weitere Methoden, die helfen sollen, die eigenen Aktivitäten nicht nur planen, sondern auch zu tracken. Einige davon verwenden ebenfalls Küchentimer oder andere Zeitanzeigemechanismen von der Sanduhr bis zur Smartphone-App und dem PC-Programm. Beispielhaft genannt sei hier Focusbooster (www.focusboosterapp.com). Das PC Programm im praktischen Monatsabo bildet die Pomodoro-Methode im PC nach, aber seien Sie vorsichtig, bereits die zugehörige Website liefert mehr als genug Ablenkung für einen lauen Nachmittag.

Allen Methoden und Programmen gemeinsam ist die Messbarmachung des eigenen Einsatzes und die Gegenüberstellung mit den Ergebnissen, Goethes Tagesbilanz 2.0 sozusagen. Was zu Goethes Zeiten aber eindeutige Privatsache war, ist − so scheint es − heute vielfach von öffentlichem Interesse. Nicht wenige Social-Media-Nutzer sehen ihr Leben und Wirken als öffentliche Veranstaltung und posten Tagesverlauf, Zielerreichung und Erfolgserlebnisse. Auch Personen, die Zugang zu klassischen Medien haben oder bei denen ein „öffentliches Interesse" besteht, geben erstaunlich oft ähnlich detailliert Privates preis.

Besonders auffällig ist in diesem Zusammenhang die Selbstinszenierung vieler Führungskräfte. Scheinbar gibt es unter der ersten Führungsebene in deutschen Unternehmen kaum noch jemanden, der nicht frühmorgens um 5 Uhr oder noch früher aufsteht und joggen geht. Definitiv vorbei sind die Zeiten der Wirtschaftslenker der Nachkriegszeit mit Zigarre und Wohlstandsbauch. Leistungsbereitschaft und -fähigkeit muss heute durch sportliche Fitness und vorbildlichen Lebensstil demonstriert werden.

Nach Untersuchungen des Autors Andreas Butz versucht sich nur jeder 600. erwachsene Deutsche als Marathonläufer, aber jeder 10. Vorstand eines DAX-Unternehmens (Andreas Butz: „Schwitzen für Erfolg − In Laufschuhen Karriere machen"). Diese bemerkenswerte Häufung führt Butz en Detail in seinem Buch aus, dass er auf seiner Website wie folgt bewirbt:

„Dieses Buch zeigt, dass Laufen erfolgreich macht. Sie wollen beruflich durchstarten und mehr verdienen? Sich als Marke positionieren und positiv von der Masse abheben? Fit werden oder bleiben und dabei noch besser aussehen? Läufer erreichen diese Ziele deutlich leichter als Nicht-Läufer."

Ob es tatsächlich eine Kausalität zwischen Laufen und beruflichem Erfolg in der von Butz propagierten Form gibt, darf getrost bezweifelt werden, spricht er doch selbst von „Markenpositionierung". Letztendlich greift er auf ein bewährtes Stilmittel der Managementliteratur zurück. Anhand einer Handvoll Beispielen behauptet er einen für den Leser nachvollziehbaren Zusammenhang. Derartiges Vorgehen nennt man im englischen „anecdotal evidence" — einen anekdotischen, das heißt auf einzelnen Fallbeispielen beruhenden und daher keineswegs unter allen Umständen ernstzunehmenden Beweis. Die Sachbuchliteratur ist inzwischen dominiert von diesem Prinzip der Argumentation. Was nicht in den Kram passt, wird einfach weggelassen. Differenzierung findet kaum noch statt. Sorgfältig ausgewählte Beispiele vorausgesetzt könnte man sicher auf ähnliche Weise argumentieren, dass Unternehmenslenker, die begeisterte Segler sind, erfolgreicher sind, weil Sie wissen, wie sie ihr Fähnchen nach dem Wind richten müssten oder einen anderen argumentativen Blödsinn — denken Sie sich was möglichst abstruses aus und der Erfolg als Sachbuchautor rückt in greifbare Nähe.

Betrachtet man die von Butz genannten Beispiele näher, so sieht man bereits daran, dass Laufen vielleicht mit persönlichem Erfolg, aber längst nicht immer mit Unternehmenserfolg einhergeht. So benennt er Commerzbank-Vorstand Martin Blessing, Deutsche-Bahn-Vorstand Rüdiger Grube und Opel-Chef Karl-Thomas Neumann (http://www.zeit.de/karriere/beruf/2015-09/marathon-laufen-chef-gehalt-studie). Regelmäßige Leser des Wirtschaftsteils einer Tageszeitung (zum Beispiel die mit dem „Dahinter steckt immer ein kluger Kopf") kennen die Commerzbank primär unter den Stichworten Staatshilfe und Massenentlassungen, die Bahn primär wegen der Probleme mit ICEs und der Unfähigkeit, auf die Erfolge der Fernbusse angemessen zu reagieren, und Opel als den nicht gerade erfolgreichsten der in Deutschland produzierenden Automobilhersteller, der kürzlich an den französischen PSA-Konzern verkauft wurde. An Erfolgsgeschichten denkt bei diesen Unternehmen niemand. Dem persönlichen Erfolg, den Lauftrainer Butz für seine Beispielpersönlichkeiten reklamiert, tut dies natürlich keinen Abbruch.

Es ist durchaus glaubwürdig, dass ein Lauftraining oder andere leistungsorientierte sportliche Betätigung mit beruflichem Erfolg positiv korreliert. In jedem Fall zeigt es Leistungsbereitschaft und eine gewisse Leidensfähigkeit an, beides Eigenschaften, die auf dem Weg zur Spitze im jeweiligen beruflichen Umfeld sicher nicht hinderlich sind. Auch den Vorbildcharakter für die gesamte Organisation kann man nicht abstreiten. Ähnlich verhält es sich auch mit zwei weiteren damit in Zusammenhang stehenden

Vergleichsindikatoren: dem frühen Aufstehen und der Anzahl der geleisteten Arbeitsstunden.

Geht es um das morgendliche Aufstehen, so scheint insbesondere im US-amerikanischen Raum ein richtiggehender Wettbewerb ausgebrochen zu sein, wer morgens am frühesten wach ist.

In Personality Stories und Interviews überbieten sich bekannte Persönlichkeiten geradezu, wenn es um die Beschreibung frühmorgendlicher Aktivitäten geht. Man hat beinahe den Eindruck, dass wer nach 6:00 aufsteht, schon automatisch ein „Underperformer" ist. Gerne kombiniert wird diese Angabe übrigens auch mit dem Verweis auf intensive sportliche Aktivitäten im Zeitraum zwischen Aufstehen und Arbeitsbeginn.

Nicht von der Hand zu weisen ist dabei das zentrale Argument der Früh-Aufsteh-Befürworter: Man hat Zeit ohne Störungen und kann demzufolge mehr leisten als in einem vergleichbaren Zeitraum während des Tages. Auf diese Binsenweisheit weisen Autoren wie Laura Vanderkam seit Jahren hin („What the Most Successful People Do Before Breakfast: A Short Guide to Making Over Your Mornings -- and Life", 2013):

„Er arbeitet ab 4:30 Uhr E-Mails ab, um dann ab 5 Uhr Sport zu machen, (...) Danach fährt er ins Büro, wo er meist der erste ist. Was bei ihm nicht heißt, dass er dafür früher geht — Cook macht das Licht nicht nur an, sondern auch aus bei Apple." So beschreibt das Manager Magazin einen Tag von Tim Cook, dem Apple-Chef (http://www.manager-magazin.de/unternehmen/karriere/grube-hipp-branson-fruehaufstehen-fuer-mehr-leistung-a-1019407-6.html).

Der CEO inszeniert sich als Vorbild. Dies geschieht auch bei der Frage nach dem Arbeitseinsatz. Noch immer gelten lange Arbeitstage und eine hohe Wochenarbeitsstundenzeit zum nach außen vermittelten Bild von sich als erfolgreiche Führungskraft. Insbesondere in Branchen wie Großkanzleien, Unternehmensberatungen und im Investmentbanking gehört es zum guten Ton, sich mit enormen Wochenarbeitszeiten zu brüsten, gerne auch mal mit durchgearbeiteten Nächten. Als „All-Nighter" sind diese inzwischen sogar in den Sprachgebrauch eingegangen. Auch viele Studenten kennen den „All-Nighter" als eine Phase, in der man — kurz vor der Prüfung — möglichst viel und intensiv zu lernen versucht.

Im Berufsleben ist dies keine Ausnahme, wie eine Studie von Kienbaum Management Consultants 2007 zeigte (zitiert nach http://www.e-fellows.

net/Karriere/Beruf-und-Karriere/Work-Life-Balance/Arbeitszeiten-Im-Land-der-Extremjobber):

„Vor allem Führungskräfte arbeiten in Deutschland unter Hochdruck: Vier von fünf Managern arbeiten mehr als 50 Stunden pro Woche. Die Hälfte der Führungskräfte mit einem Jahresgehalt von mehr als 200.000 Euro hat eine 60- bis 70-Stunden-Woche. Das ist sogar länger als in den USA. 96 Prozent der Befragten arbeiten auch am Wochenende, 85 Prozent stellten eine deutliche Zunahme der Arbeitsbelastung in den vergangenen fünf Jahren fest." Erstaunlich ist, dass ein Großteil dieser „Extremjobber" genannten Gruppe von Führungskräften mit ihrer Arbeit durchaus zufrieden ist — zumindest im Augenblick (Stephan Kaiser, Max Josef Ringlstetter: „Work-Life Balance: Erfolgversprechende Konzepte und Instrumente für Extremjobber", Springer, 2010).

Bei den Untergebenen kommen die durch die Vorbilder illustrierten Erwartungen nicht immer so gut an, wie Medienberichte über die Arbeitsbedingungen bei Start-ups immer wieder beweisen. Was in diesem Zusammenhang ebenfalls gerne übersehen wird: Die Arbeitszeitrichtlinie der Europäischen Union (http://ec.europa.eu/social/main.jsp?catId=706&intPageId=205&langId=de) macht mit Blick auf die Gesundheit und Sicherheit von Arbeitnehmern klare Vorgaben, die EU-weit eingehalten werden müssen, darunter sind:

• eine Begrenzung der wöchentlichen Arbeitszeit auf durchschnittlich 48 Stunden, alle Überstunden eingeschlossen,
• eine tägliche Ruhezeit von mindestens elf zusammenhängenden Stunden pro 24-Stunden-Zeitraum,

sowie weitere Regelungen für Pausen, Jahresurlaub und Nachtarbeit und einige Sonderregelungen für bestimmte Branchen, wie etwa Beschäftigte auf Segelschiffen oder — vermutlich weit wichtiger — Ärzte in Ausbildung.

Nimmt man die selbständigen Unternehmenslenker und sogenannten „Organe" von Unternehmen aufgrund ihrer Sondersituation aus der Betrachtung heraus und fokussiert sich auf die Angestellten, ist eigentlich verwunderlich, dass es hier noch keinen Aufschrei gab, und dass gerade große Anwaltskanzleien sich nicht wirklich um die Arbeitszeitvorgaben scheren, lässt tief blicken. Es geht aber auch noch viel eindrucksvoller:

Marissa Mayer, eine der Vorzeigefrauen der Technologiebranche, brüstete sich in einem Interview mit einer 130-Stunden-Woche, die sie bei ihrem ersten Job bei Google angeblich gehabt haben will (http://www.bloomberg.com/features/2016-marissa-mayer-interview-issue/, Übersetzung des Autors): „Kann man 130 Stunden in einer Woche arbeiten? Die Antwort ist JA, wenn man strategisch plant, wann man schläft, wann man duscht und wie oft man auf die Toilette geht." Die Aussage rief ein enormes Medienecho hervor. Auch ohne Taschenrechner kann man festhalten, dass eine 5-Tage-Arbeitswoche nur 120 Stunden hat, selbst wenn man — rein theoretisch — überhaupt nicht schläft und nur arbeitet. Auf eine 7-Tage-Woche ohne Wochenende übertragen bedeutet Mayers Aussage, dass man pro Tag knapp 5,4 Stunden übrig hat, um sich zu erholen, zu essen, zu schlafen, zu duschen, von und zum Arbeitsplatz zu pendeln …

Ob exzessive Arbeitszeiten tatsächlich sinnvoll sind, darf übrigens getrost bezweifelt werden. Eine Studie der University of New South Wales (Sydney, Australien) und des Zealand Occupational and Environmental Health Research Centre, Department of Preventive and Social Medicine, University of Otago, (Dunedin, Neuseeland) verglich bereits 2000 die Auswirkungen von Schlafentzug und Alkoholkonsum auf die Leistungsfähigkeit (http://oem.bmj.com/content/57/10/649.short). Die Ergebnisse lassen sich wie folgt zusammenfassen: Bereits nach 17 bis 19 Stunden ohne Schlaf war die Leistungsfähigkeit der Probanden ähnlich beeinträchtigt wie bei einem Blutalkoholgehalt von 0,5 Promille (was dem legalen Limit bei der Nutzung von Kraftfahrzeugen in vielen Ländern entspricht). Eine weitere Verlängerung der Experimente erbrachte Reaktionen, die denen entsprechen, die mit 1 oder mehr Promille Blutalkohol zu erwarten sind.

Selbst wenn der typische Google-Mitarbeiter nur die Hälfte der von Mayer proklamierten Arbeitszeit arbeiten würde — 65 Stunden —, wäre dies nach Abzug der 20 % Zeit, die (so wurde es in der Vergangenheit kommuniziert http://www.inc.com/yoram-solomon/20-of-my-time-will-not-make-me-more-creative.html) angeblich für eigene Projekte zur Verfügung steht, immer noch deutlich oberhalb der Regelarbeitszeit. Allen Debatten rund um die Sinnhaftigkeit langer Arbeitszeiten zum Trotz bleiben diese wohl in gewissen Kreisen ein Statussymbol und Vergleichsmaßstab — der in einigen Fällen direkt in die Burnout-Klinik führt. Auch der Autor hat in seinem ersten selbstgegründeten Unternehmen mehrfach unter dem Schreibtisch genächtigt und kannte einen Unternehmensberater, den mit Anfang 30 der Herztod ereilt hat …

Bis dato war ich bei meinen Überlegungen und den daraus resultierenden Aktivitäten davon ausgegangen, dass ich diese nur für mich selbst anstelle, aber ich musste einsehen, dass ich vielleicht doch nicht so frei in meinen Entscheidungen war wie gedacht. Mir war es — ehrlich betrachtet — alles andere als egal, was andere von mir dachten. Letztendlich war ich Teil des Systems und gerade auf dem Weg, an meinem Selbstbild zu arbeiten — mit dem ein oder anderen modernen technologischen Hilfsmittel zwar, aber eben genauso wie so viele andere, wie vermutlich die meisten Menschen in unserer Gesellschaft.

Es ist erstaunlich, zu welchen Überlegungen das Nachdenken im Fitnessstudio doch führen kann.

Faktor Selbstwahrnehmung

In einer engen Wechselwirkung mit dem oben geschilderten Perfektions- und Leistungsstreben, das Teile der Bevölkerung der westlichen Welt erfasst hat, steht die Frage nach dem Selbstbild beziehungsweise der Selbstwahrnehmung einer Person.

Spannende Einblicke in die Selbstwahrnehmung von Frauen — für Männer ist die Studienlage zu diesem Thema leider sehr unbefriedigend — liefert eine Befragung von Leserinnen der Zeitschrift Glamour (Altersgruppe 18 – 40), die 2014 mit Hilfe der Universität von Ohio durchgeführt wurde und die im wesentlichen Fragen nach der Zufriedenheit mit dem eigenen Körper stellt. Im Prinzip wurden dabei die gleichen Fragen gestellt wie bei einer Umfrage 30 Jahre zuvor (http://www.glamour.com/story/body-image-how-do-you-feel-about-your-body). Erschreckende 54 % der Befragten sind in der 2014er Untersuchung unzufrieden mit ihrem Körper — 1984 waren dies noch 41 %. Verstörend ist, dass 80 % der Befragten beim Blick in den Spiegel unzufrieden sind. Diese zunehmende Unzufriedenheit wird häufig mit der Darstellung von Körperbildern in der Werbung und in den Medien in Zusammenhang gebracht. Sicher spielt auch die Horizonterweiterung, die die meisten Menschen in den letzten Jahrzehnten erfahren haben, eine Rolle. Es ist eben doch ein Unterschied, ob ich aus einem Dorf oder Stadtviertel selten bis nie herauskomme oder ob private wie berufliche Mobilität den Aktionsradius erweitern und damit eben die Vergleichsmaßstäbe verschieben. Der in den Medien gepflegte Celebrity-Kult trägt sein Übriges dazu bei. Besonders bemerkenswert ist in diesem Zusammenhang, dass in der 2014er Befragung 64 Prozent der Befragten angaben, dass das Betrachten von Bildern bei Facebook oder Instagram sich negativ auf ihren Eindruck vom eigenen Körper auswirkt. Eine Frage, die naheliegenderweise 1984 noch nicht gestellt wurde, so dass es hierzu keine Vergleichswerte gibt.

Bis dato galt es in den Medien als ausgemacht, dass das Körperbild, das von Schauspielern und (Hunger-)Models vermittelt wird, insbesondere jüngere Frauen (aber zunehmend auch Männer) dazu veranlasst, mit dem eigenen Körper und Selbstwertgefühl unzufrieden bis unglücklich zu sein. Auch verschiedene Leiden, wie etwa Bulimie und Magersucht wurden damit in Verbindung gebracht, und der Einfluss der Medien wird kritisch kommentiert. Schuldzuweisungen an die Medien machen es sich aber zu einfach. Forscher der Cleveland State University sehen in Social Media die größte Gefahr für das Selbstwertgefühl und verweisen darauf, dass Nutzerinnen (und Nutzer) typischerweise längst wissen, dass bei Stars und Models das Aussehen Teil des Berufs ist und entsprechend Trainer, Stylisten und vermutlich auch der ein oder andere plastische Chirurg für den Look sorgt, mit dem sich „Normalos" dann vergleichen (Perloff, Richard M.: „Social Media Effects on Young Women´s Body Image Concerns", Springer Science+ Business Media New York 2014, http://is.muni.cz/el/1423/podzim2014/ PSY221P121/um/Perloff2014.SocialMediaEffectsBodyImage.BID.pdf).

Umso gefährlicher mutet die beobachtete Orientierung am eigenen Kontaktkreis bei Facebook und Co an, bei der vielfach bereits ein Wettlauf um Aufmerksamkeit und Anerkennung stattfindet, der „Selfie" als wesentliche Ausdrucksform zeugt davon. Einige Zivilisationskritiker sehen schon den Narzissmus als neue Volkskrankheit.

Eine Studie der Ohio State University, die Anfang 2015 veröffentlicht wurde und die sich nur mit Selfies bei Männern beschäftigt hat, will herausgefunden haben, dass Männer, die häufiger Fotos von sich posten, nicht nur — wenig überraschend — eher zu Narzissmus, sondern auch tendenziell eher zu psychopathischen Zügen neigen (https://news.osu.edu/news/ 2015/01/06/hey-guys-posting-a-lot-of-selfies-doesn't-send-a-good-message/). Vergleichbare Studien mit Frauen zum Zusammenhang von Persönlichkeitszügen jenseits des Narzissmus am Beispiel des Selfies sind derzeit nicht bekannt. Selfies sind ohnehin nur ein Teil der Inszenierung. Zahlreiche Nutzer von Social Media nutzen die Kanäle, um ein geschöntes Bild ihres eigenen Lebens zu verbreiten, in dem sie etwa Fotos ihres Essens, der coolen Party oder der interessanten „Location", die sie gerade besuchen, posten. Das Ereignis beziehungsweise der Moment tritt zurück hinter den gefühlten Zwang zur Berichterstattung, die Inszenierung wird wichtiger als das Ereignis. Die Selbstbestätigung holt man sich dann über die Zahl der „Likes" oder positiven Kommentare in den Sozialen Medien. Tendenziell macht dieses Verhalten aber eher unglücklich, darauf weisen immer wieder Wissenschaftler hin. Eine gute Darstellung der messbaren Auswirkungen findet sich etwa in „Digitale Depression — Wie neue Medien unser Glücksempfinden verändern" von Sarah Diefenbach und Daniel Ullrich.

Einen direkten Ausweg weisen die Autoren, die sich dem Glücksempfinden im Detail widmen, aber auch nicht. Viel mehr als zum bewussten Umgang mit dem Smartphone und anderen technischen Geräten raten, können auch sie nicht. Vielleicht einfach mal ein bisschen Offline gehen und sich bewegen. Dafür gibt es immer gute Gründe, so zum Beispiel ein Nebenergebnis der zitierten „Glamour"-Studie: Workouts verbessern das Selbstbild. Wer hätte das erwartet?

In gewissen Grenzen konnte ich an dieser Stelle meiner Entwicklung dieses Ergebnis der Studie der Zeitschrift Glamour bestätigen — unabhängig davon, dass dort nur Frauen befragt wurden, ist diese Erkenntnis wohl geschlechterübergreifend. Ich muss jedoch einschränken, dass gerade der Workout nicht nur zum besseren Selbstbild, sondern eben auch — bewusst wie unbewusst — zum Vergleich führt, und da stand ich ziemlich weit unten in der fiktiven Hierarchie des Mikrokosmos Fitnesscenter.

Vielleicht — so wollte ich mir in einem Anfall von Frust über diese bittere Erkenntnis einreden — lag das alles nur daran, dass ich dafür auf anderen Gebieten brillieren konnte. Ein tröstlicher Gedanke — zumindest auf den ersten Blick. Aber was hatte ich schon erreicht? Andere hatten in meinem Alter längst nicht nur ein Unternehmen gegründet, sondern bereits für einen Millionenbetrag wieder verkauft oder gar an die Börse gebracht, hatten die Formel 1-Weltmeisterschaft gewonnen, einen weltweiten Romanbestseller geschrieben oder hatten — als Fitnesstrainer — die schwedische Königstochter geheiratet. Ich hatte bis dahin nichts davon erreicht oder war auch nur in die Nähe derartig exponierter Erfolge gekommen und war stattdessen immer wieder an den durchaus großzügig gesetzten Abgabeterminen für meine Buchmanuskripte gescheitert. Selbst in jenen Zeiten, in denen ich unter dem Schreibtisch genächtigt hatte, hatte ich kaum was für die Ewigkeit zustande gebracht — zumindest nach den Maßstäben der in den Medien gefeierten globalen Elite, die scheinbar aus dem Nichts ein Milliardenunternehmen aufbauen kann. Ist es nicht Zeit, darüber nachzudenken, wie ich meine persönliche Produktivität steigern kann? Dies ist vermutlich ein Gedanke, der so oder so ähnlich vielen Lesern irgendwann gekommen ist, gleich ob selbständig oder angestellt. Sind wir nicht alle irgendwie davon beeinflusst?

Top-Performer wie der britische Mathematiker und Physiker Stephen Wolfram haben darauf eine Antwort, und diese führt zurück zu dem, was wir oben als Konzept des Quantified Self kennengelernt haben. Der Unterschied: Ausgewertet, nachgezählt und dokumentiert werden hier nicht die Körperfunktionen, sondern der Output bei der Arbeit. Am Beispiel Stephen Wolfram wird dies tatsächlich deutlich:

Stephen Wolfram ist Insidern als Entwickler eines der meistgenutzten Mathematik-Softwarepakete namens „Mathematica" und auch als Entwickler der seit 2009 verfügbaren „Wolfram Alpha"-Suchmaschine oder besser Wissensmaschine bekannt, die, anders als herkömmliche Suchmaschinen, Antworten auf in natürlicher Sprache eingegebene Fragen liefern soll (https://www.wolframalpha.com/). Wolfram gilt zudem als Vordenker einer Bewegung zur Selbsterforschung und analysiert sich sowie seine Technologienutzung intensiv. So zeigt er auf seinem Weblog unter anderem interessante Muster in seinem E-Mail-Nutzungsverhalten seit 1989 auf und visualisiert diese grafisch. In einem umfangreichen Blog-Post 2012 diskutiert er diese Daten und zeigt die darin erkannten Muster auf:

Außer zur Schlafenszeit, die bei Stephen Wolfram zwischen 3 Uhr nachts und 11 Uhr morgens liegt, schreibt er über den ganzen Tag hinweg E-Mails. Auch ist − zugegebenermaßen wenig überraschend − festzustellen, dass die Zahl seiner Mails (eingehend wie ausgehend) Jahr für Jahr steigt (http://blog.stephenwolfram.com/2012/03/the-personal-analytics-of-my-life).

Darüber hinaus sind noch andere Trends ablesbar: Seiner eigenen Beschreibung nach ändern sich die Muster seines E-Mail-Schreibens in seinem Wechsel zwischen dem Management seines Unternehmens hin zur wissenschaftlichen Arbeit und zu einzelnen Großprojekten. Naheliegenderweise schreibt er mehr innerorganisatorische Mails während seiner Tätigkeit im Unternehmen, verglichen mit den Phasen der Forschungstätigkeit. Auch eine Auswertung nach den unterschiedlichen Empfängern einer Nachricht − wie sie Wolfram vornimmt − lässt Rückschlüsse auf die eigene Aufgabe zu, etwa auf den Stellenwert von Projektarbeit oder Kundenbeziehungen. Ebensolches gilt beispielsweise für die von ihm genutzte automatisierte Auswertung von Kalenderterminen (Anzahl der Kalendertermine pro Tag, Anzahl der Teilnehmer pro Termin …).

Doch Stephen Wolfram geht noch weiter. So hat er über Jahre hinweg auch Tastenanschläge protokolliert − mehr als 100 Millionen − und kommt zu überraschenden Erkenntnissen. Der Anteil der „Backspace"-Taste liegt bei ihm bei 7 Prozent. Dies sieht er als eher hohe Fehlerrate. Ebenso spiegelt sich natürlich seine wissenschaftliche Publikationsarbeit in dem Aufkommen an Tastenanschlägen mit verschiedenen Leistungsspitzen wider.

Zusammenfassend bleibt die Frage, welche Schlussfolgerungen sich aus den Aktivitäten dieses Pioniers der Bewegung generieren lassen. Während Wolfram bei der Analyse bleibt, lassen sich natürlich mit einer Eigenüberwachung mögliche Ablenkungen erkennen und Prokrastination, etwa durch abschweifendes Internetsurfen, wenn schon nicht verhindern, so doch wenigstens begrenzen. Zugegebenermaßen fällt dies nicht leicht, weil entsprechende Werkzeuge zumindest derzeit nur in Teilbereichen zur Verfügung stehen und die Auswertung der gesammelten Daten nicht unerhebliche Eigenleistung erfordert. Der Hinweis sei erlaubt, dass es durchaus Programme gibt, die Abschweifungen von der Arbeit oder das Aufschieben verhindern sollen, diese sind jedoch eher simpel gestrickt und sperren typischerweise temporär den Zugriff auf bestimmte Seiten oder Anwendungen. Eine schöne Übersicht liefert die Karriereseite e-Fellows (http://www.e-fellows.net/Studium/Studienwissen/Software-fuers-Studium/Tools-gegen-Ablenkung-am-Computer) mit folgender Aufzählung:

- „Rescuetime: Das Programm misst alle deine Aktivitäten am Computer, sodass du einen Überblick bekommst, wohin deine Arbeitszeit verschwindet. Ein erster Ansatz für besseres Zeitmanagement.
- SelfControl und Freedom: Mit diesen beiden Tools läuft dein Impuls, schnell mal die Lieblingsseiten anzusurfen, ins Leere. Während SelfControl läuft, werden alle Anfragen an Domänen der Blacklist blockiert. Dadurch sind das Internet, Instant Messaging, E-Mails und viele weitere Programme für diese Zeitspanne nicht mehr nutzbar. Freedom schaltet für eine bestimmte Zeit den Zugriff aufs Internet ab. Dann geht gar nichts mehr und du musst wirklich arbeiten.
- Backdrop, Camouflage und Think reduzieren die Ablenkungen, die dein Desktop für dich bereithält (für Macs). Sie legen beispielsweise einen virtuellen Vorhang über das Bild oder zeigen ein Standbild an.
- StayFocused und Leech Block sind Browser-Tools, die verhindern, dass du ziellos im Internet surfst".

Ob derartige Tools im Einzelfall nützlich sind, muss offenbleiben, mir selbst haben sie nicht geholfen. Bei Ihnen — geschätzter Leser — kann das durchaus anders sein. Für mich jedoch gilt: Der Druck, irgendwann tatsächlich mit etwas fertig werden zu müssen, war bei mir stets die beste Motivation dranzubleiben, ansonsten war und bin ich zu oft Opfer meiner Neugierde — Tools hin oder her.

Aber zurück zur Datenerfassung von Stephen Wolfram: Eine Vielzahl von Daten zieht dieser auch aus seinem Telefonverhalten. Nicht nur die Dauer der Telefonate und die Anzahl der Stunden, die er täglich am Telefon verbracht hat, wertet er aus, sondern auch Zusammenhänge zwischen den Datenbeständen, wie etwa die zeitliche Verzögerung bei Telefonkonferenzen zwischen dem eingetragenen Termin und dem tatsächlichen Start des Gesprächs. Hier hat er ermittelt, dass — in seinem Fall — bei Konferenzen mit externen Teilnehmern die Pünktlichkeit erheblich höher ist als bei rein internen Konferenzgesprächen.

Zusammen mit den ebenfalls von Wolfram dokumentierten Fußwegen (wie andere Protagonisten der Quanitified-Self-Bewegung nutzt er einen Schrittzähler) liefert er eine Art „Lebensmuster" ab. Auch wenn die Auswertung eigener Daten mühsam erscheint, weckt die Sicht auf die Pioniere der Selbstvermessung durchaus Interesse an der eigenen Selbsterkenntnis durch Selbstvermessung.

Wie bei anderen Wissensarbeitern ist Wolframs Erfolg abhängig von der Qualität seiner Ideen und deren Ausarbeitung. Aber wie können „Personal Analytics" uns allen dabei helfen, bessere Ideen zu haben? Die Antwort auf die Frage lässt sich nicht allgemeingültig beantworten, aber mit Blick auf die Wissensarbeit könnte die Selbstvermessung dabei helfen, die Bedingungen, bei denen in der Vergangenheit Kreativitätsschübe festgestellt wurden, wieder herzustellen — in der Hoffnung auf neue Geistesblitze. Nüchtern betrachtet hilft derartige detaillierte Selbstbeobachtung wohl besonders jenen Menschen, die ohnehin hinreichend motiviert sind. Mir fehlten einige wesentliche Bausteine. Aber natürlich ist mir klar, dass ich nur einen kleinen Ausschnitt aus der Realität meiner Leser abdecke, für die möglicherweise ganz andere Faktoren eine wesentliche Rolle spielen können. Dies gilt etwa für die Bewältigung von Migräne.

Rund 10 Prozent der Bevölkerung sind in Deutschland davon betroffen, von einem Krankheitsbild, das als derzeit nicht heilbar gilt. Oftmals sind die anfallartigen Kopfschmerzen, die in Form der sogenannten Migräneattacken auftreten, an bestimmte Umgebungsbedingungen gebunden oder werden von diesen oder bestimmten Kombinationen daraus befördert. Kennt man diese, so kann man aktiv gegensteuern. Die App „M-Sense" etwa bietet ein solches Tagebuch an und hilft, eine Vielzahl von Variablen zu tracken. Derzeit sind dies (laut FAQ):

- Wetter (Temperatur, Luftdruck und Luftfeuchtigkeit),
- Schlaf (Schlafdauer und Schlafqualität),

- Koffein,
- verpasste Mahlzeiten,
- Aktivitätslevel,
- Stimmung,
- Stress,
- Alkohol,
- Menstruation.

Auf den Tracking-Ergebnissen basierend erstellt die App dann Vorschläge, wie man seine persönliche Situation als Betroffener verbessern kann. Dazu gehören Entspannung, Ausdauersport und spezifische Anti-Kopfschmerz-Konzepte der Verhaltenstherapie. Anders als die meisten anderen Gesundheits- und Fitness-Apps ist M-Sense als Medizinprodukt zertifiziert und liefert unter anderem auch Berichte für den Arzt.

Ich selbst war seit meiner Jugend immer wieder von anfallartigen Kopfschmerzen betroffen, hatte aber die für mich zentrale Ursache „zu wenig Schlaf" bereits isoliert. Ob es Migräne ist, will ich gar nicht wissen. Ich weiß, was ich tun muss, damit derartiges nicht oder nur selten auftritt. Damit bin ich ein Einzelfall. Viele andere sind viel schlimmer betroffen und auf der Suche nach den Gründen oder zumindest Einflussfaktoren. Hier kann M-Sense tatsächlich etwas zu einer verbesserten Lebensqualität beitragen. In diesem Fall gilt: Hightech hilft!

Ich war und bin mir meiner Schwächen durchaus bewusst, zumindest einige meiner Schwächen. So lasse ich mich liebend gerne ablenken. Das Telefon klingelt, das könnte ein interessanter neuer Geschäftskontakt sein. Ein Beitrag über die „dunkle Seite der Künstlichen Intelligenz" wird mir bei LinkedIn empfohlen. Da muss ich ran. Das muss ich lesen. Sofort.

Ich bin sicher nicht der einzige, der zugeben muss, dass die Verlockungen vielfältig sind, sich mit anderen Dingen zu beschäftigen als der konkreten Arbeitsaufgabe. Es ist leicht, den Versuchungen nachzugeben, denn Internet und Smartphone bieten jene Instant-Belohnung, auf die ich nicht verzichten wollte oder konnte. Aber ich war ja mit dem selbstbewussten Anspruch angetreten, den Dingen auf den Grund zu gehen. Also nutzte ich mein Abgelenktsein, um mehr über eben dieses Ablenken und die Macher dahinter zu erfahren. Das Fitnesscenter würde schließlich morgen oder übermorgen auch noch geöffnet sein.

Technologie und Ablenkung

„Die hellsten Köpfe meiner Generation denken darüber nach, wie man Menschen dazu bringt, auf Werbeanzeigen im Internet zu klicken. Das nervt." Dieser prägnante Satz stammt aus einem Interview mit Jeff Hammerbacher, Gründer der Firma Cloudera und zuvor als Führungskraft bei Facebook zuständig für die Datenanalyse („The best minds of my generation are thinking about how to make people click ads, that sucks." http://www.bloomberg.com/news/articles/2011-04-14/this-tech-bubble-is-different).

Aber nicht nur werbetreibende Unternehmen buhlen um die Aufmerksamkeit des Nutzers, auch die großen Internetplattformen selbst versuchen vieles, um den Nutzer zum Hinsehen, verweilen und klicken zu bewegen, mit teils nervigen Tricks — ersonnen von den „hellen Köpfen". So genügt es vielfach nicht mehr, Videos in die Internetseiten einzubinden, öffnet man die Seite oder scrollt bis zu dem Abschnitt, in dem das Video eingebunden ist, so läuft dieses ohne Zustimmung des Nutzers von selbst an. Das sogenannte Autoplay mag den ein oder anderen zum Zusehen animieren, in vielen Anwendungssituationen, wie etwa im Büro, ist derartiges vollkommen unpassend. Unter Umständen entstehen sogar Kosten auf Anwenderseite, wenn nicht über WLAN, sondern via Mobilfunkverbindung auf die Seite zugegriffen wird.

Weniger nervig, aber ebenfalls aufmerksamkeitsbindend sind Funktionen, die eine Website quasi ins „Unendliche" verlängern. Dadurch, dass stets neue Inhalte nachgeladen werden, gelangt der Nutzer durch das Scrollen niemals an das Ende der Seite. Social-Media-Websites mit ihrem personalisierten „Newsfeed" liefern einen endlosen Strom von mehr oder weniger relevanten Meldungen und Hinweisen auf die Aktivitäten der eigenen Kontakte auf derselben Plattform. Ganz ins Bild passt dann die ständige Bitte, etwas zu „liken", zu bestätigen oder zu bewerten. Derartiges ist beileibe keine Domäne von sozialen Netzwerken für private Kontakte wie Facebook oder Instagram. Besonders gerissen macht dies ausgerechnet die größte Webplattform für Geschäftskontakte: LinkedIn. Ruft man die Seite eines bereits vorhandenen Kontaktes auf, etwa um nach einer Adresse oder Telefonnummer zu sehen, so wird man zunächst gebeten, die fachlichen Kompetenzen jener Person zu bestätigen. Folgt man dieser Vorgabe, so geht es erst richtig los, plötzlich tauchen weitere Kontakte auf, die mit der aufgerufenen Personenseite gar nichts zu tun haben und ebenfalls in den Eigenschaften bestätigt werden wollen. Kaum geklickt, lädt das System neue nach. Schafft man es nicht, das winzige „Aus-Kreuz" oben rechts anzuklicken, ergießt sich über den Nutzer ein schier endloser Strom der

Klickanforderungen, die ihn dauerhaft beschäftigen und vom eigentlichen Ziel seiner ursprünglichen Aktion zunehmend entfernen, bis möglicherweise zu dem Punkt, an dem er den Grund seines Besuches dieser Seite aus den Augen verloren hat. Mir ist es mehr als einmal so gegangen, dass ich mich — zwecks Recherche einer Person vor einem anstehenden Meeting — auf die Seite begeben habe, nur um mich Minuten (oder Stunden?) später zu fragen, was genau ich da eigentlich wollte, so verstrickt war ich in die gezielt an mich gerichteten Ablenkungen.

Aber nicht nur Social-Media-Plattformen sehen ihr Heil in der zeitlichen Ausweitung der Kundenbeziehung. Ähnliches — wenn auch unter anderen Vorzeichen — ist auch beim E-Commerce zu beobachten. So scheint es nicht mehr zu genügen, beim Onlinekauf etwas zu bezahlen, immer öfter wird der Kunde geradezu genötigt, eine Bewertung abzugeben. Gibt er diese vielleicht durchaus gerne ab, etwa, weil er an anderer Stelle von den Bewertungen anderer Kunden bei seinen Kaufentscheidungen profitiert hat, wird er dafür früher oder später manchmal sogar bestraft — mit noch mehr Gratisarbeit. Amazon zum Beispiel fordert erfreulicherweise wenig zur Bewertungsabgabe auf, nimmt aber eine Kundenrezension gerne zum Anlass, diesem ohne weitere Rückfragen Kundenfragen zum Produkt zu schicken. So wird aus dem Bewerter ganz schnell der unbezahlte Kundensupport des Onlinehändlers — und die Bindung an die Plattform steigt ganz nebenbei mit an. Aus der Sicht des Anbieters gilt damit: Mission erfüllt. Aus meiner Sicht als Anwender frage ich mich manchmal: Wie blöd bin ich, da mitzuspielen? Das ist der Fluch der „guten Tat" in Perfektion. Individuelle Hilfsbereitschaft wird maximal ausgenutzt, wenn man sich nicht wehrt, und zu diesem Wehren gehört das Bewusstsein, dass hier mit allen Mitteln, durch von schlauen Leuten erdachte Manipulation, der Nutzer zu Dingen gedrängt wird, die zumeist nicht nur nicht in seinem Interesse, sondern manchmal sogar diametral entgegengesetzt dazu sind.

Ein derartiges Vorgehen ist kein Alleinstellungsmerkmal von Amazon. Softwareanbieter wie „Lithium" (http://lithium.com) versprechen seit Jahren mehr Kundenzufriedenheit in Verbindung mit verringerten Servicekosten und den Zugriff auf neue Ideen durch die Installation von Kundenforen, in denen sich diese gegenseitig helfen sollen, Probleme zu lösen, anstatt auf den nächsten freien Mitarbeiter im Callcenter warten zu müssen. Das Ganze nennt sich „Customer Engagement Center". Das Engagement der Nutzer wird gerne incentiviert, indem dem Esel von Anwender virtuelle Karotten vorgehalten werden. Das Stichwort hierzu lautet — wenig überraschend — erneut Gamification. Gemeint ist damit auch hier die Nutzung von Spielmechanismen für Anwendungsfelder jenseits des klassischen

Spielens. In diesem Fall sind es Spiele — oder sollte man besser Spielchen sagen —, von den der Anwender nicht weiß, dass er darin vorkommt.

Vielleicht tut es ja gut, an dieser Stelle einmal den Betrachtungswinkel zu wechseln und das Thema aus der Sicht der Unternehmen zu sehen:

App-Anbieter haben es schwer. Zugegeben, dass ist nicht das, was man hören will, wenn man selbst eine App entwickelt. Noch immer wird in vielen Medien die Mär verbreitet, man müsste nur eine nützliche Smartphone-App programmieren und damit wäre der Weg zum Start-up-Millionär schon vorgezeichnet. Ein Blick auf die aktuellen Marktzahlen in Sachen Apps sorgt schnell für Ernüchterung. So sind in den beiden großen App-Stores (Google Playstore für Android und Apples App-Store) 2,2 Millionen (Android) beziehungsweise 2 Millionen (Apple) Apps verfügbar (http://www.techgrapple.com/total-number-apps-available-app-store-play-store/). In dieser Masse aufzufallen entspricht statistisch gesehen dem berühmten Lottogewinn.

Anders gesagt: Jenseits der wenigen Bestseller in der jeweiligen Kategorie gibt es eine Vielzahl von Angeboten, die kaum ein Nutzer jemals zu sehen bekommt, geschweige denn installiert. Selbst wenn er dies dennoch tut, ist es längst nicht ausgemacht, dass die App tatsächlich auch aktiv genutzt wird. Zu häufig verschwinden Apps nach einmaliger oder seltener Nutzung aus dem Sichtfeld des Nutzers und werden schlicht vergessen. Nach Angaben der App-Analysefirma Localytics nutzen 23 Prozent der Anwender eine App nach der ersten Nutzung kein zweites Mal (http://info.localytics.com/blog/23-of-users-abandon-an-app-after-one-use). Der gleiche Anbieter sieht die Zahl der Nutzer, die eine App mehr als elfmal nutzen bei 38 Prozent. Die Statistiken von Quettra — einem anderen Research-Unternehmen in diesem Sektor, das einen zeitlichen Verlauf berücksichtigt — sehen noch höhere Werte. Demnach verliert eine durchschnittliche Android-App über den Verlauf eines Monats ab Installation erschreckende 90 Prozent ihrer Nutzerbasis an täglich aktiven Nutzern und gerät so langsam in Vergessenheit (http://andrewchen.co/new-data-shows-why-losing-80-of-your-mobile-users-is-normal-and-that-the-best-apps-do-much-better/). Vor diesem Hintergrund ist es mehr als verständlich, dass die App-Anbieter nach Mitteln und Wegen sinnen, den Nutzer zu binden beziehungsweise zur wiederholten Nutzung zu bewegen.

Dies dürfte der Grund für ein relativ junges Phänomen sein, was man nur mit dem Begriff Benachrichtigungsirrsinn benennen kann. Beinahe jede App versendet eine Fülle von aus Nutzersicht mehr oder weniger sinnvollen Meldungen, die auf dem Startbildschirm erscheinen und sich zudem meist mit Vibration und oder Tonsignal bemerkbar machen und so die Aufmerksamkeit des Nutzers erfordern. Wenig überraschend: Standardmäßig sind die Benachrichtigungen natürlich stets eingeschaltet, diese auszuschalten ist vielfach nur kompliziert möglich. Unterbindet man derartiges nicht bereits bei der Installation, so findet man sich als Durchschnittsnutzer bereits nach kurzer Zeit in einem perfekten Sturm der Systemmeldungen wieder, der sich nur schwer wieder abstellen lässt.

Bei WhatsApp etwa — dem unbestrittenen König der smartphone-getriebenen Ablenkungsindustrie — kann man die Benachrichtigungen für einzelne Chats nicht dauerhaft deaktivieren — der Nutzer hat (zumindest in der im August 2016 auf einem Android-Telefon getesteten Version) lediglich die Wahl, ob er diese für acht Stunden, eine Woche oder ein Jahr zum Schweigen bringen will. Dann geht es wieder los. Garantiert. Natürlich hat gerade eine Messaging-App zum Nachrichtenaustausch guten Grund, Benachrichtigungen zu senden, aber ob das mit blinkender Idee, Pop-up auf dem Starbildschirm, Vibration und Ton des Gerätes gleichzeitig erfolgen muss, sei dahingestellt. Insbesondere die Vielzahl der Nachrichten erzeugt hier ein Unterbrechungspotential, dass in seiner Frequenz vielfach dazu beitragen dürfte, dass die eigentlichen Aufgaben und Vorhaben ins Hintertreffen geraten.

Etliche der beschriebenen, kurzzeitigen täglichen Smartphone-Interaktionen dürften auf diese Geschwätzigkeit der App-Meldungen zurückgehen. Anders gesagt: Der Benachrichtigungswahn nervt, lenkt ab und hält auf. Es entsteht die Gefahr, dass wichtige Dinge im Wust des Benachrichtigungsmülls und anderer Ablenkungen übersehen werden.

In gewisser Weise sind Messaging-Apps auf dem Smartphone die legitimen Nachfolger des bisherigen Ablenkungsweltmeisters E-Mail.

Nur noch einmal kurz die Mails checken

In einem bekannten Songtext des deutschen Musikers Tim Bendzko heißt es: „(…) Muss nur noch kurz die Welt retten — danach flieg ich zu dir. Noch 148 (hundertachtundvierzig) Mails checken. Wer weiß, was mir dann noch passiert, denn es passiert so viel. (…).“ Tatsächlich sind es rund 120 E-Mails, die der Business-User täglich im Schnitt sendet und empfängt — ob auf dem Smartphone, am PC oder am Tablet. Dies haben zumindest die Marktforscher der Radicati Group ermittelt. In ihrem jährlich herausgegebenen „E-Mail Statistics Report" (http://www.radicati.com/wp/wp-content/uploads/2016/01/E-Mail_Statistics_Report_2016-2020_Executive_Summary.pdf) haben sie festgestellt, dass die Zahl der weltweit versendeten (und empfangenen) Nachrichten erstaunliche 215 Milliarden beträgt. Erholung ist nicht in Sicht, auch wenn der elektronischen Post schon vielfach das baldige Ende prophezeit wurde. Jede Mail steht potentiell für eine Unterbrechung. Im gängigsten Mailprogramm der Businesswelt — Microsoft Outlook — informiert standardmäßig ein Pop-up (oder auf den Desktop hereinfliegendes Fensterchen) und eine zusätzliche akustische Meldung über den Eingang einer neuen Nachricht — jeder neuen Nachricht. Diese Information lässt sich zwar unterdrücken, die Einstellungen sind aber gut in den „Optionen" versteckt. Vielleicht tut es gut, in den Chor derer einzustimmen, die seit Jahren immer wieder das Ende der E-Mail prognostizieren. Das Problem mit den leidigen Unterbrechungen würde sich gleichsam von selbst erledigen, so die windigen Versprechungen der E-Mail-Untergangspropheten.

Im großen Stil geschah dies vor einigen Jahren im Kontext mit dem Hype um das sogenannte Social Web, bei dem man auszumachen glaubte, dass die Generation Y sich lieber anders austauscht und eher per Kurznachricht oder Facebook-Chat kommuniziert als per E-Mail. Diese Erkenntnis war zweifellos richtig, änderte aber nichts am weiter steigenden Mail-Aufkommen. Die Statistiken sprechen hier eine klare Sprache. Was stattdessen passiert ist, war Gift für alle, die bereits angesichts der E-Mail-Flut darum ringen, die Oberhoheit über ihre Konzentrationsfähigkeit zu behalten. Zur E-Mail kamen weitere Kommunikationskanäle hinzu. Die bereits benannten Messaging-Dienste rund um WhatsApp und Co, die Messaging-Kanäle der Social-Media-Portale und zahlreiche neue Anwendungen im Unternehmen, die unter dem Schlagwort „Unified Communications" versprachen, die Kommunikationsflut zu zähmen, zu deren Mitverursachern die Dienstanbieter selbst zählten. Ob Cisco Jabber, Microsoft Lync (oder Skype for Business), die schicken Kommunikationslösungen von Unify — sie alle schaffen im Alltag mehr und nicht weniger Kommunikation —, ohne dass sich das E-Mail-Aufkommen mindert. Im Gegenteil. Jede Nachricht auf LinkedIn erzeugt eine weitere Nachricht im E-Mail-Postfach des Empfängers — selbstverständlich samt der gefühlten Notwendigkeit, sogleich auf den Link zu klicken und auf der Plattform selbst zu landen, nur um den Inhalt der Nachricht auch abrufen zu können. Denn die Mail liefert nur eine Vorschau. Ein Teufelskreis, kunstvoll befeuert von den Jägern nach unserer Aufmerksamkeit. Das dumme Wild sind wir, der Autor nimmt sich da ausdrücklich nicht aus.

Auch der neu annoncierte Dienst Facebook Workplace (https://workplace.
fb.com) versteht sich — zumindest zum Teil — als Substitut zur E-Mail
mit Funktionen wie: Gruppendiskussionen, einem personalisierten Newsfeed sowie Sprach- und Videoanrufen beziehungsweise entsprechenden
Konferenzfunktionen. Facebook Workplace wird aber nach bisherigen
Erfahrungen eher eine weitere Ergänzung zur E-Mail sein, wie zahlreiche
Dienstangebote rund um das Social Web zuvor.

An Ratschlägen, wie man aus der E-Mail-Falle rauskommt, mangelt es
nicht, jedoch an Praxistauglichkeit. Selbsternannte Zeitmanagementexper-
ten geben gerne die — auf den ersten Blick — ganz plausible Empfehlung,
man dürfe E-Mails eben nur zu bestimmten Zeiten ansehen, etwa zweimal
am Tag: (morgens und abends zu definierten Zeiten) und solle dann sich
die Bearbeitung quasi „en bloc" vornehmen. Das klingt in der Tat vernünf-
tig, ist aber in vielen Arbeitsumgebungen nicht machbar. Was, wenn man
— egal ob als Angestellter oder Selbständiger — mit an einer Arbeit, deren
Vorgaben man morgens im E-Mail-Postfach vorfindet, dranbleibt, nur um
abends festzustellen, dass wichtige Änderungen, etwa wegen eines Feh-
lers beim Auftraggeber, bereits um 10:30 im Postfach waren, man aber
den Rest des Tages vollkommen vergebens am ursprünglichen, aber längst
ganz oder in Teilen obsoleten Auftrag gearbeitet hat.

Es mag Bereiche geben, bei denen tatsächlich eine ein- oder zweimalige
Interaktion mit der Außenwelt über den Tag hilft. So man sich nicht
anderweitig ablenken lässt, hat man tatsächlich Glück gehabt mit seinem
Arbeitsumfeld. Die erlebte Realität für die Masse der sogenannten Wis-
sensarbeiter sieht aber außerhalb der „Filterblase" der Zeitmanagement-
theoretiker anders aus.

Der Autor muss hier — wie der Großteil der Leser vermutlich auch —
zwischen wichtig und unwichtig unterscheiden. Die Mail aus dem Pro-
jektteam ist möglicherweise wichtig, während die Anfrage des nigeriani-
schen Prinzen oder die Versandbestätigung der Onlineapotheke oder das
99Euro-Angebot der Fluggesellschaft Zeit hat oder gelöscht werden kann.
Der Unterbrechungsfaktor ist jedoch bei allen ähnlich hoch. Eine gewisse
Hilfe bieten Mailprogramme, die automatisch priorisieren oder auch die
Trennung zwischen eine Hauptmailadresse und einer zweiten, die für alle
„Funktionsmails" genutzt wird, also Newsletter, Bestell- und Versandbestä-
tigungen, Flugscheine, Bahntickets etc.

Der Markt bietet auf diesem Gebiet erstaunlich wenig an. Outlook und
Co. bieten zwar eine enorme Funktionsvielfalt, machen es aber dem User

nicht leicht, sich selbst besser zu organisieren. Interaktion ist und bleibt in den meisten Berufen erforderlich, aber ob diese auch per E-Mail stattfinden muss, steht auf einem anderen Blatt Papier. Tatsächlich spricht einiges gegen E-Mail. So konnten US-Forscher der Rutgers University schon 2005 belegen, dass in E-Mails mehr bewusst gelogen wird als etwa per Brief (http://www.spiegel.de/karriere/buero-alltag-wie-e-mails-unsere-zeit-fressen-a-744496.html). Nach deren Angaben belogen erstaunliche 92 % der Teilnehmer der Studie ihr Gegenüber per E-Mail. Noch höher dürfte der Wert bei Instant-Messaging-Nutzern sein, denn wer kennt nicht die Nachrichten „Stehe im Stau", „Bin gleich da", die nicht immer mit der gelebten Wirklichkeit übereinstimmen. Eine Vielzahl von Studien geht etwa der Frage nach, welche Auswirkungen die üblicherweise geschönte Wirklichkeit in Social-Media-Postings hat. Handelt es sich bei der typischen Inszenierung des eigenen Lebens nicht auch nur um eine Form der Lüge? Je unmittelbarer und gleichzeitig unpersönlicher die Kommunikation, umso größer die Unredlichkeit? Fast möchte man glauben, dass neben der Gefahr für unsere Aufmerksamkeit und Produktivität noch ganz andere negative Effekte lauern. Aber zurück zur Kernfrage nach der Ablenkung und deren Bekämpfung.

Was, wenn nun die Unternehmen tatsächlich anfangen und ernst machen mit der Abschaffung der E-Mail? Bereits Anfang 2011 machte der IT-Dienstleister Atos Origin mit einer Pressemeldung, in der er das Ende der E-Mail im eigenen Unternehmen verkündete, weltweit Schlagzeilen (http://atos.net/en-us/Newsroom/en-us/Press_Releases/2011/2011_02_07_01.htm). Liest man die Meldung genauer, so ist da nur von E-Mails die Rede, die Mitarbeiter von Atos untereinander schreiben – es geht also hier allein um die internen Mails –, ein gelungener PR-Coup in der Debatte rund um das E-Mail-Aufkommen war es trotzdem. Ein Coup, der bis heute anhält, denn Atos ist auch heute dem Ziel „Zero E-Mail" verpflichtet. Dies wird zumindest immer wieder betont, und auf der Homepage steht es bis heute. Dort lässt sich Thierry Breton, Chairman and CEO, wie folgt zitieren: „Wir produzieren riesige Datenmengen, die unsere Arbeitsumgebung buchstäblich überwuchern und auch im privaten Bereich bereits Überhand nehmen. Daher versuchen wir bei Atos jetzt, eine Kehrtwende einzuleiten. Ähnliches geschah nach der industriellen Revolution, als Unternehmen erste Maßnahmen im Kampf gegen die Umweltverschmutzung trafen." (http://de.atos.net/de-de/home/uber-uns/arbeiten-bei-atos/zero-email.html)

Zweifellos gibt es einen Trend zu internen sozialen Netzwerken in Unternehmen. Tatsächlich nimmt der Austausch über andere Dienste als E-Mail auch im geschäftlichen Umfeld immer mehr zu, etwa beim deutschen Businessnetzwerk XING und dessen internationalem Konkurrenten LinkedIn.

Die Meldung von Atos, interne E-Mails abschaffen zu wollen, hat sicher auch etwas mit dem internen Kommunikationsnetz zu tun. Aber was ist mit den anderen Diensten? Können sie E-Mails ersetzen? Im Privatleben an einigen Stellen vielleicht, im Geschäftsleben ist es eher unwahrscheinlich — man denke allein an die rechtlichen Rahmenbedingungen, aus denen sich eine Aufbewahrungspflicht von „Handelsbriefen" ergibt. Darunter fallen auch die „elektronischen" Kommunikationsformen (http://www.internetrecht-rostock.de/aufbewahrung-emails.htm). Bei E-Mails ist das Problem der dauerhaften Speicherung inzwischen mit gesetzeskonformen Archivierungssystemen gelöst, aber was tun bei Instant-Messaging und Nachrichten aus Facebook und anderen Diensten? De facto wird derartiges von den meisten Unternehmen ignoriert. Anfang 2017 erregte dann eine Pressemeldung Aufsehen, nachdem die Deutsche Bank sowohl Instant Messaging als auch SMS auf Diensthandys untersagt und durch technische Maßnahmen sperren will (https://www.bloomberg.com/news/articles/2017-01-13/deutsche-bank-is-banning-text-messages-on-company-issued-phones).

Jenseits der möglichen juristischen Implikationen für Unternehmen stellt sich auch die Frage, ob eine Verschiebung hin zu Instant Messaging und anderen Medien überhaupt wünschenswert ist. Schlussendlich steigt damit die Zahl der für den Nutzer zu überblickenden Kommunikationskanäle und damit das Unterbrechungspotential weiter an. Dass damit einem Nutzer, der von „zu viel E-Mail" — gefühlt oder tatsächlich — belastet wird, geholfen ist, ist mehr als fraglich.

Dass E-Mail plötzlich verschwindet — das muss tatsächlich niemand befürchten, wie ein Blick auf die aktuelle Statistik zeigt: Die Radicati Group geht wie andere Forscher jedoch davon aus, dass die Zahl der Nachrichten pro Jahr weiter ansteigen wird auf erwartete 257,7 Milliarden 2020, ebenso wie übrigens die Zahl der E-Mail-Nutzer. Diese wird von 2,6 Milliarden 2016 auf über 3 Milliarden ansteigen, so zumindest die Prognose. Wirklich erstaunlich ist aber, dass bereits heute zwei Drittel aller Nutzer mobil auf ihr Mail-Postfach zugreifen — Tendenz weiter steigend.

Der Wegbereiter für diese Entwicklung war Blackberry. Noch heute sieht man sie vereinzelt im Einsatz mit ihrer typischen Miniaturtastatur. Heute bedarf es zum Erleben eines E-Mail- und Nachrichten-Overloads keines Blackberrys mehr, eine E-Mail-Funktion bringen alle Smartphones mit, und – dank Diktierfunktion, Worterkennung und Autokorrektur – vermisst auch kaum ein Nutzer der „Blackberry-Generation" mehr seine physische Tastatur.

Die Anzahl der Nachrichten, die um unsere Aufmerksamkeit ringen, ist nicht weniger geworden. E-Mail bleibt uns erhalten, hinzu kommen WhatsApp und Co, die – jenseits der Kommunikation von Person zu Person – zunehmend auch weitere Kommunikationsaufgaben übernehmen, indem sie mehr oder weniger intelligente Programme, sogenannte Chatbots, integrieren. Diese ersetzen teilweise die Interaktion mit Websites oder erlauben die Absetzung natürlichsprachiger Kommandos zur Steuerung von technischen Geräten. Lediglich SMS ist – zugunsten von WhatsApp und ähnlichen Messaging-Diensten – auf dem Rückzug. Aber damit wurde gefühlt nur der Teufel mit dem Beelzebub ausgetrieben. Die Zahl der Nachrichten hat sich vervielfacht. Insbesondere Gruppenbeiträge kommen bei den meisten Anwendern in so hoher Frequenz rein, dass die zeitnahe Sichtung schon fast zum Vollzeitjob mutiert, zumal ohne Usereingriff jede dieser Nachrichten sich aufmerksamkeitsheischend in den Vordergrund drängt

Kurz gesagt: Die durch Nachrichten erzeugten Unterbrechungen werden nicht weniger werden, sondern im Gegenteil weiter ansteigen. Wir werden lernen müssen, damit umzugehen, im Unternehmen wie auch im privaten Umfeld.

Taugliche Dienste oder Dinge, die uns vor diesen Ablenkungen bewahren, sind nicht in Sicht, vielleicht braucht es andere Lösungen im Umgang mit diesen Technologien. Der Autor ist mit seiner Kritik nicht allein. An Studien zur erlebten Belastung / Überlastung ist kein Mangel. Beispielhaft sei hier die StressStudie 2016 der Techniker Krankenkasse zitiert, nach der 39 Prozent der befragten Berufstätigen die Informationsüberflutung durch E-Mail als belastenden Stressfaktor empfinden. Der schöne Titel dieser insgesamt lesenswerten Studie lautet übrigens „Entspann dich, Deutschland" (https://www.tk.de/centaurus/servlet/contentblob/916666/Datei/3654/TK-Pressemappe-TK-Stressstudie-2016.pdf).

Ist Technologie das Problem oder die Lösung?

Dieses erlebte „Zuviel" an Interaktion führt bereits zu Gegenbewegungen. Unter dem Schlagwort „Digital Detox" etwa versammeln sich Kritiker, die offen dazu aufrufen, auf alle technischen Kommunikationsmittel zu verzichten. Die Empfehlungen Einzelner sind dabei unterschiedlich: „Im Urlaub Handy abschalten", einmal die Woche 24 Stunden offline gehen (http://www.businessinsider.com/every-week-i-unplug-from-technology-for-24-hours-and-im-convinced-it-makes-me-better-at-my-job-2016-9?IR=T) oder gleich ein ganzes Jahr (http://www.theverge.com/2013/5/1/4279674/im-still-here-back-online-after-a-year-without-the-internet). Wichtig ist natürlich, dass man hinterher auf möglichst allen Kanälen von seinen Erfahrungen berichtet. Die Intensität, mit der das vielfach geschieht, wirft die Frage auf, ob ein Großteil des ganzen Aktionismus nicht einfach dem Drang geschuldet ist, die eigene Person zu vermarkten.

Und Silicon Valley wäre nicht Silicon Valley, gäbe es nicht auch bereits kommerzielle Lösungsangebote für die selbstgemachten Probleme rund um das Thema Internet. Ein ausbalanciertes Leben, mehr Kreativität, besserer Schlaf, höhere Konzentrationsfähigkeit und sogar einen niedrigeren Puls und Blutdruck, dies und einiges mehr verspricht der Besuch einer — natürlich über Internet buchbaren — digitalen Klausur, fernab jeder Netzanbindung (Quelle: www.digitaldetox.org). Ersatzweise tun es aber auch die ebenfalls kostenpflichtigen Seminare, die dieser und diverse andere Anbieter in den USA wie auch hierzulande offerieren. Wie groß die tatsächliche Nachfrage nach derartigen Dienstleistungen ist, lässt sich angesichts des Medienhypes nicht wirklich erkennen, bezeichnend ist jedoch, dass bei einem deutschen Klon des US-Angebots das Datum des neuesten Seminarangebots auf der Website zum Zeitpunkt des Aufrufs bereits knapp drei Monate verstrichen war (http://thedigitaldetox.de).

Letztendlich ähneln die genannten Detox-Angebote denen, die man Suchtkranken macht. Sicher ist die hier geförderte Selbsterkenntnis ein erster Schritt zu einem geänderten Verhalten, aber was, wenn der Alltag wieder zuschlägt und die Erwartungen der Kommunikationspartner es gar nicht zulassen, den Digital-Detox-Gedanken mit in den Alltag zu nehmen. Vermutlich bedürfte es erst eines weitgehenden Bewusstseinswandels im Privat- und Arbeitsleben zusammen mit einer strikten Regulierung der Technologieanbieter, um tatsächlich eine nachhaltige Änderung herbeiführen zu können. Tatsächlich gibt es in den USA eine öffentliche Diskussion über die Frage, ob Telefonfirmen den Kunden bestimmte Funktionen in bestimmten Betriebszuständen sperren müssen. Konkret geht es dabei um die Nutzung des Telefons im Fahrzeug während des Fahrens (https://www.nytimes.com/2016/09/25/technology/phone-makers-could-cut-off-drivers-so-why-dont-they.html), ein Anwendungsfall, für den Apple eine Lösung zum Patent angemeldet, aber bisher nicht in ein Produkt umgesetzt hat.

Dass der ein oder andere Technologieanbieter durchaus lernfähig ist, soll dabei nicht bestritten werden. So hat etwa Microsoft bei seinem Kernprodukt „Microsoft Office" für das Word-Textverarbeitungssystem kürzlich den sogenannten „FOKUS"-Mode bereitgestellt. Alles, was der Nutzer beim aktivieren dieser Option auf dem Bildschirm seines Rechners zu sehen bekommt, ist sein Text. Alle Menüoptionen und Fenster anderer Programme verschwinden komplett aus der Sicht und können zumindest in diesem Augenblick nicht ablenken. Zur Einordnung des Innovationsgrades sei noch angemerkt, dass derartige Funktionen nur in Word neu sind. Seit Jahren gibt es Textverarbeitungsprogramme, die derartige Betriebsmodi mitbringen. Dennoch ist es ein starkes Signal, dass Microsoft diesen Trend im Herbst 2016 zumindest für Office365 aufgegriffen hat.

Ich kann nicht sagen, wie es Ihnen dabei geht, liebe Leser. Ich fand bei meinen Recherchen keinen allgemeingültigen Weg, wie wir uns mit Hilfe von Technologie von der Informationsflut befreien können. Den Teufel mit dem Belzebub austreiben scheint hier nicht zu gelingen. Die anfängliche Euphorie über das angestrebte „bessere Leben" ebbte ab, auch wenn ich kontinuierlich an meinem Programm arbeitete. Auf dem Rad durch die Natur, zwei bis dreimal die Woche, na ja mindestens einmal, manchmal zweimal im Fitnesscenter und dann ab und zu mal auf einen Berg, einen kleinen Berg, aber immerhin. Es ging spürbar voran, Schritt für Schritt und Tritt für Tritt.

Mein Umfeld und ich

Zum Radfahren und Bergwandern hatte ich alleine aufgrund meiner bewusst ausgewählten Wohn- und Lebensumgebung hingefunden. Mir ist natürlich bewusst, dass eine derartige Umfeldveränderung für die meisten Leser nicht ohne weiteres in Betracht kommt. Bei mir war es der Zwang zur Neuorientierung in Verbindung mit einer gewissen Wahlfreiheit, der den Wechsel ermöglichte. Nicht jeder, der ein besseres Leben anstrebt, kann seine Umgebung einfach hinter sich lassen. Dennoch stellt sich die Frage nach der Wechselwirkung zwischen Mensch und Umfeld. Es ist die Frage, die jeder kennt, wenn es etwa in einem Gerichtsverfahren darum geht, ob der Angeklagte bei seiner Tat aufgrund seines sozialen Umfeldes vorbelastet war, oder wenn es etwa um die Frage der Bildung geht, bei der die Abstammung aus bestimmten „Problemgebieten" sich als nachteilig erweist. Wie man es auch dreht und wendet, die Wirkung des Umfelds ist wahrscheinlich größer, als von den meisten Menschen vermutet. Auch und gerade, wenn es um die Fragestellungen geht, die hier im Buch diskutiert werden.

Um diesen Effekten nachzuspüren, bedarf es zunächst weniger irgendwelcher Studien, sondern vielmehr eines kritischen Blicks auf das eigene Leben und Erleben.

Oder als Frage formuliert: Haben Sie auch das Gefühl, dass das Umfeld erst den Menschen zu der Person macht, die er ist? Schauen Sie sich nur an, was aus ihren Schul- oder Studienkollegen geworden ist, die einen bestimmten Beruf ergriffen haben oder in ein bestimmtes Viertel einer Großstadt gezogen sind. Oftmals haben sie sich wegentwickelt von der Person, die Sie kannten, und sind nun augenscheinlich jemand anderes geworden, nicht nur in Kleidung, sondern auch in Gestus und Habitus und vielfach auch in Körperumfang und Fitnesszustand. Für den flüchtigen Betrachter ist das vielleicht ein „gleich und gleich gesellt sich gern", bei genauerem Hinsehen, insbesondere, wenn man die Lebenslinien dieser Bekannten und Freunde schon länger verfolgt, erkennt man auch die Assimilation an ein neues Umfeld.

Derartige Beobachtungen könnte man leicht als Anekdoten abtun, gäbe es nicht deutliche Anzeichen, dass mehr als ein Fünkchen Wahrheit darin steckt. Bereits 1994 ergab eine Studie der Harvard Universität über radikale Veränderungen im Leben, dass zahlreiche Menschen ihr Leben nach einer persönlichen Tragödie radikal verändern. Beinahe genauso häufig bedurfte es jedoch keiner dramatischen Umstände, sondern nur der Einbindung in andere soziale Gruppen, um einen Wandel herbeizuführen bzw. zu erleichtern. Der US-Autor Charles Duhigg berichtet davon in seinem lesenswerten Buch über die Macht der Gewohnheiten „Why we do what we do in Life and Business".

Wie sehr das eigene Umfeld, der Kontext, in dem wir leben, uns beeinflusst, bestätigt auch die weltbekannte Longevity Studie, die über mehr als acht Dekaden das Leben (und Sterben) von 1.500 Probanden, die beim Start 1921 allesamt rund zehn Jahre alt waren, begleitete (eine Zusammenfassung der Ergebnisse findet sich in dem Buch „The Longevity Project: Surprising Discoveries for Health and Long Life from the Landmark Eight-Decade Study" von Howard Friedman und Leslie Martin). Diese zerpflückt einige Mythen über ein besseres Leben (http://www.howardsfriedman.com/longevityproject/introtext.html), etwa die These, dass Verheiratete länger leben als Ledige. Dies ist ebenso wenig haltbar, wie die Vorstellung, dass positives Denken stressvermindernd wirkt und zu einem längeren Leben führt. Auch Religion hilft nicht wirklich, länger zu leben. Kurz gesagt, bereits die Ergebnisse dieser Studie führen die herkömmlichen Ratgeber, die mehr oder weniger als Anleitungen für ein besseres und/oder längeres Leben vermarktet werden und mit einer Liste von Anweisungen „tue dies" und „lasse jenes" zum Erfolg/Gesundheit/Glück in drei, fünf, sieben oder sogar 19 Schritten führen, ad absurdum. Gleichzeitig belegen sie, dass das Umfeld viel wichtiger ist als angenommen.

Darauf kommen auch jüngere Forschungen zurück und gehen noch weiter in der Beschreibung, indem sie auch neue Formen der Interaktion mit berücksichtigen. Zur Erinnerung: Die Longevity Studie wurde 1921 begonnen, als die Probanden ca. zehn Jahre alt waren, auch die langlebenden unter ihnen waren vor dem, was wir heute Internet- und Social-Media-Zeitalter nennen, bereits verstorben.

So führt der Professor an der Yale Universität Nicholas Christakis in seinem Buch „Connected: The surprising Power of our Social Networks and How They Shape our Lives" unter Bezug auf seine Forschungsarbeiten am „Human Nature Lab" der Yale University aus (Übersetzung des Autors, zitiert nach: http://www.bakadesuyo.com/2015/07/awesome-life/):

„Für eine Vielzahl von Verhaltensweisen: Wahlverhalten, Nikotinkonsum, Gewichtsverlust und -zuwachs, Lebenszufriedenheit, kooperatives Verhalten haben wir und andere Forscher gezeigt, dass Menschen auf bedeutsame Weise durch das Verhalten anderer Menschen, mit denen sie in Verbindung stehen, beeinflusst werden. Das spannende dabei ist: Dieses Verhalten wird ebenfalls verändert durch Personen, mit denen sie nicht direkt verbunden sind. Wenn also der Freund eines Freund das Rauchen aufgibt oder man beispielsweise selbst mit dem Laufen anfängt oder wählen geht, kann das Verhalten ‚ausbrechen' und andere beeinflussen."

Verhalten ist also gewissermaßen „ansteckend". Die Schlussfolgerung für die positive persönliche Weiterentwicklung kann daher nur sein, sich das richtige Umfeld und den richtigen Freundeskreis zu suchen und sich inspirieren und anstecken zu lassen, umgekehrt aber auch — und das ist in der Forschung dann eher verschämt dokumentiert — dem eigenen Fortkommen nicht dienliche Kreise zu verlassen. Denn besteht der Freundeskreis — um mal ein abgegriffenes Klischee zu bemühen — aus vor dem Bildschirm sitzenden, Pizza essenden und Cola trinkenden Videospielern mit Bewegungsmangel, ist es besser, mit den eigenen Ambitionen auf ein gesünderes, erfüllteres Leben das Weite zu suchen.

Oder tatsächlich auf Technik zu vertrauen. Denn nicht nur das eigene Umfeld kann ansteckend sein, wenn es um Verhaltensweisen geht. Ebenso ist es möglich, sich von den Verhaltensweisen von Menschen, die nicht vor Ort im direkten Lebensumfeld zu finden sind, mitziehen zu lassen. Um bei Gesundheitsvorsorge und sportlichen Aktivitäten zu bleiben: Eine Wettkampfsituation kann anstachelnd wirken, dabeizubleiben, dranzubleiben oder den für den Trainingserfolg entscheidenden Schritt weiterzugehen. Dazu müssen die Kombattanten nicht mal am gleichen Ort sein, sie müssen nicht einmal zur gleichen Zeit im Training stehen, es reicht, wenn sie beide ihre Aktivitäten aufzeichnen und virtuell gegeneinander antreten. Dabei geht es nicht um Rekorde, es reichen auch die gelaufenen Schritte pro Tag oder Woche oder die per Rad zurückgelegte Wegstrecke. Niemand, der auf sich hält, wird da ausscheren wollen. Die Dokumentation und Vergleichbarmachung der eigenen Leistungen liefert auch hier wieder die Basis für den Gamification genannten Effekt. Kein Wunder, dass eine Vielzahl der Trainings-Apps die Möglichkeit bietet, seine Aktivitätsdaten auf Internetplattformen hochzuladen und so in einen virtuellen Wettstreit mit anderen Teilnehmern zu treten. Ein besseres Leben per virtuellem Wettbewerb? Zweifellos liefert diese moderne Neuinterpretation des Umfeldgedankens einen der wesentlichen Schlüssel dazu. Sie liefert sogar noch ein klein bisschen mehr, nämlich Hinweise, warum jemand das tut, was er tut. Gleichzeitig ist sie aber auch eine Gefahr: Sie liefert bequeme Entschuldigungen dafür, wenn etwas nicht gelingen mag. Schließlich ist man dann ja nicht selbst, sondern das Umfeld ist schuld daran, dass es nicht geklappt hat mit dem Fitnesstraining und den sportlichen Erfolgen.

Kapitel 3 – Zurück auf Los

Die Beschäftigung mit Technik als Mittel für ein besseres Leben hatte mir zwischenzeitlich vor allen Dingen eines gebracht: eine Verbesserung meines körperlichen Zustands. Gefühlt ging es mir immer besser. Die Fahrradrunde um den See fiel mir samt der Anstiege inzwischen leicht, im Übermut fuhr ich die Runde auch zweimal und hatte immer noch nicht den Eindruck, mich nun vollkommen verausgabt zu haben. Auch an die ein oder andere Extrasteigung traute ich mich heran, wurde aber durch die Erkenntnis „bestraft", dass auch jetzt noch nicht alles ging. Alles in allem aber ging es voran, von kleinen Rückschlägen abgesehen. Die von mir weiterhin genutzte „Runtastic"-App lieferte den Beleg und half mir dabei, mit den klaren Ansagen das für mich richtige Tempo nicht nur zu finden, sondern auch zu halten und mich zu verbessern – Runde für Runde.

Die Rückenschmerzen waren irgendwann wie weggeblasen, warum hatte ich mich damit nur jahrelang herumgeplagt? Zusätzlich hatte ich auch zum ersten Mal seit Jahren sowas wie Farbe bekommen. Vom tiefen Dunkel des „Skilehrertyps" war ich zwar weit entfernt, aber mein neuer Teint veranlasste immerhin die Mutter einer Freundin zu einer Bemerkung: „Du siehst immer so entspannt aus, als ob Du überhaupt nicht arbeitest. Wie machst Du das bloß?"

Diese Aussage und das ein oder andere weitere unerwartete Kompliment für mein Aussehen zeigten mir zumindest, dass ich mich augenscheinlich auch in den Augen Dritter verändert hatte. War ich auf dem richtigen Weg? Dem bloßen Augenschein nach ganz sicher. Damit hätte ich mich natürlich zufriedengeben können. Mission erfüllt, die Frage nach der Tauglichkeit technischer Hilfsmittel für die Verbesserung der persönlichen Lebensumstände war auch beantwortet. Also Haken dran? Weit gefehlt. Ich fühlte mich zwar besser als zu Beginn meiner persönlichen Reise, hatte mich zwischenzeitlich in meiner neuen Umgebung eingefunden und mir einen neuen Bekanntenkreis aufgebaut. Auch einige neue Freunde hatte ich gefunden. Dennoch war ich unzufrieden. Unzufrieden mit mir selbst, aber nicht in dem Sinne, dass ich der Meinung war, es müsste alles schneller gehen. Unzufrieden, weil ich mich gedanklich immer mehr einer Frage näherte, von der ich bereits vorher wusste, dass es keine abschließende Antwort darauf gibt: Was treibt mich an? Was treibt uns als Menschen an? Warum handeln wir so, wie wir handeln? Ich wusste nur, es ist eine zentrale Frage. Ich stellte sie mir.

Was treibt Sie an?

Was treibt Sie an? Was treibt uns als Menschen an? Warum handeln wir so, wie wir handeln? Es ist eine Grundfrage der Menschheit, die uns hier begegnet. Insbesondere die Psychologie hat sich als Wissenschaft mit Fragen der Motivation beschäftigt und über Jahrzehnte eine Fülle von Erklärungsmustern für menschliches Handeln geliefert. Die wohl bekannteste Beschreibung der Grundlagen in Form der Funktionsweise menschlicher Bedürfnisse stammt vom US-amerikanischen Psychologen Abraham H. Maslow. Weit über die Psychologie hinaus — etwa auch in den Wirtschaftswissenschaften — wird dieses anschauliche, meist in Form einer Pyramide dargestellte Modell verwendet.

Der Theorie der Maslowschen Bedürfnishierarchie zufolge versucht der Mensch zunächst, die Bedürfnisse der niedrigen Stufen zu befriedigen, bevor für ihn die höheren Stufen Bedeutung erlangen. Obwohl diese Klassifikation empirisch kaum belegt ist, ist sie — wohl auch aufgrund ihrer Eingängigkeit und Allgemeinverständlichkeit — weithin akzeptiert. Die Elemente sind (in der Pyramide von unten nach oben):

- physiologische Bedürfnisse (essen, trinken, Körperbedeckung),
- Sicherheitsbedürfnisse (Schutz, Vorsorge, Angstfreiheit),
- soziale Motive,
- Ich-Motive,
- Selbstverwirklichung.

Wesentlich ist das oben schon angedeutete Hierarchieprinzip: Das nächsthöhere Motiv wird nur dann bedeutsam, wenn das darunterliegende befriedigt ist. Maslows Modell wird kritisch entgegengehalten, es würde nur in Wohlstandsgesellschaften greifen. Sehr arme Länder, in denen weite Teile der Bevölkerung die ersten beiden Bedürfnisebenen nicht vollständig abdecken können, kämen so nie in Reichweite der Bedeutung sozialer Bindung. Dies ist — auch ohne dazu Studien anzustellen — eine auffällige Besonderheit, denn tatsächlich darf man davon ausgehen, dass es soziale Bindungen in Familien und anderen Gruppierungen natürlich auch in krisengeschüttelten Umgebungen gibt, möglicherweise sogar in intensiverer Form als in der „durchschnittlichen Wohlstandsgesellschaft". Sorgt doch der Zusammenhalt in der Familie oder Gruppe wiederum indirekt für die bessere Erfüllung der ersten beiden Maslowschen Bedürfnisebenen. Maslow selbst weist auf Schwächen seines Modellansatzes hin, in dem er einräumt, dass das Bedürfnis nach Sicherheit durchaus bereits auftaucht, auch wenn die physiologischen Grundbedürfnisse nicht oder noch nicht vollständig erfüllt sind. Kritisch diskutiert wird auch die Frage, ob und inwieweit das Modell sich für die Vorhersage von Verhalten eignet. Dennoch, die Grundlage für ein — im Weiteren diskutiertes — Verständnis der menschlichen Motive ist damit gelegt.

Da die Fachliteratur zum Thema menschliches Verhalten kaum überschaubar ist, werden in diesem Buch nur einige wenige grundlegende Modelle angesprochen. Die Diskussion möglicher Alternativmodelle bleibt den Wissenschaftlern aus Psychologie, Neurologie, Soziologie und Ökonomie überlassen.

Das Pyramidenmodell von Maslow hilft grundlegend dabei, menschliche Bedürfnisse und Motive zu verstehen. Aber was bedeutet diese Pyramide nun konkret für das eigene Verhalten? Warum haben so viele Menschen — wenn man sie fragt — ambitionierte Ziele und Vorstellungen wie: den Mount Everest besteigen, einen Marathon laufen, ein Haus am See kaufen ... und tun dann augenscheinlich wenig oder nichts dafür, dieses Ziel zu erreichen, selbst wenn es — von außen betrachtet — im Bereich des „Erreichbaren" liegt?

Lassen wir außen vor, dass jemand mit „40+" (wie der Autor dieses Buches) wohl kein erfolgreicher Formel-1-Rennfahrer oder Fußballprofi mehr werden kann. Die biologische Uhr ist für manche Aktivitäten schlicht zu weit fortgeschritten, auch sind gewisse körperliche Veranlagungen für bestimmte sportliche Ziele notwendig. Ein zierlicher, 1,60 Meter großer junger Mann wird möglicherweise ein guter Jockey, aber wohl kaum ein auch nur mittelmäßiger Basketballer. Andere Ziele lassen sich durchaus auch noch im fortgeschrittenen Alter und im Wesentlichen unabhängig von anderen genetisch bedingten Merkmalen erreichen, man denke etwa an das „Traumziel" vieler Hobby-Bergsteiger, „einmal auf den Mount Everest" zu steigen. So war 2003 der erste siebzigjährige (der Japaner Yuichiro Miura) auf dem Berg der Berge. Zehn Jahre später war er achtzigjährig erneut erfolgreich. Seit der Erstbesteigung 1953 schafften es mehrere tausend Menschen auf den Gipfel — 450 alleine in der Saison 2016. Wenn man davon absieht, dass mehrere Hundert beim Versuch zu Tode kamen und die fünfstelligen Nebenkosten nicht jeder aufbringen kann, ist eine Everest-Besteigung ein erreichbares Ziel für die meisten Menschen, die das wirklich wollen, eine grundlegende Gesundheit vorausgesetzt.

Noch mehr trifft das auf einen Marathonlauf zu. Die Kosten für die Ausrüstung sind überschaubar, und trainiert werden kann praktisch überall. Schlagzeilen machen auch hier immer wieder Altersrekordler, wie ein über 100-jähriger (!), aus Indien stammender Läufer, der erst im Alter von 89 überhaupt mit dem Marathonlaufen begonnen und dennoch erfolgreich verschiedene Läufe abgeschlossen hat. Er wird keine Zeitrekorde mehr erreichen, aber er macht dennoch etwas, was viele Menschen, die halb so alt, sind für nicht erreichbar halten.

Aber was erklärt nun die offensichtlich bei den meisten Menschen vorhandenen Unterschiede zwischen Motivation und tatsächlichem Verhalten? Psychologen würden hier einwenden, dass Verhalten fast immer von Motivationen getragen, aber ebenso fast immer von biologischen, kulturellen und situationsbezogenen Faktoren beeinflusst wird. Möglicherweise denkt man hier an unsere steinzeitlichen Vorfahren und ihre Urinstinkte, die auch heute noch unser Verhalten (mit-)prägen, aber vielleicht auch an das eigene Scheitern angesichts guter Vorsätze und selbstgesteckter Ziele. Unser Wünschen, Wollen und tatsächliches Handeln kann beeinflusst von einer ganzen Reihe von Faktoren sein (Darstellung in Anlehnung an: http://arbeitsblaetter.stangl-taller.at/MOTIVATION/MotivationModelle.shtml):

- angeborenen Trieben und Instinkten,
- grundlegenden Persönlichkeitsmerkmalen,
- frühkindlichen Prägungen,
- Hormonen,
- Wille und natürlich
- situativen Anreizen.

Die Erklärungsansätze der Psychologie lassen sich dabei grob in zwei Gruppen aufteilen: Die einen sehen den Menschen als Getriebenen, der von Instinkten, Hormonen, äußeren Reizen oder Trieben bestimmt wird und dessen Handeln damit immer auch etwas Zwangsläufiges hat. Die andere Denkrichtung betont die menschliche Handlungsfähigkeit und damit prinzipielle Willensfreiheit. Interessanterweise existieren beide Denkrichtungen bis heute nebeneinander, Eindeutigkeit erwartet man vergeblich, die reale Welt bringt beide Facetten mit.

Erstaunlich ist aber, dass Menschen durchaus in einzelnen Bereichen ihres Lebens einen extrem starken Erfolgswillen haben können und Spitzenleistungen erbringen, also „besser" leben, aber in anderen Bereichen als Getriebene durchs Leben gehen. Ein Sportler oder Arzt, der raucht, der Erfolgsunternehmer, der als „Genussmensch" viel zu viel auf die Waage bringt, sie alle zeigen auf, dass es mit Willensstärke oder Motivation allein nicht getan ist. Anders gesagt: Es ist kompliziert.

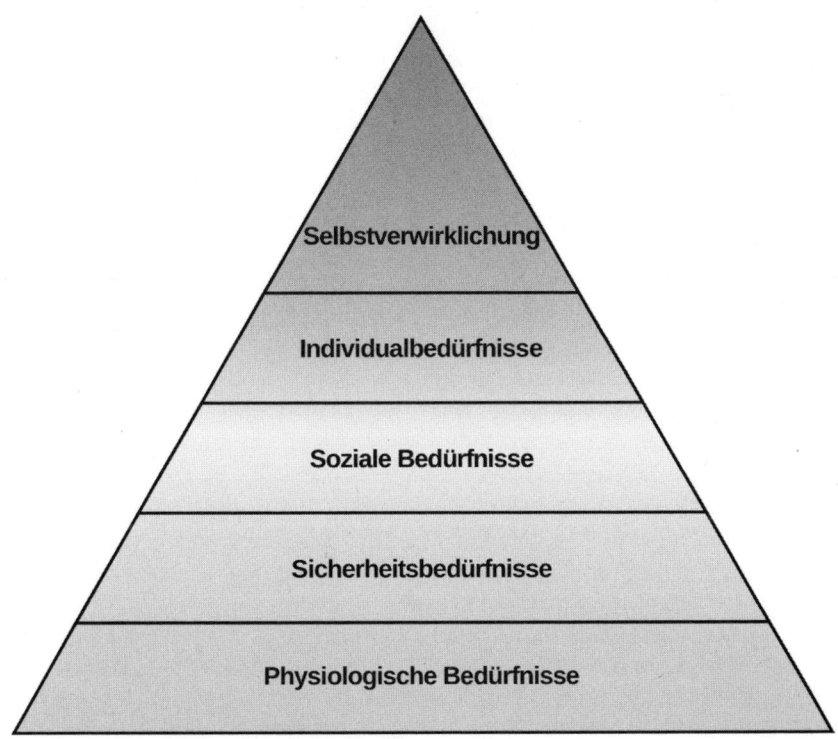

Abraham H. Maslows Bedürfnispyramide

Tschakka – die Abkürzung zum Erfolg

Generationen von Ratgeberbücherautoren und Vortragsrednern haben von dieser Diskrepanz zwischen Willensstärke einerseits und Antriebslosigkeit andererseits profitiert. Sie versprechen unter einer Vielzahl von Etiketten eine mehr oder weniger sofortige Befreiung von bremsenden Einflüssen und Instant-Erfolg: „Du kannst alles erreichen, was Du willst." Die Ratschläge sind dabei manchmal von ergreifender Schlichtheit: „Wenn Du hinfällst, steh auf und geh weiter." (Jürgen Höller im Magazin Focus 12/2000) Mit den Feinheiten der Unterschiede zwischen Wollen und Willen hält sich die Branche nicht auf, die von den menschlichen Schwächen profitiert wie kaum eine andere — die der Erfolgs- oder Motivationsgurus.

„Tschakka, Du schaffst es!". Wer erinnert sich nicht daran? „Tschakka" war der Schlachtruf des aus den Niederlanden stammenden Erfolgstrainers „Emile Ratelband" Ende der 1990iger Jahre. Die von ihm und anderen geprägte Vorstellung: „Du musst nur wollen. Dann kannst Du alles erreichen, was Du willst." Mit seinem 1998 erscheinenden Buch und einer eigenen TV-Serie hatte er zweifellos Erfolg — für sich selbst. Immerhin schaffte es Tschakka sogar in den deutschen Duden: „Fantasiewort (in eingedeutschter Schreibweise), Titel des 1998 erschienenen Buchs »Tsjakkaa!« des niederländischen Motivationstrainers E. Ratelband".

Ratelband war gleichsam der Prototyp einer ganzen Generation von Erfolgsgurus, die — mit bestimmten Variationen — immer das gleiche Lied zum Besten gaben: Man könne alles schaffen, wenn man nur wolle. Illustriert wurde dergleichen mit allerlei Tricks, Kunststückchen und religiös anmutenden Ritualen, wie das Laufen über Feuer und Glasscherben oder dem Verbrennen von Listen. Emotionale Ansprache in Verbindung mit starker Gruppendynamik — einprägsame Erlebnisse wurden geliefert. Die Protagonisten der Szene füllten ganze Hallen und wurden für Firmenevents gebucht.

Doch was bleibt übrig von der eigenen Begeisterung nach dem Besuch eines perfekt choreografierten Seminars voll gruppendynamikbefeuerten Überschwangs? Einige Tage später bestenfalls die Erkenntnis, dass „Überglühende-Kohlen-Laufen" nicht notwendigerweise mit den besonderen „mentalen Zustanden" des Seminars in Verbindung steht, sondern sich auch im Alltag ohne Motivationsguru bewältigen lässt. Eine geeignete Temperatur der Kohle sowie ausreichende Durchblutung der äußeren unteren Extremitäten beim Probanden sind natürlich Voraussetzung, wie man im Skeptic's Dictionary und auf zahlreichen Webseiten unter dem Stichwort „Feuerlauf" nachlesen kann.

Über wissenschaftliche Halbwahrheiten als Grundlage der Zaubershows und die hanebüchenen Schlussfolgerungen daraus wurde von Seiten der Veranstalter und einladender Unternehmen gerne hinweggesehen, solange das Publikum „richtig" motiviert wurde und die Kasse stimmte. Auch darüber, dass die Begeisterung vielfach kaum über den Tag hinaus anhielt, sich nachhaltiger Erfolg mit derartigem Hokuspokus kaum einstellte und der Kater nach der Berauschung an der Botschaft schnell kam. Im Augenblick der Euphorie konnten nur absolute Miesepeter den durchchoreografierten Spektakeln nichts abgewinnen. Und wenn diese verklungen war, war der selbsternannte Erfolgstrainer schon längst über alle Berge.

Derartige professionelle Strohfeuer-Entflammer konnten mir nicht helfen, soviel war mir bereits lange vor dem Start meines Selbstversuchs klar gewesen. Wie vermutlich viele Leser war ich zeitweilig fasziniert von dem Gedankengut, wie es etwa der US-Erfolgstrainer „Tony Robbins" in seinem bereits 1992 erschienenen Buch „Awaken the giant within: How to take immediate control of your mental, emotional, physical and financial destiny!" verbreitete. Rein sachlich ist gegen seine in einfache Worte gefasste praktische Anwendung von verhaltenspsychologischen Grundsätzen auch wenig einzuwenden. Sein nachvollziehbarer Schlüsselsatz lautet: „Das Geheimnis des Erfolgs liegt im Erlernen der Steuerung von Schmerz und Lust, anstelle sich von Schmerz und Lust steuern zu lassen. Wenn Du das tust, kontrollierst Du Dein Leben. Wenn nicht, kontrolliert das Leben Dich" (eigene Übersetzung). Anwendbar soll dieser Satz — laut Robbins — auf praktisch alle Lebensbereiche sein.

Der Rest des Werkes vermittelt jedoch fatalerweise den Eindruck, es wäre ganz einfach, bestehende Glaubenssätze zu verändern, man müsse das nur einfach mal tun und unterscheidet sich damit wenig von den Tschakka-Schreiern der Seminarbranche.

Der Profisport als Vorbild?

Aber wie erzeugt man die notwendige Kontinuität? Wie schafft man es tatsächlich dranzubleiben? Profisportler sind hier naheliegenderweise ein interessantes Forschungsgebiet.

Wie lange hat der Läufer für die 100-Meter-Strecke benötigt, wie viele Tore hat die Mannschaft in 90 Minuten geschossen, wie weit ist der Skispringer gesprungen, welcher Rennfahrer ist als erster durchs Ziel gefahren? Der Profisport lebt von Zahlen und Fakten — nicht nur, wenn es um die Ergebnisse geht. Der legendäre Satz von Franz Beckenbauer: „Geht's raus und spielt's Fußball" wirkt heute — im Zeitalter ausgefeilter Spielanalyse und Trainingstechnik — wie aus der Zeit gefallen.

Im Spitzensport geht es nicht mehr ohne ausfeilte Analysetechniken. Auch im Fußball gab es diese Analyse schon lange: Ballkontakte, Torschüsse, Fouls…, Aufgezeichnet mit Papier und Bleistift oder ins Diktiergerät gesprochen und transkribiert zur späteren Auswertung. Längst jedoch hat Software die Auswertung übernommen, der gläserne Athlet ist Realität. Häufig kommen im Fußball und in anderen Sportarten Systeme zum Einsatz, über die man ungern in der Öffentlichkeit spricht, schließlich will man die Konkurrenz nicht unnötig schlau machen.

Nachfolgend sei daher eine beispielhafte Anwendung benannt. Die deutsche Nationalmannschaft bereitete sich auf die Fußballweltmeisterschaft 2014 in Brasilien mit dem „miCoach Elite Team System" von adidas vor. Dieses System wird genutzt, um die Leistungen der einzelnen Spieler zu messen und das Training besser zu steuern. Das System besteht im Wesentlichen aus folgenden Komponenten:

- Trikot mit integriertem Herzfrequenzsensor und weiterer Sensorik,
- zwischen den Schulterblättern aufgebrachter Sensor und Funktechnik („Player_Cell"),
- Empfangsstation für die per Funk übermittelten Daten, überträgt die Daten zu den Tablets und speichert diese auf dem Teamserver zur späteren Analyse,
- individuelle Tablett-App, die den Trainern in Echtzeit die Leistungsparameter der Spieler anzeigt,
- Webanwendung zur späteren Analyse der gesammelten Daten.

Gesammelt, ausgewertet und aufbereitet werden unter anderem folgende Daten: Geschwindigkeit, zurückgelegte Distanz, Herzfrequenz, Leistung und Beschleunigung.

Assistenztrainer Hansi Flick ließ sich dazu wie folgt zitieren: „Das miCoach Elite Team System ist eine Informationsquelle, um die Leistung der Spieler besser einzuordnen und individuelle Trainingspläne zu erstellen. Dadurch wird das Training effizienter. Außerdem erkennen wir Belastungen früher, wodurch sich die Verletzungsgefahr für die Spieler verringern kann." (http://news.adidas.com/DE/Latest-News/Deutsche-Nationalmannschaft-trainiert-mit-adidas-miCoach-Elite-Team-System/s/509e0bbf-4dd6-45bd-8561-e5e7176b8854)

Ergänzt wurde diese umfassende spielerbezogene Analysetechnik mit einem sogenannten „Smart Ball" des gleichen Herstellers. Darunter versteht man einen Fußball mit integrierter Sensorik für Kraft, Drall, Stärke und Flugbahn, der die Daten ebenfalls per Funk an eine Tablet-App weiterreicht. Das Ergebnis der WM ist bekannt, wieviel der „Smart Ball" dazu beigetragen hat, muss jedoch offenbleiben. Geschadet hat dieses mehr an Erkenntnis zweifellos nicht.

Anders als Fußball sind die Autorennen der Formel 1 eine Sportart, bei der es im Wesentlichen auf das eingesetzte Material ankommt. Datenanalyse ist oft Kernbestandteil der Arbeit. In der Formel 1 liefert die Fernüberwachung von Fahrzeugdaten — die sogenannte Telemetrie — nicht nur

Einblicke in die Betriebszustände des Fahrzeugs, sondern erlaubt auch eine detaillierte Analyse des Fahrerverhaltens: Gas geben, bremsen, lenken, all dies wird laufend übermittelt und analysiert. Das Interessante bei der Formel 1 ist, dass derartige Daten über den Veranstalter auch teamübergreifend zur Verfügung stehen in Form der sogenannten „Race Performance Ratings" (https://www.formula1.com/en/latest/features/2015/4/race-performance-ratings-explained---braking.html). Die zu beobachtenden Nebenwirkungen sind eine zunehmende Annäherung der Fahrstile der Spitzenfahrer und teils extrem knappe Unterschiede in den Ergebnissen. Individualität hat in dieser durchgemessenen Welt keinen Platz mehr.

Das war nicht immer so. Man denke nur an die Autorennfahrer früherer Zeiten und vergleiche sie mit heutigen Fahrern aus der Formel 1, dem Rallye- oder Tourenwagensport. Ein ausschweifender Lebensstil gehörte früher zum guten Ton. Derartige Eskapaden sind heute so gut wie ausgestorben und werden vielleicht noch manchmal zu PR-Zwecken inszeniert, wenn das „Management" einen Fahrer als „jungen Wilden" positionieren will, um ihn für Sponsoren interessanter zu machen. Tatsächlich kommt kein Spitzenfahrer und kein Spitzensportler mehr ohne permanent durchgeplantes Training und Disziplin beim persönlichen Lebensstil aus. Diese kommt in vielen Fällen von ganz alleine, zumindest bei etwas reiferen Sportlern.

Für mich und meine Ambitionen kam die Erkenntnis vom Zusammenhang von Lebensstil und Fitnesszustand nicht unerwartet. Zwar hatte ich eigentlich die Erwartung gehegt, mit einem insgesamt besseren Gesundheitszustand stiege auch die Ausdauer beim Feiern und war davon ausgegangen, ich würde Alkohol, den ich nur gelegentlich und nur in Gesellschaft trank, besser vertragen. Aber weit gefehlt. Das Gegenteil war der Fall. Ohne mir besondere Gedanken über meine Ernährung und Lebensweise zu machen, hatte ich diese bereits angepasst. Ich wollte das zarte Pflänzchen meiner sportlichen Erfolge nicht gefährden und hatte ganz automatisch da kürzer getreten, wo ich einen negativen Einfluss sah. Nur angesehen, aber nicht probiert hatte ich Apps und Programme zur Überwachung der Kalorienaufnahme. Eine Übersicht gattungstypischer Programme findet sich in Kapitel 2. Beispielhaft sei hier eine App mit dem schönen Namen „FatSecret" genannt. Im Wesentlichen dokumentiert man mit dieser Quantified-Self-App seine Kalorienaufnahme (und sein Gewicht) in einer Art „Tagebuch", bekommt „gesunde" Rezepte angeboten und kann in eine Art Abnehmwettbewerb treten. Auf der Website www.fatsecret.de heißt es unter anderem:

„Wie FatSecret funktioniert: Menschen, die ihre aufgenommene Nahrung verfolgen, erreichen einen mehr als doppelt so hohen durchschnittlichen Gewichtsverlust und Mitglieder verlieren 3 x schneller an Gewicht, wenn sie es zusammen mit Freunden tun. FatSecret kombiniert dies, um die stärkste Lösung für eine gesunde, nachhaltige Gewichtsreduktion zu schaffen." Die Grundvoraussetzung bleibt hier aber im mühsamen Zusammenstellen der Kalorienbewertung der eigenen Mahlzeit anhand der Elemente aus der umfangreichen Datenbank. Dennoch, gegen ein Bewusstmachen des Kalorienanteils einzelner Nahrungsbestandteile, was hier als Lerneffekt mitgeliefert wird, ist sicher nichts einzuwenden. Es geht aber auch bequemer. Die Smartphone-App „Lose It!" verfügt über ein „Snap It" genanntes Feature, dass verspricht, die mühsame Kaloriendokumentation zu automatisieren. Dazu macht man mit der Handkamera ein Bild des Tellers, und die App liefert dank Bilderkennung die entsprechenden Werte zurück. Eine umstrittene Technologie: Mehr als eine grobe „Über den Daumen"-Bewertung dürfte dabei nicht drin sein. Die Nützlichkeit dieser und ähnlicher Apps darf getrost angezweifelt werden. Kein Problem für mich, zumindest nicht im Augenblick, denn Gewichtsreduzierung war nie mein zentrales Thema. Ich hatte die Erwartung, dass sich diese bei aktiver körperlicher Betätigung und einer generell bewussteren Ernährung von selbst ergibt, und meine Erwartung wurde nicht enttäuscht.

Aber zurück zur Datenerfassung im Sport. Auch in anderen Sportarten als Fußball und Formel 1 — im Prinzip in allen, die ein hinreichendes Budget haben, und das sind im Spitzensport einige — probiert man neue Wege zur Leistungsmessung. Die Dallas Cowboys, ein weltbekanntes Team des American Footballs, nutzt etwa seit 2015 Drohnen zur Spielüberwachung und Virtual-Reality-Headsets zur Leistungskontrolle und Feedbackdarstellung (http://www.dallascowboys.com/news/2015/06/11/new-virtual-reality-technology-"invaluable"-backup-qb-weeden-says).

Wer — in welchem Profisport auch immer — heute ganz vorne mitspielen will, muss ständig „dranbleiben". Die unerbittliche Leistungsmessung als Basis für die Trainingsoptimierung ist dafür ein wesentlicher Bestandteil. Profisportler kennen ihre Grenzen. Sie haben ein klares Bewusstsein für veränderbare, aber auch für unveränderbare Limits. Wo ist noch Potential? Wie kann ich dieses heben? Neben Trainer-, Mediziner- und Beraterstab sind technologische Hilfsmittel zur Überwachung von Leistungen und Leistungsfortschritten längst überall Standard, wo ernsthaft Sport im Sinne des Gewinnes eines Wettbewerbs getrieben wird. Ausgeklügelte Trainingspläne helfen dabei, an die Grenzen des Machbaren zu gehen. In einigen Fällen auch darüber hinaus, wie etwa die Dopingfälle im Radsport vor einigen Jahren gezeigt haben.

Ob der Profisport damit nun eine echte Vorbildfunktion für den Laien haben kann, sei hier dahingestellt. In jedem Fall werden dort neue Technologien oder neue Anwendungsfelder bestehender Technologien erprobt, die früher oder später auch im privaten Umfeld auftauchen oder bereits aufgetaucht sind. Als Ideengeber und Erprobungsfeld ist und bleibt der Spitzensport wichtig.

Nicht wenige Anbieter von Smartphone-Apps versprechen den Profitrainer in der Tasche. Mittels nicht näher bezeichneter „Big-Data-Analysen" und „Künstlicher-Intelligenz"-Algorithmen soll die Selbstoptimierung möglich werden. Behauptungen, die im Detail genauso skeptisch machen sollten wie die der Erfolgstrainer. Erste Implementierungen, wie die erfolgreich über die Crowdfunding-Plattform Kickstarter finanzierten „VI"-Kopfhörer, die nicht nur einen Pulsmesser beinhalten, sondern auch noch mittels Smartphone-App und Sprachausgabe (und Spracheingabe zur Steuerung) individuelle Workout-Empfehlungen geben, sind auf einzelne Sportarten beschränkt – im Falle von VI auf Laufen im Freien. Ein Tester der Zeitschrift MacWorld (http://www.macworld.com/article/3188898/headphones/vi-ai-personal-trainer-review-heart-rate-tracking-bluetooth-earbuds-with-serious-potential.html) beschrieb das Produkt entsprechend als „Siri for Workouts". Ausgereift? Sicher nicht, als Vorbote für zukünftige Anwendungen aber hochinteressant. Es zeigt gleichzeitig, dass es nicht immer eine Smartwatch, ein Fitnessband oder eine App alleine sein muss. Die Integration in die kabellosen Kopfhörer ist zweifellos eine vielversprechende Kombination. Nicht wenige Freizeitsportler – wie auch der Autor – sind nicht ohne akustische Beschallung unterwegs.

Wo ist noch Potential? Wie kann ich dieses heben? Die Fragen sind im Amateur- wie beim Profisport grundsätzlich die gleichen. Dass Technologie in Form von Smartphone-Apps, Wearables und Smartwatches dabei helfen kann, ein persönliches Feedback über die Leistungen zu erhalten, steht dabei außer Frage. Mag die Messgenauigkeit auch geringer sein, solange die Richtung stimmt, darf man von einem positiven Beitrag ausgehen.

Dies deckte sich auch mit meiner persönlichen Erfahrung aus den ersten Monaten im Versuch mit verschiedenen Sportarten. Anfangsfrust legt sich, wenn man Fortschritte sieht, und seien sie zunächst nur auf dem Auswertungsbildschirm der Smartphone-App und nicht im Spiegel sichtbar. Dennoch bleibt für den ungeübten Anfänger eine zentrale Frage offen.

Eine Frage, die sich in dieser Form für einen Profisportler nicht stellt. Wie besiege ich den inneren Schweinehund. Wie schaffe ich es, von der Couch aufzustehen und zu Laufen/Rad zu fahren/ (… fügen Sie hier Ihre sportliche Lieblingstätigkeit ein), wenn es doch zu Hause so schön gemütlich ist und neue Folgen der Lieblingsserie auf Netflix angekündigt sind, während draußen nur Dunkelheit und Nieselregen warten? Können Fitness-Apps und Wearables hier tatsächlich für die richtige Motivation sorgen? Können sie dauerhaft dafür sorgen, dass jemand dranbleibt und mehr als ein-, zweimal sich selbst aufrafft und der eigenen Bequemlichkeit ein Schnippchen schlägt?

Eine bereits 2013 in den USA durchgeführte Studie von Endeavour Partners kam zu dem Schluss, dass ein Drittel der Anwender von Wearables innerhalb von sechs Monaten nach dem Kauf die Nutzung wieder beenden, mithin das Gerät in der Schublade verschwindet (Untersuchung liegt dem Autor vor, nicht mehr im Internet zugänglich). Neuere Untersuchungen bestätigen das Bild. Die Gartner Group will Ende 2016 festgestellt haben, das vergleichbare Zahlen heute bei 29 % für Smartwatches und 30 % für Fitness-Tracker liegen. Die anfängliche Begeisterung flaut augenscheinlich schnell ab, dies legt die Studie nah. Ein ähnlicher Zusammenhang darf auch bei Smartphone-Apps vermutet werden, auch wenn hierzu Studien fehlen. Während der Nutzungsverlauf bei Apps allgemein bekannt ist, findet man wenige Details über die dauerhafte Anwendung speziell von Smartphone-Apps.

Mein eigenen Nutzungsverlauf darf ich dabei nicht als Maßstab nehmen. Zum Ausprobieren verschiedener Optionen — vom einfachen Xiaomi-Bewegungs-Tracker für wenige Euro über Crane Sports, das Microsoft-Band, Fitbit, Withings, Polar bis hin zur Apple Watch liegt automatisch ein Großteil der Anschaffungen in irgendwelchen Schubladen. Dies liegt in der Natur meines Selbstversuchs. Was bei mir wirklich das Rennen gemacht hat? Den Versuch einer Antwort werde ich dazu später geben.

Aber wie soll es den Anbietern von Fitness-Technologie gelingen, das Verhalten der Nutzer dauerhaft zu beeinflussen, wenn sie es vielfach schon nicht schaffen, den Nutzer dazu zu bringen, dauerhaft das Gerät zu verwenden? Jede Menge begründete Zweifel, so fand zumindest ich.

Kapitel 4 – Befreiung

In einem haben die Motivationsexperten recht: Wie Menschen über eine Situation denken, hat Rückwirkungen auf ihre Biochemie und damit auf ihre Gefühle und ihr Verhalten. Ich hatte begonnen, den letztendlich durch meine private Trennung angestoßenen Neuanfang als neuen Abschnitt zu sehen und war mit jeder positiven Rückmeldung mehr überzeugt, dass alles, so wie es war, gut war. Ich tat letztendlich das, was verschiedentlich als „positives Denken" beschrieben wird.

Ein positives Selbstgespräch ist generell sinnvoll und funktioniert bei Profisportlern wie bei Laien. Die meisten Leser dürften ähnliches bereits erfahren haben, auch und gerade jenseits der sportlichen Betätigung. Positive Gedanken schaffen mehr Lebensqualität, aber alleine damit lässt sich – anders als von Motivationstrainern und Autoren versprochen – eben gerade nicht alles erreichen, insbesondere wenn es um die Bewältigung von Problemen geht. Darauf und auf den damit möglicherweise entstehenden Realitätsverlust weisen Kritiker wie der Psychotherapeut Günter Scheich – Autor des Buches: „Positives Denken macht krank. Vom Schwindel mit gefährlichen Erfolgsversprechen" (Scheich Verlag 2013) – immer wieder hin. Im Gegenteil: Ein ernsthaftes Problem umzudeuten oder auf sonstige Weise zu verharmlosen, kann auftretende Schwierigkeiten tatsächlich verschlimmern und einem die Kraft rauben, entschieden vorzugehen.

Anders gesagt: Nur wer sich seine Realität nicht zu rosig ausmalt und auf Denken Handeln folgen lässt, kann tatsächlich etwas bewegen. Ein Zusammenhang, den auch ich mir immer wieder aktiv in Erinnerung rufen musste. Immer wieder war ich geneigt gewesen, mich auf meiner ganz persönlichen Reise zurückzulehnen und innezuhalten. Aber Stillstand ist Rückschritt. Nirgendwo in meinem Leben habe ich das bisher deutlicher gemerkt als bei meinem neuen sportlichen Engagement. Zwei Wochen unterwegs ohne sportliche Betätigung warfen mich merklich zurück, ebenso wie auf diesen Reisen von Veranstaltung zu Veranstaltung das Essen sich zwangsläufig auf das konzentriert, was die Buffets der großen Tagungshotels hergeben. Nicht immer findet man darauf hinreichend Obst, Gemüse, Fisch und andere grundsätzlich empfehlenswerte Speisen. Zu häufig dominiert fertiges Fingerfood und anderer Convenience-Müll auch bei guten Veranstaltungen das Angebot an Essbarem. Letztlich siegt der Hunger, wenn es keine Alternative gibt. Unwohlsein und schlechter

Schlaf waren jeweils die Quittung. Positives Denken alleine hilft dabei nicht. Bessere Planung jedoch sicherlich.

Die Macht des Unterbewussten

Aber spielt das alles eine Rolle, wenn wir tatsächlich weitgehend vom Unterbewussten gesteuert werden, wie experimentell in der Forschung immer wieder bewiesen wird? Allan Snyder, Hirnforscher aus Australien, charakterisiert die Macht des Unterbewussten unmissverständlich: „Ihr Bewusstsein ist nur eine PR-Aktion des Gehirns, damit sie denken, sie hätten auch noch etwas zu sagen."

Das ist zunächst mal eine bittere Vorstellung für alle, die an die Kraft der Selbstbestimmung, an Willensfreiheit, den mündigen Bürger oder den aufgeklärten Verbraucher glauben.

Dennoch hat vermutlich jeder in seinem Bekanntenkreis Menschen, die ganz unbewusst immer wieder zur Zigarette greifen, obwohl sie sich der Gefahren des Nikotinkonsums bewusst sind und sich aktiv davon distanziert haben. Ganz automatisch geht spätestens in Stresssituationen der Griff wieder zur Zigarettenschachtel, ganz unbewusst kramen die Hände in der Tasche nach dem Feuerzeug. Spricht man diese Personen in solchen Situationen auf ihr Verhalten an, so hat man manchmal den Eindruck, man hätte sie aus einem Tagtraum geweckt, so automatisiert war dieser Prozess „zur Zigarette greifen" abgelaufen.

Eine noch deutlichere Vorstellung von der Macht des Unterbewussten, unser tatsächliches Verhalten zu steuern, bekommt man, wenn man sich ganz alltägliche Dinge vergegenwärtigt, das Autofahren beispielsweise. Was waren das für komplexe Abläufe damals in der Fahrschule: Blinker setzen, Schulterblick, Gang einlegen, Kupplung langsam kommen lassen, anfahren – und das alles gleichzeitig im unruhigen Umfeld einer Großstadt mit ihrer Vielzahl von Reizen. Jahre später geht all das automatisch, und man verschwendet kaum noch einen bewussten Gedanken daran. Selbst in akuten Gefahrensituationen reagiert man wie auf Autopilot und reflektiert vielfach erst später, was tatsächlich gerade beinahe passiert wäre. Fahrertrainings jenseits der Fahrschule setzen ebenfalls darauf, Verhalten zu automatisieren – durch Üben, Üben und nochmals Üben. Auch der Autor hat bei mehreren speziellen Winterfahrtrainings die Erfahrung gemacht, dass rationales Nachdenken bei unerwarteten Straßensituationen wie etwa plötzlicher Glätte nicht hilft, stattdessen nur ein – „hirnfreies" beherztes Agieren. Die Chancen steigen, dass man ganz automatisch das richtige tut, wenn man das nur zuvor mal hinreichend „erfahren" und so lange geübt hatte, bis das Unterbewusstsein bildlich gesprochen „das Steuer übernehmen" konnte.

Was in den genannten Fällen geschehen ist, ist einfach zu deuten: Es wurde ein Verhalten automatisiert, es wurde zu einer erlernten Gewohnheit, zu einem „Programm" im Gehirn, das von uns immer dann aufgerufen wird, wenn der richtige Auslöser bemerkt wird.

„Die Macht der Gewohnheit", „Der Mensch ist ein Gewohnheitstier" — diese Redensarten beschreiben die Bedeutung des Unbewussten für unser Leben sehr gut. Eine Vielzahl von Forschern aus Psychologie, Soziologie und Neurowissenschaften beschäftigt sich mit Fragen rund um die Gewohnheiten: wie sie entstehen, was sie bewirken und wie man sie ändern kann. In seinem Buch „The Power of Habit" (http://charlesduhigg.com/the-power-of-habit/) beschreibt der US-amerikanische Autor Charles Duhigg die wesentlichen Aspekte:

- Automatische Verhaltensweisen sind im Gehirn (Basalganglien unterhalb der Großhirnrinde) verankert.
- Eine Gewohnheit setzt sich aus einem Auslöser, einer Routine und einer Belohnung zusammen.
- Jeder, der sein Verhalten ändern will, muss auch daran glauben, dass er dies tun kann.
- Um eine Gewohnheit zu ändern, muss diese durch eine andere ersetzt werden.
- Ausgehend von kleinen Gewohnheitsänderungen können sich positive Aspekte auch auf andere Bereiche auswirken.
- Willenskraft ist ein positives Erfolgsmerkmal für das ganze Leben.
- Das Ändern von Gewohnheiten ist hart, weil diese Bedürfnisse befriedigen.

Oft werden Gewohnheiten auch vom sozialen Umfeld beeinflusst. So ist bereits die Frage nach dem Wohnort: Stadt oder Land, sozialer Brennpunkt oder Villenviertel prägend für bestimmte Verhaltensweisen und damit später mitentscheidend für die Erreichbarkeit bestimmter Ziele. Wie oben bereits beschrieben, können es auch die Gewohnheiten der Freunde sein, die „ansteckend" wirken.

Glaubt man den Aussagen aus der Wissenschaft, wie denen von Gerald Zaltmann — Verhaltensforscher an der Harvard University —, so wird der

oben zitierte Satz vom „Bewusstsein als PR-Veranstaltung" auf erschreckende Weise bedeutsam. 95 % der Entscheidungen gehen seinen Recherchen nach auf unbewusste Prozesse zurück (http://hbswk.hbs.edu/item/
the-subconscious-mind-of-the-consumer-and-how-to-reach-it).

Dabei unterscheidet das Gehirn nicht zwischen „guten" oder „schlechten"
Angewohnheiten. Der Griff zur Zigarette nach dem Essen ist bei vielen
Menschen ebenso automatisiert wie der Griff zur Zahnbürste morgens und
abends. Ich will nie wieder rauchen!" – welcher Raucher kennt diesen
Vorsatz nicht. Dabei ist das Abschwören selbst kein guter Weg. Je mehr wie
derartiges tun, umso größer ist paradoxerweise die Wahrscheinlichkeit,
dass wir es wieder tun. Wissenschaftler der Universität in Utrecht haben
festgestellt, dass solche Vermeidungsvorsätze für unerwünschte Verhaltensweisen in höchstem Maß ineffizient sind und sogar häufig zu einem
gegenteiligen Effekt – hier: eher mehr rauchen – führen. In einem For-
schungspapier spricht das Forscherteam rund um Marieke Adriaanse dann
auch vom „Ironie-Effekt".

Ebenfalls naheliegend wäre die Überlegung, den Trigger, das heißt die aus-
lösende Situation zu vermeiden, um erst gar nicht in die Gewohnheit zu
verfallen. Das wird in vielen Fällen nicht gehen. So lässt sich etwa Stress
bei der Arbeit oder der Ärger über eine Zugverspätung nicht einfach übergehen, wenn man darauf konditioniert ist, sich erstmal eine Zigarette
anzustecken, wenn derartiges vorkommt. Vielversprechender ist da der
Ansatz, die Routine beziehungsweise Belohnung zu adressieren. Vielfach
wird in der Literatur vorgeschlagen, zum Apfel zu greifen und herzhaft
hineinzubeißen. Das mag funktionieren, wenn das Verlangen bis dato auf
Kekse fokussiert war, hier kann ein Apfel tatsächlich so etwas wie einen
glaubwürdigen oder zumindest akzeptablen Ersatz bieten. Bei Tabak ist
der Suchtfaktor, die Abhängigkeit vom Rauschmittel selbst, möglicherweise stärker. Das Nikotinspray springt dankbar in die Lücke, schafft aber
damit vielleicht nur andere, minimal bessere Gewohnheiten.

In gewisser Weise fand ich mich mit meinen Erfahrungen auf meiner ganz
persönlichen Reise bei Charles Duhigg und seinen oben zitierten wesentlichen Aspekten der Macht der Gewohnheiten wieder. Am Anfang stand
auch bei mir der Glaube. Der Glaube, dass man tatsächlich etwas ändern
kann und nicht nur Opfer seiner Prägung oder seines Umfelds ist. Viele
Menschen, mit denen ich auf meiner Reise gesprochen habe, finden bereits
hier das erste für sie scheinbar unüberwindliche Hindernis. „Ich würde ja
gerne, aber bin so beschäftigt mit meiner Arbeit. Ich finde absolut keine
Zeit für Sport/Weiterbildung/Reisen …". Kennt man diese Personen näher

und weiß von ihren besonderen Vorlieben und Hobbys, stellt man fest, dass sie häufig so gefangen in ihren Routinen sind, dass sie gar nicht auf die Idee kommen, etwa den Videospiel- oder TV-Konsum zu hinterfragen, um die auf diese Weise gewonnene Zeit anders zu nutzen. Sich Listen mit den eigenen Zielen zu machen und sich daran erinnern zu lassen, wie es etwa die oben vorgestellte App „Goalmap" erlaubt, hilft hier bedingt weiter. Greift derartiges nicht, fehlt meist auch der innere Drang, gerade jetzt tatsächlich etwas zu ändern. Herumdaddeln mit diesen oder anderen Apps mag zwar das schlechte Gewissen mildern, aber bis zum aktiven Handeln ist es unter Umständen noch ein weiter Weg. Man sollte das Unterbewusstsein nicht als bequeme Entschuldigung für Nicht-Handeln gelten lassen, wenn es um das eigene Wohlergehen geht.

In noch einem wesentlichen Punkt hat Duhigg recht. Gewohnheiten werden durch andere ersetzt: Auch ich saß ein paar Mal die Woche abends aus reiner Gewohnheit vor dem TV. Dies habe ich zu Gunsten meines Sportprogramms so gut wie abgeschafft. Ganz ohne Technik. Die Vorstellung auf einen TV-Abend ist mir zuwider, ich gehe lieber nochmal zum Sport und gegebenenfalls im Anschluss in die Sauna. Einen typischen Film mit 90 Minuten Länge habe ich bereits seit über einem Jahr nicht mehr „geschafft", und mir fehlt nichts, außer vielleicht mal nicht mitreden zu können, wenn im Arbeitsumfeld über den ein oder anderen kreativen TV-Werbespot diskutiert wird.

Verhalten und Schmerz

Der erste Schritt zu einer tatsächlichen Verhaltensänderung ist die bewusste Auseinandersetzung mit dem Auslöser eines Verhaltens. Hier darf nichts verborgen oder unerkannt bleiben, die Versuchung, in alte Muster zurückzufallen, geht sonst nicht weg. Ebenso ist es wichtig, mit der richtigen Motivation zu starten. Um bei einem zuvor gewählten Beispiel zu bleiben: Warum wollen Sie sich das Rauchen abgewöhnen? Nur wenn die Motivation stimmt, werden Sie die notwendige Disziplin aufbringen, hier erfolgreich Veränderungen bei sich selbst durchzusetzen. Aber versuchen Sie nicht zu viel auf einmal. Und denken Sie daran, Veränderung benötigt Zeit — bei mir waren es in Summe fast zwei Jahre von jenem Erlebnis im Treppenhaus bis zu einem gefühlt neuen besseren Status quo.

Die gute Nachricht ist: Setzt man mit der Änderung der Gewohnheiten an der richtigen Stelle an, so kommt — mit erfolgreicher Änderung einer einzigen Vorgabe — unter Umständen der ganze Berg an schlechten Marotten ins Rutschen. Der richtige Anfang entscheidet und natürlich die Fähigkeit dabeizubleiben. Besonders bei Letzterem hilft einem das Feedback, das man von Smartphone-Apps und Wearables bekommt.

Der Anstoß kommt dabei in besten Fällen durch etwas, was noch stärker ist als die erlebte Belohnung: der mit dem Verhalten verbundene Schmerz. Damit ist nicht ausschließlich ein direkter physischer oder psychischer Schmerz gemeint, sondern die Zurückweisung, die dieser im sozialen Umfeld erfährt („Du riechst schon wieder wie ein Aschenbecher") oder den die Erkenntnis eines eher gemütlich veranlagten Menschen bringt, dass schon der Weg vom Fernsehsessel zum Kühlschrank anstrengend sein kann.

Es ist die Vergegenwärtigung der eigenen Situation, die diesen Schmerz sichtbar macht, hier kann es helfen, sich selbst Fragen nach folgendem Muster zu stellen und diese sich selbst gegenüber auch ehrlich zu beantworten:

- „Mit welchen Konsequenzen/Nachteilen muss ich rechnen, wenn ich meine alte negative Gewohnheit weiterhin behalte?"
- „Was passiert/Was ist der Preis, den ich letztendlich zahle, wenn ich weitermache wie bisher?"
- „Worauf werde ich wohl im Leben verzichten müssen, wenn ich meine Gewohnheit nicht ändere?"
- „Welche Nebenwirkungen machen sich jetzt bereits bemerkbar?"

Wer hier wirklich ehrlich zu sich selbst ist, baut ein deutliches Potential an „innerem Schmerz" auf. Wenn dieser letztlich groß genug wird, kann dies den nötigen Schub bringen, den entscheidenden Schritt zu gehen und die eigenen Gewohnheiten aktiv zu verändern.

Für mich waren es die Kurzatmigkeit nach dem Treppensteigen ebenso wie die Rückenschmerzen, die der tatsächliche Auslöser waren, etwas zu ändern. Für andere mag es eine plötzliche Krankheit oder Diagnose sein. In allen Fällen wäre es klüger, nicht zu lange zu warten, aber so reflektiert war ich seinerzeit nicht und sind die meisten Menschen vermutlich auch nicht, die Macht der Gewohnheit ist stärker.

Gesundheit und Wohlbefinden

Aber wo anfangen? Eine Vielzahl von Studien sieht sportliche Betätigung und körperliche Aktivität als wesentlich für das Wohlbefinden an — als wesentlicher Baustein für ein „besseres Leben" im Sinne dieses Buches. Eine Erkenntnis, die ich längst, bevor ich auf Alfred Rütten und seine Forschung gestoßen, war gewonnen hatte. Rütten, Lehrstuhlinhaber für Sportwissenschaft an der Friedrich-Alexander-Universität in Nürnberg, sieht den Zusammenhang klar als bewiesen an und fasst zusammen: „Aus evidenzbasierter Sicht kann im Ergebnis festgehalten werden, dass positive gesundheitliche Effekte von körperlicher Aktivität nachgewiesen sind. Demgegenüber ist die Bestimmung des optimalen Volumens an körperlicher Aktivität und der Einfluss des Kontextes von körperlicher Aktivität auf die gesundheitlichen Effekte noch nicht hinreichend geklärt." (Rüttner, Alfred; Abu-Omar, Karim: Zur Evidenzbasierung von Interventionen zur Förderung körperlicher Aktivität in: Zeitschrift für Gesundheitswissenschaften, September 2003, Volume 11, Issue 3, pp 229—246, abrufbar unter: http://link.springer.com/article/10.1007/BF02956413) Soweit, so naheliegend.

Gleichzeitig weist er aber darauf hin, dass das Wissen um diese Zusammenhänge alleine nicht reicht. Im „Wissenschaftsprech" liest sich das dann wie folgt: „Bei der Beurteilung von populationsbezogenen Interventionen zur Förderung körperlicher Aktivität zeigt sich, dass Informationskampagnen über Massenmedien keinen Erfolg nachweisen können." (ebenda) Dies wird an anderer Stelle bestätigt: „Körperliche Aktivität senkt die vorzeitige Sterblichkeit und verlängert das Leben, vermindert die Erkrankungshäufigkeit, vor allem aber steigert körperliche Aktivität die Lebensqualität, (...) steigert die Fitness und verbessert die kognitive Funktion ... (Löllgen H. Gesundheit, Bewegung und körperliche Aktivität. Deutsche Zeitschrift für Sportmedizin 2015; 66: 139—140).

Um auf die oben geschilderten Zusammenhänge zurückzukommen, sei hier zusammengefasst: Von der Erkenntnis zur Aktion ist der Weg unter Umständen weit.

Der Autor verweist im gleichen Beitrag auch noch auf weitere Einflussfaktoren auf die eigene Gesundheit, die nur teilweise durch das Individuum beeinflussbar sind:

- Genetik (Erbanlagen),
- Umweltbedingungen wie Feinstaubbelastung, Schadstoffe, Passivrauchen und Allergene, dazu
- sauberes Trinkwasser und Abwasserbeseitigung,
- soziales Umfeld, Bildung, Sozialstatus, Angebote und Zugang zu Leistungen des Gesundheitssystems (u.a. Impfungen),
- individueller Lebensstil mit „gesunder" Ernährung, regelmäßiger körperlicher Aktivität, möglichst Normalgewicht, Vermeidung schädlicher Stoffe wie Nikotin und übermäßigen Alkoholkonsum.

Gerne bemüht wird in diesem Zusammenhang auch die Stammesgeschichte des Homo sapiens und dessen jahrtausendelange Prägung als Sammler. Demnach ist der Mensch für stundenlanges Laufen in Abwechslung mit ausdauernden Ruhephasen geprägt. Dafür sprächen, so wird angeführt, auch das weitgehend fehlende Fell und die rund fünf Millionen Schweißdrüsen.

Die heutige Zeit jedoch erlaubt die weitgehende Vermeidung von Bewegung, auch und gerade während der Arbeit. Im Extremfall fährt ein Arbeitnehmer mit dem Aufzug in die Garage, mit dem Auto zum Büro und nutzt dort erneut den Aufzug, bevor er sich an seinem Schreibtisch niederlässt und sich abends auf die gleiche Art auf den Rückweg macht. Bewegung findet im Extremfall nur noch zwischen Schreibtisch und Kaffeemaschine und Sofa und Kühlschrank statt.

Schützenhilfe kommt zudem von unerwarteter Seite. Das Deutsche Institut für Luft- und Raumfahrt versucht seit Jahren im Rahmen sogenannter Bettruhenstudien die Auswirkungen eines Raumflugs auf den Körper nachzuvollziehen. Die Erfahrungen von Probanden, die − für ein ordentliches Honorar − rund 60 Tage im Bett liegend ausharren müssen, sind erschreckend: Knochen und Muskeln werden abgebaut und die allgemeine Leistungsfähigkeit geht zurück (http://www.dlr.de/dlr/desktopdefault.aspx/tabid-10081/151_read-14750/#/gallery/20372). Auch Depressionen waren bei Probanden aufgetreten, Übergewicht wurde im Rahmen der Studie durch exakt berechnete Ernährung vermieden. Das DLR beeilt sich denn auch zu betonen, dass die Probanden nachbetreut werden und die Verschlechterung des gesundheitlichen Zustands im Nachgang zum Versuch ausgeglichen werden. Zu ergänzen wäre noch die Notwendigkeit eines ausreichenden Schlafes. Von dessen Bedeutung für das eigene Wohlbefinden war bereits die Rede.

Tatsächlich gibt es nicht nur die oben diskutierte „Ansteckung" mit Lebensgewohnheiten, der weit überwiegende Teil der Menschen, die ihre körperliche Aktivitäten steigern, um besser zu leben, orientiert sich später auch in Sachen Ernährung sowie der Aufnahme von Alkohol und Nikotin um.

Dies konnte ich auch teilweise bei mir selbst beobachten. Zwar war ich in meinem Leben nie zum Raucher geworden, auch Drogenkonsum war mir immer fremd geblieben — die Adoleszenz hatte ich ganz ohne derartige Experimente überstanden und auch später keine Motivation verspürt, derartiges zu beginnen. Am Wochenende üppig essen gehen oder Parties feiern mit Freunden und dabei ein oder zwei Gläser Wein oder Bier zu trinken, ist jedoch gesellschaftliche Normalität in Deutschland und damit auch meine. Solange das Gemeinschaftserlebnis und nicht das Kampftrinken im Vordergrund steht, werden dagegen vermutlich höchstens Eigenbrötler und Asketen nennenswerte Einwendungen haben. Meiner eigenen Erfahrung nach hatte ich in den knapp 24 Monaten nach meinem Entschluss, mich mehr um mich selbst zu kümmern, die Erfahrung gemacht, dass ich weniger vertrug. Bereits geringe Mengen Alkohol und schweres Essen führten bei mir zu Schlafstörungen und Völlegefühl. Anders als früher vertrug ich schlicht weniger. Für mich war dies eine überraschende Erfahrung, ging ich in meiner laienhaften Einschätzung doch davon aus, dass, wer fitter ist, auch mehr verträgt. Soweit, so falsch gedacht, aber doch gut, denn der schleichende Wandel in meiner Ernährung war sicher meinem Gesamtziel zuträglich. Auch wenn meine Selbstbeobachtung hier nur als „anekdotischer Beweis" gelten und ich kein Datenmaterial aufbieten kann, dass meine Sicht verallgemeinert, ist dieser Zusammenhang doch mehr als plausibel.

Diese „Nebenwirkungen" liefern weitere gute Gründe, die eigenen guten Vorsätze auf Bewegung beziehungsweise sportliche Aktivitäten zu konzentrieren, und eben dies ist der Bereich, bei dem Smartphones, Fitness-Tracker und Smartwatches tatsächlich hilfreich sein können. Aber nur wenn die eigene Grundmotivation stimmt und man sie nicht nach wenigen Wochen oder Monaten in der Schublade verschwinden lässt. Ich war entschlossen, mich meiner eigenen selbst gesetzten Herausforderung zu stellen, dennoch war ich bei dem Hinweis des Sportwissenschaftlers Alfred Rütten auf die fehlende Wirksamkeit öffentlicher Informationskampagnen hellhörig geworden. Es ging und geht mir nicht darum, jemanden zu bevormunden. Aber muss man nicht — wenn die Vorteile wie hier so klar auf der Hand liegen — nicht überlegen, ob man andere auch in diesem positiven Sinne beeinflussen kann? Wäre mir nicht besser geholfen gewesen, wenn ich nicht 40+ Jahre gebraucht hätte, selbst darauf zu kommen, ich müsse nun was für mich tun?

Der „Schubs" in die richtige Richtung

Offensichtlich braucht es für eine erwünschte Verhaltensänderung mehr als eine Informationskampagne. Ein Schlüssel dazu findet sich in einem Buch, dass, anders als man erwarten könnte, nicht von einem Psychologen stammt, sondern von zwei Professoren der Wirtschafts- beziehungsweise Rechtswissenschaften.

Richard Thaler und Cass Sunstein diskutieren in ihrem 2008 erschienenen Werk „Nudge. Improving Decisions About Health, Wealth, and Happiness" (deutscher Titel: „Nudge: Wie man kluge Entscheidungen anstößt"), wie kleine Veränderungen einer Situation, mit der ein Mensch konfrontiert wird, große Auswirkungen auf dessen Verhalten haben können. Ergänzend zu den vom amerikanischen Psychologen Robert B. Cialdini („Die Psychologie des Überzeugens) zusammengefassten Prinzipien, wie etwa das Konformitätsstreben, stützen sie sich noch auf weitere menschliche Verhaltensmuster:

- Voreingenommenheit bezüglich des Status quo,
- Endowment-Effekt (Besitztumseffekt).

Beide sind Ausprägungen des Strebens vieler Menschen nach Verlustvermeidung. So lässt sich experimentell nachweisen, dass für die meisten Menschen gilt, dass, einen bestimmten Geldbetrag zu verlieren, sie unglücklicher macht, als den gleichen Betrag zu gewinnen sie glücklicher macht.

Die Voreingenommenheit führt unter anderem dazu, dass Menschen vielfach wollen, dass alles so bleibt, wie es ist, auch wenn ein Zustand als suboptimal empfunden wird − der „Status quo" soll erhalten bleiben. Man denke etwa an die Einführung von neuen IT-Systemen in Unternehmen oder organisatorische Umstrukturierungen, hier schlägt − beinahe unabhängig von der Unternehmensgröße − der Status-quo-Effekt zu, wenn es da heißt: „Das haben wir aber immer schon so (oder anders) gemacht …"

Im selben Zusammenhang damit steht der sogenannte Besitztumseffekt, nach dem die Menschen das, was sie bereits besitzen, tendenziell im Wert höher einschätzen, als es dessen realer Wert rechtfertigt. Börsianer wissen längst um diese „menschliche Schwäche" und nutzen die Erkenntnis – nicht immer im Sinne ihrer Kunden.

Natürlich können und sollen diese Zusammenhänge im Kontext dieses Buches nur kurz angerissen werden, soweit sie als Grundlage für die weiteren Überlegungen dienen. Bei tiefergehendem Interesse sei auf die – dank Internet gut auffindbare – Fachliteratur verwiesen. Einen gut verständlichen, intensiveren Einblick in die Materie liefert beispielsweise der Beitrag „Anomalies: The Endowment Effect, Loss Aversion, and Status Quo Bias" von Daniel Kahneman, Jack L. Knetsch und Richard H. Thaler, veröffentlicht in: The Journal of Economic Perspectives, Vol. 5, No. 1. Winter 1991, S. 193–206.

Arbeitet man bewusst mit den zuvor genannten verhaltensbeeinflussenden Effekten, wie von Thaler und Sunstein beschrieben, so sind die möglichen Auswirkungen beachtenswert. Demnach ändert – nach einem Bericht des US-Senders ABC – allein die Platzierung von Nahrungsmitteln auf einer Kantinentheke das Essverhalten der Kantinenbesucher (http:// abcnews.go.com/GMA/story?id=7127723&page=1). Der Kantinenbetreiber oder dessen Auftraggeber kann also allein dadurch, dass er Obst prominenter präsentiert als etwa Donuts und anderes Gebäck, etwas für eine gesündere Ernährung der Mitarbeiter tun.

Was hier im Experiment belegt wurde, ist nicht wirklich eine neue Erkenntnis. Der Einzelhandel, insbesondere im hart umkämpften Sektor des Lebensmittelhandels, arbeitet längst mit solchen Forschungsergebnissen. Einen guten ersten Überblick zum Thema bieten Präsentationen von Beratungsunternehmen, die im Bereich des „PoS" (Point of Sale, also im direkten Kontakt mit Kunden) tätig sind. Diese bringen die Ergebnisse deutlich auf den Punkt. So werden beispielsweise klare Empfehlungen zur Ladengestaltung wie folgt beschrieben:

„Der Konsument bückt sich nicht gern, reckt sich nicht gern, ist bequem, greift dorthin, wo er gerade hinsieht, und nimmt vor allem in Augenhöhe (…) und in der Regalmitte (…) Waren wahr (…)." (http://levengmbh.de/ uploads/media/Warenpraesentation_im_EH.pdf)

Natürlich sind derartige Nutzeraktivitäten steuernde Gestaltungsmöglichkeiten längst bei den Entwicklern von Internet- und E-Commerce-Anwendungen angekommen. Besonders stechen hier die Anbieter von Hotel- und Reisebuchungsportalen heraus. Hier wird der Nutzer vielfach über vorausgewählte Tarifvarianten und eine undurchsichtige Aufreihung der Ergebnisse in Verbindung mit erhöhtem Verkaufsdruck durch rot markierte Hinweise wie „12 Personen schauen gerade dieses Hotel an", „die letzte Buchung dieses Hotels erfolgte vor 4 Minuten", „nur noch zwei Zimmer verfügbar" nicht nur geleitet, sondern regelrecht bedrängt. So er nicht sofort bucht, wird er gerne von personalisierten E-Mails bedrängt. Davor ist er übrigens auch dann nicht gefeit, wenn er gebucht hat, die per E-Mail-Titelzeile versprochenen „Informationen zu Ihrer Reise" entpuppen sich zumeist als mehr oder weniger plumper Versuch des Upselling — „Mit nur 20 Euro mehr haben Sie ein Zimmer mit garantiertem Meerblick", „wählen Sie Ihren Sitzplatz jetzt" — und natürlich mit Extrakosten. Derartige Lenkung von Nutzern oder Besuchern ist aber längst nicht auf das Internet oder öffentliche beziehungsweise halböffentliche Räumlichkeiten wie Supermärkte und Kantinen beschränkt. Das Prinzip findet sich auch bei Geräten und Maschinen wieder. So ist eine geringe Reichweite ein verbindendes Merkmal der aktuell verfügbaren Produkte im Bereich Elektromobilität verglichen mit herkömmlichen, mit fossilen Brennstoffen betriebenen Kraftfahrzeugen. Mehrere Hersteller versuchen, den Fahrer eines Elektro- oder Hybridfahrzeugs entsprechend zu sparsamer Fahrweise zu überreden. Viel besser als eine auch bei herkömmlichen Kraftfahrzeugen vorhandene Verbrauchsanzeige taugen dazu zarte Pflänzchen oder grüne Blätter als Element der Anzeigentafel. Je nach Fahrweise sprießen die Blätter respektive gedeihen (oder verdorren) die Pflanzen. Wer will das schon riskieren?

Ähnliche „Schubser" gibt es auch an anderer Stelle im Straßenverkehr. Wer kennt sie nicht, die Schilder „Sie fahren XX km/h" gerne noch mit rot, gelb, grün blinkenden Symbolen versehen. Sie machen „die kleine Sünde zwischendurch" sichtbar. Auch für alle Passanten werden Geschwindigkeitsverstöße sichtbar. Derartige Schilder sind — da sind sich Fachleute einig — hochwirksam. Soziale Kontrolle sorgt für das erwünschte Verhalten und liefert den richtigen Anstoß, sich in der gewünschten Weise zu benehmen, auch wenn nicht unmittelbar Sanktionen drohen wie bei einer Radarfalle oder Lasermessung.

In jedem Fall gilt: kleine Ursache — große Wirkung. Dass ein kleiner Schub in die „richtige" Richtung unter Umständen eine signifikante Verhaltensänderung bewirken kann, bringt in jedem Fall wertvolle Erkenntnisse für die weitere Debatte rund um die technologiebasierte Verhaltensbeeinflussung in diesem Buch.

Problematisch an dem von den Autoren Richart Thaler und Cass Sunstein als „Nudge" („Schubs") bezeichneten Konzept ist, dass sie sich bei den Ausführungen in ihrem Buch nicht darauf beschränken, die Möglichkeiten zu beschreiben, sondern sich klar für eine staatliche Lenkung menschlichen Verhaltens aussprechen. Eine derartige paternalistische Vorgehensweise geht davon aus, dass der Staat besser als seine Bürger weiß, was gut für diese ist. Dieser Argumentation mag man nur in engen Grenzen folgen, wenn es etwa um Anreize für gesunde Lebensführung oder Umweltschutz geht. Für den Umgang mit Finanzen seien an dieser Stelle stellvertretend nur der Flughafen BER, die Elbphilharmonie und der Stuttgarter Bahnhof genannt. Kaum zu glauben, dass der Staat im Umgang mit Geld ein Vorbild sein kann. Auch an anderer Stelle wäre die Diskussion zu führen, wessen Wohl der paternalistische Staat im Auge hat, wenn er etwa eigene Spielbanken betreibt, wo er doch um die Suchtpotentiale weiß (und seine Bürger davor warnt, während er gleichzeitig die Hand aufhält).

Wenn es schon begründetes Misstrauen gibt, dass der Staat nicht immer im Sinne seiner Bürger agiert, wenn es um Verhaltensbeeinflussung geht, was ist dann mit den Technologieunternehmen? Von den klugen Köpfen, deren berufliche Aufgabe es ist, die mittlere Verweildauer auf Facebook zu verlängern, war oben schon die Rede. Ebenso von Computerspielanbietern, die Nutzer erst anlocken, um dann im exorbitanten Umfang reale Euros und Dollars für virtuelle Nichtigkeiten abzukassieren. Das sind beileibe keine Einzelfälle. Eine ganze Branche kämpft mit allen Mitteln um die Aufmerksamkeit und die Geldbörsen der Nutzer.

Inzwischen gibt es eine Reihe von Büchern mit Handlungsanweisungen für Designer und Entwickler von Technologieunternehmen, in denen beschrieben wird, wie man die Verhaltensbeeinflussung der Nutzer optimieren kann. Beispielhaft genannt seien hier: „Hooked: How to Build Habit-Forming Products" von Nir Eyal, und — deutlich zugespitzter — „Evil by Design" von Chris Nodder. Beide Bücher thematisieren eine Entwicklung, die seit Mitte der 90er Jahre des letzten Jahrhunderts bereits in der Wissenschaft diskutiert wird unter der Überschrift: „Wie kann man mittels Computer Verhalten beeinflussen?"

Die unter dem Stichwort „Behavioral Design" geführte Fachdebatte darf als prägend für viele Onlinefirmen gesehen werden. Einer der Protagonisten — BJ Fogg, Forscher an der Stanford University — beschreibt 2011 in einem Fachbeitrag „The new rules of Persuasion" (http://captology.stanford.edu/wp-content/uploads/2015/02/RSA-The-new-rules-of-persuasion.pdf) die wesentliche Vorgehensweise wie folgt (Übersetzung durch den Autor):

- Bringen Sie die Menschen dazu, ein Verhalten nach einem fixen Plan (immer wieder) zu wiederholen.
- Erhöhen Sie den Schwierigkeitsgrad.
- Skalieren Sie die Anwendung, um mehr Menschen zu erreichen.
- Adressieren Sie andere relativ einfache Verhaltensweisen.
- Erweitern Sie Ihr Zielpublikum um schwieriger zu überzeugende Personen.

Es wirkt so als wären Facebook, LinkedIn und Co geradezu nach diesem Skript erschaffen worden. Dabei ist die Manipulation von Anwendern und Kunden alles andere als eine neue Disziplin.

Systeme, die Nutzerinteraktionen in eine bestimmte Richtung steuern sollen, finden sich in allen Lebensbereichen. Man denke nur an die Warenplatzierung im Supermarkt, die zumeist nach ausgeklügelten Prinzipien versucht, den Kunden von den eigentlich annoncierten günstigen Produkten (die gerne mal auf Fußbodenhöhe als sogenannte „Bückware" platziert werden) hin zu den hochpreisigen Marken zu dirigieren (gerne in direkter Sicht- und Griffweite im Regal).

Wohl die stärkste Waffe, die die Unternehmen bei der Lenkung der Nutzer in elektronischen Systemen haben, ist „Die Macht der Standardeinstellungen" oder auch „Die Macht der Vorauswahl" (englisch: „The Power of Default"). Wie stark die Macht der Voreinstellungen unser Leben beeinflusst, wird uns nur selten bewusst. Darauf gestoßen wird man, wenn man es am wenigsten erwartet: als Mobiltelefonbesitzer etwa auf einer Messe, in einer Hotellobby oder an einem anderen belebten Ort. Ein bestimmter Klingelton erklingt und eine Vielzahl von Nutzern greift gleichzeitig zum Telefon. Nachdem Mobilfunkprovider gerne ihren eigenen „Unternehmenssound" verbreiten, sind auch nicht selten auf verschiedenen Geräten die gleichen Grundtöne voreingestellt, was den genannten Effekt verstärken dürfte. Zwar haben nicht nur aktuelle Smartphones, sondern bereits auch Generationen von Mobiltelefonen vorher die Möglichkeit, aus einer Vielzahl von Klingeltönen im Gerät zu wählen, dennoch nimmt nur ein Teil der Nutzer diese Möglichkeiten wahr. Ein erheblicher Teil der Kunden, die einen so persönlichen Gegenstand wie ein Smartphone nutzen — gibt es überhaupt ein persönlicheres Konsumgut? —, legt anscheinend keinen Wert auf Individualität und ist mit der Voreinstellung zufrieden, auch wenn irgendwann „alles gleich klingt".

Natürlich soll nicht in Abrede gestellt werden, dass die Individualisierung von Mobiltelefonen per Klingelton insbesondere bei statusorientierten

Nutzern durchaus en vogue ist. Der Hersteller Vertu etwa bietet — im exorbitanten Gerätepreis enthalten — von Starkomponisten komponierte Klingeltöne als Distinktionsmerkmal.

Jenseits des Luxussegments machen Teenager gerne Gebrauch von Wahloptionen, was in der Vergangenheit unter anderem zu der kurzen Blüte von Klingeltonanbietern wie Jamba geführt hat. Deren Geschäftsmodell — so viel sei noch angemerkt — war übrigens auch primär auf die „Macht der Voreinstellungen" ausgerichtet, wenn man es sehr freundlich formuliert. Statt einzelner Klingeltöne jubelte man dort den Nutzern gerne mal ein Abo (im Unternehmensjargon stets „Sparabo" genannt) unter und legte die Hürden, das unwissentlich eingegangene Dauerschuldverhältnis wieder loszuwerden, besonders hoch.

Ob wir es wollen oder nicht, Standardeinstellungen prägen unser Leben. Unternehmen haben das erkannt und nutzen es für ihre Zwecke aus. Bei der Internetnutzung fängt das bereits mit dem „Default-Webbrowser" oder der „Default-Suchmaschine" in eben diesem Browser an. Typischerweise ist heutzutage jedes Betriebssystem mit einem Standard-Webbrowser ausgestattet. Der unbedarfte Nutzer eines Windows-Betriebssystems wird ebenso sofort Microsoft Edge nutzen wie ein MAC/iPad-User seinen Safari oder ein Ubuntu-LINUX-Nutzer den Firefox — ganz einfach, weil diese bereits installiert sind.

Wie bedeutsam diese Voreinstellungen sind, sieht man an immer wieder bekannt werdenden Zahlungen. So berichteten verschiedene Medien über Zahlungen von Google an Mozilla, der Organisation hinter dem bekannten Firefox-Browser, von rund 300 Millionen US$ pro Jahr — nur für das Privileg die voreingestellte Suchmaschine stellen zu dürfen (http://www.pcmag.com/article2/0,2817,2398046,00.asp).

Auch die Zustimmung zur Auswertung des Nutzerverhaltens wird wohlweislich vor den Anwendern versteckt. Davon berichtet Douglas Edwards in dem Buch „I'm Feeling Lucky: Confessions of Google Employee Number 59" (2011), wenn er darüber Auskunft gibt, wie Google um die Frage der Browsercookies gerungen hat. Ex-Google-Vorzeigefrau Marissa Mayer (von 2012 bis Juni 2017 Chefin des Konkurrenten Yahoo) soll — nach den Erinnerungen von Edwards — erläutert haben, dass die Nutzer wohl praktisch alle vom „opt out" Gebrauch machen würden, wenn Google erklären würde, was Cookies sind, und dem Nutzer gleichzeitig die Chance gäbe, sich dagegen auszusprechen. Dies war dann möglicherweise der Zeitpunkt, an dem Googles Firmenmotto „Don't be evil" in Vergessenheit geriet.

Aber auch an anderer Stelle tritt das Nutzerwohl hinter Unternehmensinteressen zurück. So sehen nicht wenige E-Commerce-Unternehmen eine einmalige Bestellung oder auch nur Interessensbekundung als eine Art Einladung zum Dauerbeschuss mit Werbe-E-Mails. Sicher haben Sie sich auch schon einmal einen Newsletter „eingefangen", obwohl Sie eigentlich fest davon überzeugt waren, sich niemals angemeldet zu haben.

Bei aller Kritik an der Nutzerlenkung durch voreingestellte Auswahlfelder können Default-Werte aber auch nützlich für den Anwender sein. Ein gutes Beispiel dazu liefert die bei vielen Onlinesystemen vom Nutzer zu treffende Länderauswahl. Üblicherweise erfolgt diese in Form einer sogenannten „Drop-Down-Liste". Ist der Webentwickler besonders gründlich, dann umfasst diese alle rund 200 unabhängigen Staaten der Welt. Der Nutzer aus Deutschland fängt dann erst einmal an zu „scrollen" und findet, weit hinter „Afghanistan", „Albanien", „Algerien" … tatsächlich „Deutschland" oder „Germany" als richtige Auswahl. Ist der häufigste Wert „Deutschland" als Listenelement bereits vorausgewählt, kann der Nutzer erheblich komfortabler seine Eingaben abschließen. Letztendlich ist es nur eine Frage des intelligenten Webdesigns, etwa anhand der IP-Adressen oder Browserdaten zu erkennen, aus welcher Region mit welcher Sprache der Nutzer wahrscheinlich kommt, und die Vorgaben mit Vorschlagswerten auszufüllen. Auch wenn dies nicht immer klappt – so nutzen zum Beispiel Surfer auf Blackberry Smartphones und mit diesen gekoppelten Tablets unter Umständen auch englische Infrastrukturen und werden möglicherweise falsch zugeordnet –, ist in den meisten Fällen jedoch mit dem richtigen Konzept eine Bedienerleichterung zu erreichen.

Auch die Fachwelt hat natürlich längst zur Bedeutung der Standardeinstellungen geforscht und bestätigt die oben dargelegten Erfahrungen. Interessanterweise fängt die Prädisposition des Nutzers bereits bei Auflistungen wie etwa den Ergebnissen einer Internetsuche an. Forscherteams der Cornell und der Stanford Universität haben bereits 2005 unter Zuhilfenahme von Eyetracking-Mechanismen untersucht, wie Nutzer auf Suchergebnisse reagieren (http://www.cs.cornell.edu/People/tj/publications/joachims_etal_05a.pdf). Im Wesentlichen wurde die Vermutung bestätigt, dass die ersten Links der Ergebnisliste einer Suchmaschine überproportional häufig geklickt wurden – unter der Voraussetzung, dass Nutzer der Ergebnisqualität insgesamt vertrauen. Kurz gesagt, wenn Google der Meinung ist, dass dieses oder jenes Ergebnis einer Suche das bessere Ergebnis ist (und dies entsprechend durch einen besseren Listenplatz darstellt), dann vertraut der überwiegende Teil der Nutzer darauf. Auch bei willkürlicher Manipulation der Top-3-Ergebnisse bleibt eine klare Gewichtung auf der ersten Ergebnisposition bestehen. Nicht berücksichtigt wurden bei der Untersuchung die Bezahlanzeigen, die über beziehungsweise neben den Sucherergebnissen positioniert sind. Hier ging man davon aus, dass die Nutzer die Unterscheidung zwischen Suchergebnis und Werbung zu treffen wissen.

Noch deutlicher als bei der Auswahl von Suchtreffern aus einer Liste wird die Macht der Voreinstellungen bei Entscheidungen für oder gegen etwas, wenn der Kunde/Nutzer/Konsument/Anwender sich entweder aktiv für etwas entscheiden muss oder eine Vorgabe erhält, der er aktiv widersprechen muss. Im ersten Fall spricht man vom Opt-in-, im zweiten vom Opt-out-Verfahren. Bei komplexen Auswahlmöglichkeiten sowie bei Entscheidungen, deren Ergebnis der betroffenen Person im Grunde egal ist oder deren Auswirkungen sie nicht überblickt, neigt der typische Anwender dazu, die vorgeschlagenen Auswahlwerte zu akzeptieren, ohne sie weiter zu hinterfragen.

Vielfach wird dabei auch die Seitengestaltung und grafische Darstellung bemüht, um die Auswahlentscheidung zu beeinflussen, wie auf der Startseite der weitverbreiteten Fitness-App „Runtastic Pro". Dort hat der Nutzer die hervorgehobenen Auswahlmöglichkeiten:

- „Mit Facebook registrieren."
- „Mit E-Mail registrieren."
- „Ich habe einen Account."

Daneben existiert noch am Ende der Seite, kaum lesbar in hellgrau auf grünem Hintergrund, die Auswahl „Später registrieren", die eine Benutzung auch ohne Registrierung erlaubt. Oder vielmehr gab es, denn die aktuelle Version derselben App auf iOS hat jene „Später registrieren"-Option nicht mehr.

Wann die Grenze einer einfachen Lenkung hin zu einer Gestaltung, die man als bösartig beschreiben kann, überschritten ist, ist schwierig zu definieren. Runtastic erfüllt aber eindeutig das, was vielfach auch als „Dark Patterns" (Dunkle Muster) bezeichnet wird. Mit diesen Interface-Design-Tricks wird der Nutzer gezielt auf die vom Anbieter gewünschte Auswahloption gelenkt.

Die Bandbreite an Tricks und Kniffen ist enorm, die Zielrichtung ist aber immer der Nutzer. Es wäre naiv zu glauben, dass alles im Interesse des Anwenders passiert, wie es die Anbieter gerne suggerieren.

Bleibt die Frage: Ist diese Art von Manipulation per se schlecht? Ohne an dieser Stelle eine Ethikdebatte heraufbeschwören zu wollen, sollten wir uns auf die aus Anwendersicht wesentliche Frage „Cui bono?" (Wem nützt es?) beschränken. Betrachten wir Apps, Smartwatches und Wearables unter diesem Gesichtspunkt, muss jeder seine eigene Entscheidung treffen. Finde ich hinreichend Nutzen für mich selbst und sehe ich die Nebenwirkungen als vernachlässigbar an? Was sollte mich daran hindern, es auszuprobieren? Ich selbst habe es mit einer Reihe von Anwendungen getan. Einiges fand ich hilfreich, anderes habe ich wieder deinstalliert.

Zu berücksichtigen bleibt aber stets, dass nichts Schwarz oder Weiß ist. Insbesondere da viele Anwendungen kostenfrei oder für geringe Beträge abgegeben werden, bleibt die Frage nach den Anreizen für die Anbieter bestehen.

Daten sind das neue Öl — so lautet eine der geflügelten Redewendungen des Internetzeitalters. Meine Gesundheitsdaten aggregiert verwenden, um mir Werbung für neue Sportschuhe zuzuspielen? Kein Problem. Meine Daten mit meinem Arbeitgeber oder meiner Krankenversicherung teilen, die mir dann möglicherweise Sanktionen androhen, wenn ich bestimmte Ziele nicht einhalte? Keine gute Idee. Offen bleibt, wie sehr ich tatsächlich noch die Kontrolle über meine eigenen Daten habe, sobald ich eine App mit Onlinefunktionen tatsächlich nutze. Insofern ist der oben beispielhaft beschriebene Wandel von Runtastic hin zur Zwangsregistrierung keinesfalls eine gute Nachricht.

Wie komplex die Strukturen und Abhängigkeiten im Onlineumfeld sein können, davon handeln die folgenden Kapitel.

Im Spannungsfeld der Interessen

So langsam wurde mir einiges klarer. Der richtige „Schubs" konnte — soviel stand fest — durchaus anfeuernd wirken, konnte durchaus dafür sorgen, dass ich mich besser auf mein Ziel konzentrieren konnte, ein besseres, gesünderes, fitteres Leben zu erreichen. Dafür war ich bereit, im großen Manipulationsspiel mitzuspielen und mich dem, was Sportsoftwareanbieter sich ausgedacht haben, auszusetzen. Dafür rüstete ich mich mit Smartphone-Apps und probierte verschiedene Wearables, vom einfachen Xiamoi MI-Band über Fitbit, Withings über das Microsoft Band bis hin zur Apple Watch aus und vertraute darauf, dass die Anbieter schon in meinem Sinne agieren würden, dass ich ihnen vertrauen kann. Aber war dieses

Vertrauen gerechtfertigt? Ebenso wie ich Runtastic, Microsoft, Apple und einigen anderen in Sachen Fitness und Gesundheit vertraute, vertrauen wir alle täglich den uns umgebenden Technologien. Wir vertrauen darauf, dass uns die Google- (oder Bing-)Suche ein neutrales Ergebnis liefert, dass die Kartendaten und Navigationshinweise von Google, Apple, Navigon oder Here uns ein getreues Abbild der Realität liefern und ohne Umwege zu unserem selbst gewählten Ziel führen. Wir vertrauen darauf, dass uns ein Preisvergleichsportal tatsächlich den günstigsten Preis ermittelt, ganz gleich, ob wir nach Versicherungen, Flügen, Mietwagen oder einer neuen Kaffeemaschine suchen. Aber ist dieses Vertrauen gerechtfertigt?

Zweifel sind erlaubt und nicht erst seit gestern. Bereits 2012 war in den USA das Reiseportal Orbitz damit aufgefallen, dass es Nutzern von Macintosh Computern teurere Hotels vorschlug als Nutzern anderer Betriebssysteme. Man wollte dort ermittelt haben, dass Mac-User eine um etwa 30 % höhere Zahlungsbereitschaft haben als Windows-Nutzer. Dies berichtete u.a. das US-Magazin „TIME" (http://business.time.com/2012/06/26/orbitz-shows-higher-prices-to-mac-users/).

Dieser Vorfall steht im krassen Gegensatz zu dem Bild, dass die Konzerne der Internetwelt gerne von sich selbst zeichnen. Wer erinnert sich nicht an „Don't be evil", ein Leitspruch wie aus einem James-Bond-Film und dennoch jahrelang Googles offizielles Unternehmensmotto (http://www.zeit.de/digital/internet/2015-10/alphabet-google-dont-be-evil-slogan-motto). Lauscht man den Vorträgen der Unternehmensvertreter auf Konferenzen oder betrachtet deren Mitschnitte auf Youtube, so kommt man sich manchmal vor, als würde man einer Charity-Veranstaltung beiwohnen, in solch leuchtenden Farben wird das Engagement des Unternehmens geschildert. Wenn etwa Martin Ott — Managing Director Central Europe bei Facebook — auf Events in Deutschland spricht, sind Fragen schon mal nicht zugelassen (Beispiel hier: http://www.unternehmertag.org/de/video-und-bildergalerie/2017/speeches/1040-martin-ott).

Es geht nichts ohne eine Portion Größenwahn — verbunden mit dem Versprechen eines besseren Lebens. Die Unternehmensziele und -leitbilder der Technologieunternehmen des Silicon Valley geben sich nicht mit Klein-Klein zufrieden. Da wird schon mal „das Wissen der Welt organisiert" (Google), oder man macht „die Welt offener und besser vernetzt" (Facebook). Nachlesbar ist das jeweils auf der Website der Unternehmen, unermüdlich wird derartiges von den Unternehmenslenkern der großen Internetkonzerne auf Konferenzen gepredigt und von den Medien vielfach kritiklos wiedergegeben und multipliziert.

Hinzu kommen die Multimillionen-PR-Aktionen der großen Internetkonzerne. Ein Musterbeispiel für eine gelungene Einflussnahme auf die öffentliche Debatte ist das von Google finanzierte „Alexander von Humboldt Institut für Internet und Gesellschaft". Die Vereinnahmung des Namens des berühmten deutschen Entdeckers und Gelehrten für kommerzielle Zwecke eines Internetunternehmens soll hier unkommentiert bleiben, möge sich der Leser dazu selbst eine Meinung bilden. Die weiteren Aspekte können aber nicht ausgeblendet werden. Google fördert die Hochschullandschaft, insbesondere die chronisch unterfinanzierten Geisteswissenschaften, und finanziert eine Vielzahl von Forschungsarbeiten — angeblich natürlich rein neutral. Wer die Ergebnisse der so gesponserten Aktivitäten kritisch ansieht, kann jedoch gar nicht anders als festzustellen, dass die alte Volksweisheit: „Wes Brot ich ess, des Lied ich sing" auch heute und in diesem speziellen Fall unverändert Gültigkeit hat.

„Make the world a better place" scheint das verkündete gemeinsame Credo der ganzen Branche zu sein, einer Branche, deren wesentliche Protagonisten mitunter geprägt wurden von den Überbleibseln der Hippiekultur, die in den späten 60er bis frühen 70er Jahren die Region des heutigen Silicon Valley prägte und die Weltsicht vieler Akteure bis heute beeinflusst.

Es verwundert daher nicht, dass es im Einzelfall noch viel ambitionierter geht: Produktivität, Gesundheit, Hungerhilfe: Für gleich mehrere große Ziele auf einmal steht das Unternehmen Soylent. Der Gründer — Rob Rhinehart — tüftelte an Wegen, Geld und Zeit beim Essen einzusparen, und entwickelte ein Nahrungsmittel in Pulverform, das — mit Wasser verrührt — einen vollständigen Ersatz aller Lebensmittel ergeben sollte. Er gründete das Unternehmen Soylent, das das Pulver herstellt und vertreibt. Er selbst sieht die Vorteile unter anderem in Zeitersparnis, besserer Befindlichkeit und höherer Produktivität und — ja wirklich — weniger notwendigen Toilettengängen (alles nachzulesen auf seiner eigenen Website unter: http://robrhinehart.com/?p=298). Zu den Risiken und Nebenwirkungen fragen Sie die nächste Generation. Kenner der Filmgeschichte werden sich bei dem Begriff Soylent übrigens an den Film „Soylent Green" (in Deutschland unter dem Titel: „ …Jahr 2022 … die überleben wollen" erschienen) erinnert fühlen. Dieser kam 1973 — kurze Zeit nach dem Bericht „Die Grenzen des Wachstums" des Club of Rome — in die Kinos und spielt in einer dystopischen nahen Zukunft, die durch Umweltverschmutzung und Nahrungsmangel geprägt ist. Die Nahrungsversorgung übernimmt dort ein Konzern namens Soylent, der unter anderem Menschen zu „Soylent Green" verarbeitet. Es ist schwer vorstellbar, dass Rob Rhinehart diese Namensähnlichkeit verborgen geblieben ist.

Ebenfalls zum Retter der Menschheit berufen fühlt sich Elon Musk, der die „Autopilot"-Fahrassistenzfunktion seiner Tesla-Modelle wie folgt beschreibt: „500.000 Menschenleben hätten letztes Jahr gerettet werden können, wenn der Tesla Autopilot überall verfügbar wäre." (https://elec-trek.co/2016/07/05/elon-musk-tesla-autopilot-save-life/) Ein edles Ziel oder vielleicht doch eher ein durchschaubarer Versuch, von den Schwächen des Systems abzulenken, die im Sommer 2016 zu einem spektakulären Unfall geführt haben, bei dem ein Tesla im „Autopilot"-Betrieb unter einem Sattelauflieger durchfuhr, weil der Autopilot das Hindernis — nach verschiedenen Medienberichten — mit einem Verkehrsschild verwechselte (http://www.autonews.com/article/20160630/OEM11/160639981/nhtsa-investiga-tes-fatal-crash-of-tesla-model-s-in-autopilot-mode).

Immerhin 100.000 weniger Tote pro Jahr verspricht auch Google-Gründer Larry Page durch seine „Healthcare-Initiative" (https://www.theguardian.com/technology/2014/jun/26/google-healthcare-data-mining-larry-page). Der Haken: Er hätte zuvor gerne auch Zugriff auf alle Gesundheitsdaten. Von jedem Einzelnen von uns. Wem das noch nicht reicht: Googles Mutterfirma Alphabet ist übrigens auch gleich dabei, das ewige Leben zu realisieren. Das „Google Life"-Projekt soll sich dem widmen. In der Realität verbinden viele Nutzer mit Google weniger den Weltretter, sondern eher den unheimlichen Datensammler, der möglichst alles über jeden Nutzer wissen und für alle Ewigkeit speichern will und dessen kostenlose Dienste und Systeme man mit zunehmend schlechtem Gewissen nutzt.

„Die Internetfalle" lautete 2010 der Titel eines meiner Bücher, in dem die Betrachtung unserer Datenspuren im Netz und die damit verbundenen Risiken im Zentrum standen. Eine öffentliche Debatte der Risiken der Internetnutzung findet zwar seit einigen Jahren statt, diese werden aber vielfach mit einem „Ich habe doch nichts zu verbergen" verharmlost. Selbst die Enthüllungen von Edward Snowden über die Datensammelwut der Geheimdienste und die Kooperation mit den großen Internetkonzernen sorgten nur kurzfristig für Aufregung — zu weit weg und zu wenig greifbar schienen und scheinen die nachteiligen Folgen für den Einzelnen zu sein. Immerhin haben wir seit einigen Jahren eine Debatte über die Datensammelwut der Konzerne, die im merkwürdigen Widerspruch zu dem von ihnen öffentlich gepflegten „Heile-Welt"-Image steht.

Allen PR-Aktivitäten zum Trotz: Das ungute Gefühl ist geblieben, aber die Attraktivität der Dienstangebote ist zumeist stärker als das unbestimmte Grummeln — auch bei kritischen Anwendern. Sogar Netzaktivisten verzichten nur selten auf Facebook- und Google-Mail-Account. Dabei gibt es durchaus Gründe, besorgt zu sein oder zumindest genauer hinzuse-hen, wenn etwa Facebook die Datenbestände der zum Konzern gehöri-gen Messaging-Plattform WhatsApp mit Facebook zusammenführt und damit den Rest anonymer Facebook-Nutzung aushebelt. Die offiziellen Verlautbarungen dazu lesen sich wie schönster Firmenneusprech und las-sen den Nutzer weitgehend im Unklaren, was passiert (https://blog.whats-app.com/10000627/Die-Zukunft-für-WhatsApp?). Hier ein Auszug: „Unser Glauben an private Kommunikation ist nicht zu erschüttern und wir füh-len uns weiterhin verpflichtet, dir das schnellste, einfachste und zuverläs-sigste Erlebnis auf WhatsApp zu bieten."

Wem derartige Beteuerungen nicht genügen, der kann zu den „Recht-lichen Hinweisen" weiterklicken und sieht sich 7.720 Wörtern Lesestoff gegenüber (10/2016 ermittelt) und wird, so er keine juristische Vorbildung mitbringt, nicht unbedingt schlauer. Nur zur Erinnerung: WhatsApp funk-tioniert nicht ohne Mobiltelefonnummer. Ähnliches passierte bei Google. Dort wurde — Jahre nach der Übernahme des Werbeanbieters Doubleclick — die bisher propagierte Anonymisierung beim Werbetargeting mal eben im Vorbeigehen abgeschafft.

Fragt man die Betroffenen, haben sie auch hier nur ein Achselzucken übrig. Von „Die wissen eh schon alles" bis zum wiederholt vorgetragenen „nichts zu verbergen" ist wieder alles dabei. Solange die Gefahren abstrakt bleiben und niemand etwa die Ablehnung einer Kreditbewilligung oder die Ableh-nung seiner Bewerbung mit den Datenspuren im Internet in Verbindung bringt und sich nichts im Denken verändert, wird die Debatte rund um die „Internetfallen" nicht den Stellenwert bekommen, den sie verdient.

Aufregung gibt es bestenfalls noch, wenn es um die Intimsphäre geht. So will das britische Unternehmen Score Assured (https://www.scoreas-sured.com) Social-Media-Daten auswerten und aufbereiten und daraus Score-Werte ermitteln, die etwa einem Vermieter Informationen darüber liefern sollen, wie es um den „finanziellen Stresspegel" des Mietinteressen-ten bestellt ist. Letzterer muss dazu Score Assured vollständigen Zugriff auf seine Profile bei Facebook, LinkedIn, Twitter, Instagram und andere Diensten gewähren. Score Assure durchsucht nun die gefundenen Daten und wertet diese mit einem (natürlich geheimen) Algorithmus aus. Klingt ein bisschen nach Schufa 2.0 und ist im aktuellen Hype um „Big Data" und „Künstliche Intelligenz" ein aus der Sicht von Anbietern vielverspre-chendes Modell. Diesem Datenstriptease werden sich Mietinteressenten im aktuellen Wohnungsmarkt kaum entziehen können (https://www.washingtonpost.com/news/the-intersect/wp/2016/06/09/creepy-startupwill-help-landlords-employers-and-online-dates-strip-mine-intimate-data-from-your-facebook-page/).

Andere Entwicklungen gehen selbst den in Fragen der Privatsphäre eher robusten US-Amerikanern zu weit. So wurde der Anbieter eines per Smartphone über Bluetooth steuerbaren Vibrators von einer Kundin verklagt, die es nicht hinnehmen wollte, dass der Anbieter Daten über das Nutzungsverhalten erhebt und auf Servern in der Cloud speichert (https://www.theguardian.com/us-news/2016/sep/14/wevibe-sex-toy-data-collection-chicago-lawsuit). Doch das sind Einzelfälle. Im Regelfall interessiert sich nach kurzer medialer Empörung kaum noch jemand für den Datenschutzverstoß von gestern. Die Taktik der Anbieter, immer aufs Neue Grenzen auszuloten, was dem Nutzer zuzumuten ist, scheint aufzugehen.

Aber was, wenn es um die eigene Geldbörse geht? Machen wir uns nichts vor: Tricks der App- und Web-Anbieter zielen genau darauf.

Die Details sind dann manchmal wirklich unappetitlich: Wer kennt sie nicht, die Studien, die zeigen, dass aus dem Klickverhalten der Nutzer Rückschlüsse auf allerhand intime Persönlichkeitsmerkmale bis hin zur sexuellen Orientierung möglich sind (http://www.pnas.org/content/110/15/5802.abstract). Darüber hinaus scheint der Facebook-Gründer Marc Zuckerberg als größter Zensor und Manipulator von Meinungen in die Geschichte eingehen zu wollen, ob mit der Unterdrückung von Meldungen, die als missliebige politische Berichterstattung betrachtet wird (http://gizmodo.com/former-facebook-workers-we-routinely-suppressed-conser-1775461006), oder durch zunehmende Zensur von Inhalten, der — quasi als Kollateralschaden der Weltrettung — schon mal wichtige Diskussionen zum Opfer fallen (https://www.theguardian.com/technology/2016/sep/09/facebook-deletes-norway-pms-post-napalm-girl-post-row). Für die Durchsetzung rechtsstaatlicher Anliegen, etwa im Falle von Hatespeech und Volksverhetzung auf der eigenen Plattform fühlt man sich nach einem an Bundestagsabgeordnete gesendeten Facebook-Lobbypapier ebenfalls nicht zuständig (http://www.wiwo.de/politik/deutschland/hass-und-hetze-im-netz-facebook-wehrt-sich-gegen-maas-gesetz/19862874.html).

Und — besonders überzeugend, wenn man es im Kontrast zum medial kommunizierten Selbstbild sieht — man versucht mit allerlei juristischen Tricks, berechtigte Anliegen abzuwehren. So hat das Amtsgericht Berlin im März 2017 in einem Versäumnisurteil entschieden, dass die Zustellung einer Klageschrift in deutscher Sprache an die in Irland ansässige Facebook Ireland Ltd. wirksam ist: „Nach der europäischen Zustellungs-Verordnung darf der Empfänger die Annahme des zuzustellenden Schriftstücks normalerweise verweigern, wenn es nicht in der Amtssprache des Empfangsmitgliedstaates oder in einer Sprache, die der Empfänger versteht, verfasst bzw. keine entsprechende Übersetzung beigefügt ist. Facebook berief sich darauf, dass die zuständige Rechtsabteilung die Sprache nicht verstehe." (http://www.lto.de/recht/nachrichten/n/ag-mitte-15c36416-klage-facebook-irland-deutsch-zustellung-wirksam/) Kaum zu glauben bei gut 20 Millionen deutschen Kunden.

Aber nicht nur beim Nutzer und bei aufgeklärten Medien regt sich Widerstand gegen den Anspruch der Silicon Valley-Unternehmen. Der Schweizer Psychotherapeut Theodor Itten kritisiert in seinem 2016 erschienenen Buch „Größenwahn: Die Psychologie der Selbstüberschätzung" die Scheinheiligkeit der selbsternannten „Weltverbesserer" des Silicon Valley, insbesondere in Verbindung mit deren Neigung zur Ausbeutung der eigenen Mitarbeiter beziehungsweise Lieferanten. Konkret nennt er den Umgang von Uber mit seinen Fahrern als Beispiel, leider ohne dies näher auszuführen. Medienberichten zufolge arbeiten diese ohne soziale Absicherung und auf eigenes Risiko. Uber geriert sich nur als Vermittler und ist damit wesentlicher Teil der sogenannten Plattformökonomie, von der später noch die Rede sein wird.

Manchmal tragen die Unternehmen das Sendungsbewusstsein bereits im Namen, wie beim 2007 gegründeten und 2013 in Insolvenz gegangenen Start-up „Betterplace". Gründer Shai Agassi — ehemaliger Vorstand des Softwareunternehmens SAP — wollte mit Elektroautos und Wechselbatterien die Mobilität revolutionieren. Mehr als 850 Millionen US-Dollar wurden in das Unternehmen investiert (http://www.theatlantic.com/technology/archive/2013/05/another-clean-tech-startup-goes-down-betterplace-is-bankrupt/276257/). Geblieben ist den Investoren von Betterplace nicht viel — im Wesentlichen nur ein schönes Statement: „Wir hoffen weiter, dass unsere Vision einer besseren Welt realisiert werden wird. Better Place wird allerdings nicht mehr daran mitwirken können." (Zitiert nach: http://www.welt.de/wirtschaft/article116528488/Ex-SAP-Vorstand-scheitert-mit-Batterien-Utopie.html) Nur der Vollständigkeit halber sei erwähnt, dass die verwertbaren Reste von Betterplace vom Insolvenzverwalter im November 2013 für 450.0000 US-Dollar verwertet wurden (http://www.greenprophet.com/2013/11/gnrgy-buys-better-place-for-the-price-of-an-apartment-in-tel-aviv/). Shai Agassi hatte sich bereits Monate vorher davongemacht.

Aber wenn nun Menschen in Schwellen- und Entwicklungsländern einfach nur etwas geschenkt wird? Wer kann da schon Einwände haben? Tatsächlich mutet die Initiative von Facebook, kostenfreie Internetzugänge für Entwicklungs- und Schwellenländer bereitzustellen, auf den ersten Blick sehr menschenfreundlich an. Auf der Website der Initiative „Internet.org" gibt man sich — illustriert mit anrührenden Bildern, wie aus dem Katalog der Spendensammler für die Dritte Welt — vorbildlich gemeinnützig und aus wichtigem Grund: „um das Wissen und die Inspiration des Internet mit der Welt zu teilen", so die hochtrabenden Worte auf der Website (https://info.internet.org/en/approach/). Wesentlicher Teil von „Internet.org" ist das „Free Basics"-Angebot, das verspricht, Anwendern im ländlichen Raum kostenfrei per Mobilfunk den Internetzugang zu ermöglichen. Tatsächlich kann der Nutzer aber nur ein kleines Subset an Internetangeboten in Anspruch nehmen: Facebook, Wikipedia und ein paar weitere Seiten. Zugang zu der Plattform für weitere Anbieter erfolgt nur nach Freigabe durch Facebook. Eine „Walled Garden"-Strategie wie aus dem Lehrbuch. Von einem umzäunten Garten sprach man ursprünglich in den Anfangstagen der Onlinedienstangebote, wenn ein Nutzer nur Zugriff auf die Dienstangebote eines Anbieters hatte.

Während Facebooks Internet.org-Dienst in einigen Ländern bereits aktiv ist, hat die indische Regulierungsbehörde für Telekommunikation Anfang 2016 den Dienst abgelehnt (http://indianexpress.com/article/technology/tech-news-technology/facebook-free-basics-ban-net-neutrality-all-you-need-to-know/). Dies geschah unter Verweis auf die „Netzneutralität", ein Gedanke, der einen gleichberechtigten und diskriminierungsfreien Zugang zum Netz für alle Dienstanbieter vorsieht. Ein kostenloser Zugang zu Facebook als kostenloses Internet unter dem Deckmantel der Gemeinnützigkeit anzubieten, bedarf schon einiger Chuzpe oder eines ausgeprägten Sendungsbewusstseins.

Geht es nicht eine Nummer kleiner? Das möchte man all die selbsternannten Weltretter fragen, ohne jedoch gleich in den Ton der Kulturpessimisten zu verfallen, die in jeder Neuerung, jeder neuen Technologie, jeder neuen Kommunikationsmöglichkeit eine potentielle Gefahr bis hin zum Untergang des Abendlandes sehen. Tatsächlich sind die Chancen neuer Technologien und Dienste vielfältig und haben eine differenzierte Betrachtung verdient. Eine Betrachtung, die nachfolgend vor dem Hintergrund der wesentlichen Entwicklungslinien der letzten 20 Jahre technologischer Revolution und der sich abzeichnenden Zukunftsentwicklungen angestellt werden soll — mit dem Fokus auf die persönliche Weiterentwicklung des Individuums. Ohne den Pessimisten das Wort zu reden, aber eben auch ohne sich vom übertriebenen Sendungsbewusstsein und den Heilsversprechungen der wesentlichen Protagonisten blenden zu lassen.

Ganz nüchtern betrachtet liegt es auf der Hand, dass die Interessen der Unternehmen alles andere als deckungsgleich sind mit den Interessen der Dienstnutzer. Insbesondere dann, wenn der Anwender nichts für die Leistung bezahlt, ist — an diese zentrale Erkenntnis des Internetzeitalters sei an dieser Stelle erinnert — dieser Anwender eben nicht der Kunde, sondern das Produkt. Anders gesagt: Er ist mit seiner Nutzung der Datenlieferant und damit Treibstoffproduzent für die Maschinerie der Internetkonzerne, ganz gleich, ob jene die Daten verkaufen oder der Werbebranche zur Verfügung stellen. Es lohnt sich daher sehr genau, auf Voreinstellungen und andere verhaltenslenkende technische Maßnahmen zu achten, um im Einzelfall zu entscheiden, ob man tatsächlich mitspielen will. Möglicherweise findet sich ja gerade bei den Fitness-Apps die ein oder andere Alternative, die die Nutzerinteressen besser respektiert.

Kapitel 5 – Grenzen der Entwicklung

Man könnte es für dieses Buch eigentlich bei den obigen Kapiteln bewenden belassen. Immerhin darf die These als bewiesen gelten, dass ein besseres, gesünderes und damit möglicherweise auch längeres und lebenswerteres Leben durch den klugen Einsatz von neuen Technologien möglich wird. Technologien, die uns dabei helfen können, allzu menschliche Schwächen in Motivation und Selbstdisziplin zu überwinden. Verbunden mit dem Hinweis auf mögliche Interessenskonflikte mit den Anbietern der zugehörigen Dienste wäre man fein raus.

Ich halte es dennoch für notwendig, die möglichen Reibungspunkte und Grenzen klar zu benennen, nicht zuletzt als Anhaltspunkt dafür, wie man es besser machen kann – ob als App-Entwickler oder als Gesellschaft im Umgang mit dem unumkehrbaren technologischen Wandel. Die dabei zu berücksichtigenden Diskussionspunkte sind vielfältig und beinhalten sowohl technische Fragestellungen als auch die Frage nach der Nutzerakzeptanz. Sie betreffen das mögliche zukünftige Wechselspiel mit den Institutionen des Gesundheitswesens ebenso wie unsere Gesellschaft als Ganzes. Ohne abschließende Antworten geben zu können, seien die wesentlichen nachfolgend diskutiert.

Bei aller Begeisterung für Wearables und Gesundheits-Apps lohnt sich ein kritischer Blick hinter die Kulissen, ein genaues Hinterfragen der Versprechungen der Anbieter. Gesunde Skepsis ist etwa angebracht, wenn Anbieter bei den Ergebnissen (Schein-)Genauigkeit vorgaukeln, die aufgrund der verwendeten Sensoren unplausibel ist. Oben war bereits in einer Studie von den Fehlerraten der Kalorienberechnungen die Rede, die in einer Studie knapp 93 % betrugen, während die Pulsmessung im Regelfall plausibel und gut funktioniert.

Ebenso ist die Frage erlaubt, ob und wann ein Nutzer nach der initialen begeisterten Anwendung und zumeist ersten Erfolgen auch tatsächlich dranbleibt und das Gerät weiter nutzt oder ob es – wie so viele Gadgets – irgendwann in der Schublade verschwindet bzw. ob und gegebenenfalls wie das Gerät ein fester Bestandteil seines Lebens wird oder werden kann. Potentielle Reibungsfelder zwischen Anwender und möglicher Datenverwendung gibt es im Unternehmenseinsatz, ebenso bei der Frage, inwieweit die Selbstbeobachtung als Ergänzung oder gar als teilweise Substitution etablierter Verfahren und Technologien taugt.

Funktioniert das überhaupt?

„Sie haben heute Nacht eine Schlafqualität von 78 % erreicht", vermeldet die App „freudestrahlend" und unterlegt die Botschaft sogleich noch mit einem eindrucksvollen Kurvendiagramm. Man musste das Smartphone — angesteckt am Ladekabel — lediglich für eine Nacht unter das Kopfkissen legen —, mehr war nicht zu tun. Der gesunde Menschenverstand fragt gleich nach: „78 % von was? Was ist die Messlatte für meinen Schlaf?" Die App erklärt es nicht, allein aufgrund der Messanordnung scheint eine hinreichend genaue Messung von was auch immer ausgeschlossen.

Diesen sich dem Laien aufdrängenden Verdacht bestätigt ein gut recherchierter Blogbeitrag von des Tech-Bloggers und „Self-Tracking-Pioniers" (Eigendarstellung) Florian Schumacher auf IGrowDigital (http://igrowdigital.com/2015/11/schlaftracker-der-grose-uberblick/). Florian Schumacher ist dazu mit einer Vielzahl von Geräten bzw. Apps zum Schlaftracking in ein Schlaflabor gegangen und hat die dort vorhandene medizinische Ausrüstung als Vergleichsmaßstab herangezogen. Sein Fazit fällt entsprechend vorsichtig aus: Lediglich die Schlafdauer haben die meisten Geräte hinreichend genau erfasst, die einzelnen Schlafphasen jedoch nicht:

„Weniger aussagekräftig dagegen waren die Ergebnisse zum Verlauf des Schlafs. Die gemessene Dauer von leichtem und tiefem Schlaf wich bei allen Geräten deutlich von den Laborwerten ab (…). Ähnliches galt für die von den Trackern ermittelten Werte, wie häufig man aufgewacht ist und wie lange diese Wachphasen dauerten. Damit sind die Messwerte zum Schlafverlauf für medizinische Aussagen eher ungeeignet …"

Betrachtet man die Technologie der untersuchten Geräte, so muss klar sein, dass diese — wie die vorher geschilderte Smartphone-App — gar nicht in der Lage sein können, genaue Messungen durchzuführen. Die Branche verspielt in diesen Fällen leichtfertig ihre Glaubwürdigkeit, indem sie Genauigkeit suggeriert, wo keine sein kann. Gleiches gilt im Falle der oben bereits diskutierten Kalorienberechnung.

Die Ungenauigkeit von Trackern hat in den USA bereits zu Gerichtsverfahren in der dort populären Form der Sammelklage geführt. Nach einem Bericht des Nachrichtensenders NBC (http://www.nbcnews.com/tech/gadgets/fitbit-trackers-are-highly-inaccurate-study-finds-n578631) lagen bei einer Untersuchung der California State University Geräte des Herstellers Fitbit bei der Herzfrequenzmessung teilweise um rund 20 Schläge pro Minute daneben. Untersucht hatte man 43 gesunde Erwachsene. Zuvor

hatte bereits ein Nachrichtensender einen eigenen Test mit 14 Probanden und verschiedenen Geräten — ohne medizinische Ausrüstung zu Vergleichszwecken — durchgeführt und kam ebenfalls auf erhebliche Abweichungen bei der Herzfrequenz, ebenso bei der Kalorienberechnung. Die
Erkennung einzelner Schritte war dagegen bei allen Geräten problemlos,
und die Abweichungen bei der Berechnung der zurückgelegten Entfer-
nungen waren akzeptabel (http://www.wthr.com/article/sometimes-your-
fitness-tracker-lies-—-a-lot).

Die Unternehmen sind gut beraten, ihre Glaubwürdigkeit nicht durch falsche Genauigkeitsversprechungen zu ruinieren. Denn eins ist unbestrit-
ten: Feedback hilft beim Erreichen der Ziele, auf das letzte Prozent Präzi-
sion bei der Ermittlung der Ergebnisse kommt es gar nicht an, anders als
vielleicht in der Medizin, von der unten noch die Rede sein wird. Zu mehr
Bewegung verhelfen die Geräte — richtig eingesetzt — ohne Zweifel.

Ob auch Wearables beim Abnehmen helfen, ist umstritten. Es finden sich
in Fachveröffentlichungen Belege für die These ebenso wie scheinbare Ge-
genbeweise. Im British Medical Journal etwa wird die Frage klar bejaht, die
Ergebnisse bei der Nutzung von Smartphone-Apps sind demnach gleich-
gut oder besser — verglichen mit herkömmlichen Diätplänen (http://www.
bmj.com/content/350/bmj.h1887). Eine 2016 veröffentlichte Studie aus den
USA hingegen sät daran Zweifel. Darin wird — mit einer kleinen Gruppe
von Probanden — belegt, dass Personen, die einen Tracker benutzten, über
einen Zeitraum von 18 Monaten weniger abnahmen als Personen, die nur
Ernährungsberatung in Anspruch nahmen. Das Fazit der Forscher: Fitness-
Tracker liefern keinen Vorteil gegenüber standard-verhaltensbasierten
Vorgehensweisen, wenn es um Gewichtsverlust geht (http://jamanetwork.
com/journals/jama/article-abstract/2553448). Möglicherweise wurde in dieser Studie aber auch nur die falsche Frage gestellt. Letztlich ist es sehr simpel: Gewichtsverlust tritt — ceteris paribus — ein, wenn weniger Kalorien
aufgenommen als verbraucht werden. Wer durch intensiven Sport Fett
durch Muskelmasse ersetzt, nimmt folglich nicht notwendigerweise ab.

Eine Erkenntnis, die mir auch im Laufe meiner Reise kam. Ich wiege zwar
nun weniger als zu Beginn, aber keineswegs so signifikant, wie es der Verlust von zwei Kleidergrößen — von 52 auf 48 — suggerieren würde. Tatsächlich habe ich sichtbar an Bauch und Hüftumfang abgebaut und dafür
an anderer Stelle maßvoll wieder aufgebaut. Wer hier aber nur Diätmetri-
ken im Kopf hat, wird zwangsläufig enttäuscht sein.

Erneut zeigen sich weniger die Grenzen der Technologie im Einsatz für das Individuum, sondern mehr die Bedeutung der richtigen Fragestellung im Kontext der neuen Möglichkeiten, die uns durch Wearables und Apps offen stehen. Zur Qualität von Studienergebnissen in Medizin, Psychologie und Soziologie sei angemerkt, dass sich zu fast allen Bereichen und Einzelthemen tatsächlich oder scheinbar widersprüchliche Ergebnisse finden lassen. Die überwiegende Mehrzahl der recherchierten Quellen stützt jedoch klar die in diesem Buch vertretene These: Smartphones-Apps und Wearables sind hilfreich für ein besseres Leben. − Dennoch gibt es Grenzen.

Faktor Nachhaltigkeit

Es ist noch ein weiter Weg für Wearables, um zum unverzichtbaren Begleiter zu avancieren. An den Kosten und der Verfügbarkeit kann es nicht liegen. Zwar gibt es High-End-Smartwatches mit Preisen von mehreren hundert (Apple, Huawei Porsche Design) bis über tausend Euro (Tag Heuer und andere). Einfache Bewegungstracker fangen bei unter 20 Euro an (Xiaomi Mi Band). Darüber gibt es ein umfangreiches Sortiment im Preisbereich bis zu hundert Euro. Auf eine Auflistung der Geräte wird in diesem Buch verzichtet, zu häufig lancieren die Anbieter neue Gerätegenerationen, neue Varianten oder manchmal auch nur neue Produktbezeichnungen. Die Geräte sind so gängig, dass große Lebensmitteldiscounter bereits Eigenmarken lanciert haben. Unter dem Label Crane Sports (bei Aldi als Saisonartikel immer wieder im Regal) gab es bereits ein ganzes Sortiment an Geräten:

- Fitness-Band (Bewegungs-Tracker mit Schrittzähler, Distanzberechnung und Schlafüberwachung),
- Pulsmesser,
- GPS-Uhr,
- Diagnosewaage,
- Blutdruckmessgerät,
- Smartwatch mit analoger Anzeige (Bewegungs-Tracker mit Schrittzähler, Distanzberechnung und Schlafüberwachung).

Alle Geräte werden mit der gleichen App gesteuert, die es natürlich für iOS und Android gibt. Das passende Smartphone hat ohnehin jeder in Gebrauch (oder wäre für überschaubare 100-150 Euro noch zusätzlich zu erwerben).

Den „Turnaround-Test", den das Smartphone praktisch immer gewinnt, bestehen jedoch nur die wenigsten Geräte. Der „Turnaround-Test" illustriert sehr schön, wie wichtig das Smartphone für unser Leben bereits geworden ist. Er ist sehr simpel, denn er besteht nur aus einer einzigen Frage an uns selbst: Wenn Sie das Haus verlassen und haben etwas vergessen ... für welches „Ding" gehen Sie wieder zurück, um es zu holen?

Die typischen Nennungen hier sind: Geldbörse, Schlüssel und eben auch das Smartphone. Es ist zu einem der persönlichsten Gegenstände avanciert, die wir besitzen. Für viele Menschen und vermutlich auch Sie, werte Leser, ist es unverzichtbar, nicht nur im Beruf, sondern auch, um den Alltag zu organisieren.

All dies sind Smartwatches und Fitness-Tracker im Allgemeinen nicht. Ich habe mich oft genug selbst dabei ertappt, wie ich unterwegs zum Sport festgestellt habe: „Mein Microsoft Band / meine Pulsuhr / mein ... habe ich nicht dabei". Habe ich mich dann davon abbringen lassen, zum Sport zu gehen, oder bin auch nur zurückgegangen? Die simple Antwort lautete — in fast allen Fällen: Nein. „Turnaround-Test" nicht bestanden.

Die aktuell den Geräten beigemessene Bedeutung erkennt man aber nicht nur beim Verlassen des Hauses, wenn eines vergessen wurde, sondern ganz normal im Alltag: „Bei meiner Apple Watch ist der Akku leer? Kein Problem! Das iPhone ist ohne Strom: große Katastrophe — wo ist eine Steckdose, wer leiht mir sein Ladegerät?".So gesehen sind Smartwatches und Fitnessbänder bisher nur Geräte zweiter Klasse. Es ist aktuell nicht absehbar, ob sich das irgendwann ändert.

Hinzu kommt ein in verschiedenen Untersuchungen dokumentierter schleichender Bedeutungsverlust durch einen Rückgang der Nutzung. Die initiale Begeisterung ist — anders als bei einem neuen Smartphone — meist sehr schnell verflogen, und irgendwann landet das Gerät dann in der Schublade. Eine nicht repräsentative, aber dennoch interessante Umfrage der US-amerikanischen Unternehmensberatung Endeavour Partner ermittelt einen schleichenden Nutzungsrückgang. Nach weniger als 18 Monaten sind demnach nur noch die Hälfte der Geräte in Gebrauch — Tendenz weiter fallend. Bezeichnend ist insbesondere, dass in den ersten sechs Monaten nach dem Kauf die Kurve am deutlichsten abflacht. Dies bedeutet nichts anderes, als dass ein erheblicher Teil der Käufer nicht mit seinem Kauf zufrieden war. Es muss nicht unbedingt die Grundfunktionalität selbst sein, die den Käufer nicht überzeugt oder der abklingende Neuheitseffekt, der die Nutzung schlicht weniger attraktiv macht. Vernetzte Geräte bieten eine Vielzahl anderer Fehlerquellen, die den Kunden frustrieren und dazu führen können, dass er auf die Anwendung verzichtet. Vernetzungsprobleme und Akkuschwäche sind nach einer ebenfalls indikativen, das heißt wissenschaftlich nicht fundierten Umfrage des Autors bei der Nutzern von Fitness-Trackern in seinem Fitness-Center und Smartwatch-Anwendern in seinem beruflichen Umfeld die häufigsten Gründe, auf den Einsatz zu verzichten.

Probleme mit der Konnektivität sind auch bei anderen Geräten des Internets der Dinge eine häufige Quelle für Frustrationen. Wer schon einmal versucht hat, eine günstige Netzwerkkamera mithilfe einer maschinell aus einer fremden Sprache übersetzten und dazu noch unvollständigen Anleitung zu installieren, kennt die Erfahrung. Aber auch bei Geräten deutscher Anbieter kommt es mitunter zu unnötigen Beeinträchtigungen. Die von Tchibo vorgestellte Kapselkaffeemaschine „Qubo" etwa entfaltet ihren vollen Funktionsumfang nur in Verbindung mit einem Smartphone und der zugehörigen App. Der „Ristretto" ist am Gerät selbst nicht wählbar, sondern kann nur per App aktiviert werden. Aber zurück zu den Wearables. Auch hier gibt es im Einzelfall Bedien- oder Einstellungsinkonsistenzen, die dem Anwender die Benutzung vergällen können.

Was auch immer die Gründe im Einzelnen sein mögen, auch eine deutsche Studie stellt eine nachlassende Begeisterung für Wearables fest. So berichtet die Deutsche Krankenversicherung AG (DKV-Report 2016) über die Ergebnisse eines eigenen Versuches bei Kunden des Unternehmens. Dazu wurden vom Marktforschungsunternehmen GFK 2.800 Personen befragt. Die Ergebnisse sind erschreckend: Drei von zehn Besitzern benutzen das Wearable nicht mehr, weitere 16 Prozent haben es bis dato nicht in Betrieb genommen. In Summe verwendet also nur etwa die Hälfte der Besitzer das Gerät tatsächlich. Die Frage, warum so viele Wearables ungenutzt bleiben oder nicht mehr genutzt werden, wurde wie folgt beantwortet: „In erster Linie ist den Menschen die Nutzung zu anstrengend (19 Prozent) oder es ging ihnen auf die Nerven (18 Prozent). 15 Prozent fühlen sich von dem Armband nicht motiviert, 15 Prozent empfinden es als überflüssig, zwölf Prozent langweilt es. (…) Bei den Gründen unterscheiden sich Männer und Frauen stark. Männer geben vor allem an, die Nutzung des Geräts sei zu anstrengend gewesen oder hätte sie nicht motiviert. Frauen dagegen sagen eher, sie hätten keine Zeit, das Gerät zu nutzen oder es sei verschwunden." Verschwunden war bei mir zwar kein Gerät, aber die vielfach propretären Ladekabel hatten eine Tendenz, sich davonzumachen, und ohne sind diese Geräte spätestens mit Ende der zumeist zu knapp bemessenen Akkulaufzeit nutzlos.

Kein Vergleich zu meiner mechanischen Uhr. Auch dieser geht ab und zu die Energie aus. Wenn man sie länger als 24 Stunden ignoriert, bleibt sie schlicht stehen. Es genügt jedoch, sie ans Handgelenk zu nehmen und sich ein bisschen zu bewegen, damit sie sofort wieder anläuft und eine mehr oder weniger kurze Justage an der sogenannten Krone, damit die Zeit wieder mit dem Rest der Welt übereinstimmt. Gängige Quarzuhren benötigen nicht einmal das, sondern laufen unter Umständen viele Jahre, bevor es eines Batteriewechsels bedarf (die Zeitumstellung von Sommer- und Winterzeit einmal ausgenommen).

Was war mir wichtig? Was ist Ihnen wichtig? Die Uhrzeit ablesen zu können? Die man genauso gut auf dem Smartphone sehen kann?

Vereinfacht gesagt, ist es selten die Anzeige der Uhrzeit, die die dominante Rolle in der Entscheidung für oder gegen eine Uhr oder für eine spezielle Uhr ausmacht. Armbanduhren gibt es bei im Prinzip gleicher Funktionalität in einer Preisspanne von wenigen Euro bis mehrere hunderttausend Euro. Selbst billige Exemplare zeigen die Uhrzeit in ausreichender Genauigkeit an, manche sogar präziser als erheblich teurere Uhren. Es geht also um andere als rationale Kriterien. Und strenggenommen bedarf es heutzutage eigentlich keiner Armbanduhr mehr. Wir sind umgeben von Uhren: im öffentlichen Raum, am Arbeitsplatz, zu Hause in der Küche, im Wohn- wie im Schlafzimmer, im Auto und nicht zuletzt auf Tablet oder Smartphone: Eine Uhrzeitanzeige ist quasi überall in Sichtweite.

Tatsächlich verzichten zunehmend Menschen auf das Tragen einer Armbanduhr, glaubt man Studien zum Thema, nimmt die Zahl zu. So haben laut der „Outfit 8"-Studie zum Modemarkt in Deutschland 2015 12,8 % der Befragten keine Armbanduhr, die sie zumindest gelegentlich tragen — sind also „Uhrenverweigerer" und vermutlich mit dem Smartphone zufrieden. Zwei Jahre zuvor waren es 9,7 % — eine nicht unerhebliche Steigerung, aber immer noch ein kleiner Anteil (https://de.statista.com/statistik/daten/studie/447636/umfrage/umfrage-in-deutschland-zur-anzahl-der-eigenen-armbanduhren/).

Tatsächlich führen derartige Zahlenspielereien nicht unbedingt zu tiefergehenden Erkenntnissen über unser gesellschaftliches Verständnis der Funktionen von Uhren. Dieses ist nämlich weitgehend losgelöst von der Funktion der Zeitanzeige. Eine Armbanduhr ist in der ganzen Vielfalt des Produktangebotes mit seinen unzähligen Varianten in Design, Funktionalität und Preis immer auch ein Spiegelbild seines Trägers oder seiner Trägerin. Ob verspielt, vergoldet oder klassisch schlicht: Rückschlüsse auf die Persönlichkeit des Trägers lassen sich über die Uhrenpräferenzen stets ziehen. Dies gilt zunächst einmal unabhängig vom Preis. Der verschrobene Professor mit alter Swatch existiert ebenso wie der Berufsanfänger mit Luxusuhr im Gegenwert eines Kleinwagens. Für beide ist es ein Statussymbol. Der Intellektuelle zeigt damit, dass er über weltlichen Dingen steht, der karriereorientiere Mitarbeiter, wo er hinmöchte — in eine Führungsposition.

Es ist also kompliziert — unser Verhältnis zur Armbanduhr. Für Männer ist die Uhr am Handgelenk auch das einzig universell akzeptierte Schmuckstück. Vertreter von Siegelringen, Goldkettchen, Krawattennadeln und Armbändern werden aufschreien, die Sonderstellung der Armbanduhr erreichen sie mit ihren Produkten nicht — zumindest nicht in westlichen Ländern und Kulturen mit Ausnahme vielleicht bestimmter eng begrenzter Subkulturen. Wenn es um das Geschäftsleben geht, gilt dieses Credo weltweit. Eine hochwertige — mechanische — Armbanduhr ist eine Art universelles Erkennungszeichen zwischen Paris und Peking, auch wenn die Adaption in Deutschland etwas gedauert hat. Legendär ist die Mediendebatte über ein offizielles Pressebild des ehemaligen Siemens-Konzernchefs Klaus Kleinfeld, dass ihn — in exakt der gleichen Pose mit exakt dem gleichen Gesichtsausdruck — mal mit und mal ohne „Rolex"-Uhr zeigt. Es wurde gemutmaßt, die Uhr wäre wegretuschiert worden. Von Unternehmensseite ließ man später verlautbaren, es hätte eine Bildserie mit und eine ohne Uhr gegeben (http://www.spiegel.de/wirtschaft/verdacht-auf-foto-retusche-der-siemens-chef-und-die-verschwundene-rolex-a-339120.html). Der Vorgang fand vor über zehn Jahren statt. Heute würde dies vermutlich niemanden mehr aufregen. Bei einem Vorstandsgehalt eines Weltkonzerns sollte ein Budget für eine „Mittelklasse-Rolex" vorhanden sein. Es sei an dieser Stelle angemerkt, dass auch viele Frauen besonderen Wert auf eine hochwertige Uhr legen; auch wenn hier primär von Männern die Rede war, soll dies doch keineswegs einer Ausschließlichkeit das Wort reden.

Der heutige Status quo ist nicht zuletzt das kluge Werk der Schweizer Vorzeigebranche, die sich schon einmal neu erfunden hat. Nach der Erfindung der Quarzuhr und der Schwemme günstiger Uhren, insbesondere aus asiatischer Produktion, ist es dort gelungen, den handwerklichen Aspekt und die Wertigkeit des Produktes Uhr zu betonen und mit immer höheren Durchschnittserlösen eine phänomenale Erfolgsgeschichte zu schreiben. Geschickt werden durch Knappheiten Begehrlichkeiten geweckt und Showstücke und Kleinserien gezeigt, die auch mal sechsstellige Beträge kosten können. In weniger als drei Jahrzehnten — von Mitte der 1980er Jahre an — haben sich die Exporterlöse verdreifacht und stagnieren nunmehr seit einigen Jahren auf hohem Niveau bei rund 21,5 Milliarden Schweizer Franken (2015, http://www.fuw.ch/article/die-schweizer-uhrenbranche-in-7-grafiken/). So ist die kleine Schweiz der weltweit größte Uhrenexporteur, wenn man den Wert und nicht die Stückzahl betrachtet. Das Aufkommen der Smartwatches und Fitnessbänder wurde vor dem Hintergrund dieser soliden Ausgangslage von den wichtigen Branchenvertretern lange nicht ernst genommen.

Im Prinzip erinnert das Vorgehen an die deutsche Fotoindustrie. Dort hatte man die Digitalkamera zwar kommen sehen, aber selbst keine Antwort darauf gefunden, zu stolz war man auf überlegene Optik und Mechanik, zu wenig glaubte man daran, dass der anfangs grobpixelige Bildsensor das über Jahrzehnte verfeinerte fotochemische Bildträgermaterial einholen konnte. Dass „gut genug" auch ausreichend sein könnte, kam der selbstverliebten Branche nicht in den Sinn, zu riskant schien der Versuch, sich selbst zu kannibalisieren. Die Ergebnisse sind bekannt.

Ob Smartwatches und andere Wearables anfangen, klassische Uhren zu verdrängen, ist ungewiss, die verkauften Stückzahlen lassen allerdings hellhörig werden. So wurden im vierten Quartal 2015 weltweit erstmals mehr Smartwatches als Schweizer Uhren verkauft (8,1 zu 7,9 Millionen Stück laut http://www.handelszeitung.ch/digitalisierung/smarte-uhren-lassen-schweizer-marken-kalt-1019291), wobei der Umsatz natürlich nicht vergleichbar ist. Gedanken machen sollte man sich als Uhrenproduzent aber dennoch, schließlich stehen Smartwatches erst am Anfang einer stürmischen Entwicklung — Marktforscher erwarten jährliche Wachstumsraten von mehr als 300 % (ebenda).

Dennoch: Die große Masse der Schweizer Uhren liegt nicht im vier- bis sechsstelligen Preisbereich, sondern weit darunter, rund 730 CHF (Schweizer Franken) betrug der Durchschnittspreis einer aus der Schweiz exportierten Uhr im Jahr 2014 — ein erstaunlicher Anstieg von einstmals CHF 310 Durchschnittspreis im Jahr 2000 und eine Bestätigung für die Strategie, werthaltige Produkte anzubieten (alle Zahlenangaben aus der „Deloitte"-Studie zur Schweizer Uhrenindustrie 2015). Und das ist — nimmt man den Preis als Maßstab und rechnet die Verzerrungen durch die geringe Stückzahl außergewöhnlich teurer Zeitmesser heraus — durchaus noch Smartwatch-Terrain. Geht man etwa von einem angenommenen Durchschnittspreis von 400 Euro für eine Apple Watch aus, ist das etwa das Einsteiger- oder Massensegment der Schweiz.

Nach außen hin strahlen die Statements der großen Uhrenhäuser Gelassenheit aus, von Obsoleszenz ist die Rede; und es klingt vielfach Verachtung durch für ein Produkt, das man so gar nicht als Alternative betrachten will. Der Platz am Handgelenk einer Kundin oder eines Kunden ist aber begrenzt, und kaum jemand will mehr als ein „Gerät" tragen.

Tatsächlich sind die Luxusuhrenhersteller längst aufgeschreckt und üben sich entweder in offener Opposition oder versuchen es mit eigenen Varianten von Smartwatches, darunter sind so bekannte Namen wie: Montblanc, IWC, Frédérique Constant, Breitling, Mondaine, Alpina, Gucci, Bulgari und TAG Heuer.

Auch an mahnenden Stimmen von Branchenexperten fehlt es nicht. So weisen Dr. Isabelle Schluep Campo und Dr Philipp Aerni vom Center for Corporate Responsibility and Sustainability (CCRS) der Universität Zürich in ihrer Publikation: „When corporatism leads to corporate governance failure: The case of the Swiss watch industry" (http://www.ourplanet.com/swisswatches/) anhand des Uhrenkonzerns Swatch Group darauf hin, dass ihrer Ansicht nach nicht genügend in Forschung und Entwicklung investiert wird: So ging der Anteil der Umsatzerlöse, die bei der Swatch Group in Forschung und Entwicklung investiert wurden, von 4 Prozent (in 2003) auf 2,1 Prozent im Jahr 2014 zurück, während die Marketingausgaben auf ein Rekordhoch von 14 Prozent Umsatzanteil (2015) angestiegen sind. Zum Vergleich: Apple investierte 2014 rund 3,3 Prozent und Samsung sogar 6,4 Prozent des Umsatzes in Forschung und Entwicklung. Tatsächlich ist die Swatch Group bei eigenen Angeboten im Bereich der Wearables über eher kuriose Produkte mit extremem Nischencharakter wie Smartwatches für Beachvolleyball vertreten. Ein schönes Beispiel für die Anpassungsschmerzen an den digitalen Wandel, die traditionelle Branchenriesen haben.

Andere traditionelle Uhrenhersteller versuchen, sich zumindest vorsichtig in den Markt zu begeben. So hat TAG Heuer eine eigene Smartwatch lanciert — in einem mit 1.500 CHF typischen Preissegment, aber natürlich nicht ohne Hilfe amerikanischer Technologiekonzerne, mit der Folge, dass man dort das „Swiss Made"-Logo nicht führen darf. Ob dies bei technischen Gegenständen kaufentscheidend sein wird, ist zumindest umstritten. Nichts zu diskutieren gibt es jedoch bei einer besonderen Komponente des Angebotes von TAG Heuer. Der Kunde kann demnach seine Uhr nach einer bestimmten Zeit zurückgeben, wenn er nicht zufrieden ist, und bekommt im Gegenzug und gegen Aufzahlung eine gleich aussehende, aber klassische mechanische Uhr. Kein schlechter Schachzug, wenn man die Halbwertszeit von technischen Geräten der Computerbranche als Maßstab nimmt.

An dieser Halbwertszeit ist auch Apple mit der goldenen Luxusversion seiner Apple Watch gescheitert. Diese wurde sang- und klanglos mit dem Übergang zur zweiten Generation nicht mehr angeboten. Zu wenige Käufer konnten sich offensichtlich vorstellen, einen fünfstelligen Betrag für ein Gerät auszugeben, dass nach weniger als 24 Monaten absehbar bereits heillos veraltet sein wird.

Wäre der Idealfall also eine prestigeträchtige, wertvolle Uhr mit langer Lebensdauer, die gleichzeitig moderne Smartwatch-Funktionen mitbringt?

Der Stein der Weisen ist hier noch nicht gefunden und wird möglicherweise auch niemals entdeckt. Interessante Ideen aber gibt es bereits. Der Accessoire-Hersteller Montblanc hat mit dem „e-strap" bereits 2015 eine Lösung vorgestellt, bei der ein spezielles Armband zu einer mechanischen Uhr die Smartwatch-Grundfunktionen bereitstellt — gegenüber der Uhr selbst ist die Funktionalität praktisch auf der Innenseite des Handgelenks angebracht. Das Band und damit die Smartwatch-Funktion ist wechselbar — die hochwertige Uhr bleibt.

Möglicherweise wird es mittelfristig auf eine Koexistenz hinauslaufen. Die Hersteller klassischer Armbanduhren werden Marktanteile abgeben müssen, aber in den Premiumsegmenten weiter dominieren. Dort findet man dann beides: Beim Sport trägt man das entsprechende Wearable, sonst die herkömmliche hochwertige, vielfach mechanische Uhr. Langfristig wird der technische Fortschritt die Lösung bringen. Durch die immer weiter fortschreitende Miniaturisierung der Fitness-Trackingfunktionen werden diese irgendwann tatsächlich im Armband der Uhr verwoben oder nur als dünnes Armband zusätzlich getragen und vielleicht irgendwann vollständig unsichtbar, das heißt aus dem Sichtfeld verschwinden. Spätestens dann wäre das Problem der zwei Handgelenke gelöst.

Um es mit den Worten des Science-Fiction-Autors Artur C. Clarke zu sagen: „Jede hinreichend fortschrittliche Technologie ist von Magie nicht zu unterscheiden." Dieser Ausspruch — bekannt als eines der „Clarkeschen Gesetze" — hat weit über die Literaturgattung des Zukunftsromans hinaus Bedeutung erlangt und in der Technologieentwicklung den Charakter einer Redensart angenommen. Auch auf die Wearables könnte dies irgendwann zutreffen. Der Weg dorthin ist vorgezeichnet, schreibt man die Entwicklungstrends der letzten Jahre in die Zukunft fort.

Die Technologie ist nicht das Problem, es ist die Akzeptanz des Nutzers. Mögen Marktforscher und Unternehmensberater über „Marktanteile" oder „Durchdringungsraten im Zielsegment" räsonieren, erst wenn sich unser Alltag durch eine Technologie geändert hat und wir nicht mehr darüber nachdenken, sondern diese „einfach da" ist, wie das Automobil, Radio, Fernsehen, Internet oder das Mobiltelefon, dann ist der Durchbruch da. Es gibt starke Anzeichen dafür, dass den Wearables mittelfristig der Durchbruch in die Mitte der Gesellschaft gelingt.

Festgehalten werden muss aber auch, dass Wearables in ihrer heutigen Form längst nicht jedermanns Sache sind. Der Platz am Handgelenk ist begrenzt. Wearables konkurrieren mit dem Verzicht ebenso wie mit dem Statussymbol Armbanduhr.

Aber auch bei den Anwendern, bei den Wearables nicht auf Ablehnung, sondern auf Zustimmung stoßen, bedarf es einer spürbar verbesserten Nutzerfreundlichkeit und weiterer Anreize, um „dabeizubleiben". Zu oft wirken die Geräte noch „von Techies für Techies" konstruiert. Der „iPhone-Moment" in dieser Branche hat noch nicht stattgefunden, selbst die Apple Watch stößt hier auf Vorbehalte. Hinzu kommen die oben bereits angesprochenen Herausforderungen im Kampf um die Hoheit am Handgelenk. Auch ich bin im Alltag längst wieder zur Armbanduhr zurückgekehrt. Die unauffällige Benachrichtigung über eingegangene Nachrichten, die die meisten Smartwatches und einige Fitness-Tracker als Zusatznutzen mitbringen, war für mich nicht Mehrwert genug, um gegen die schlichte Schönheit der mechanischen Uhr zu bestehen. Beim Sport nutze ich nach wie vor Apps wie Runtastic und einen Fitness-Tracker mit Pulsmesser — aber immer seltener. Im Laufe der gut 24 Monate habe ich festgestellt, dass ich immer besser mit den Rückmeldungen, die mir mein Körper gibt, klarkomme. Aus dem ehemalig eher distanzierten Verhältnis zu mir selbst ist ein ziemlich inniges geworden. Wer wird da nach Zahlen fragen?

Wearables bei der Arbeit?

Das Marktforschungsunternehmen Gartner geht in seinen „Top Predictions for IT Organizations and Users for 2016 and Beyond" davon aus, dass bis 2018 zwei Millionen Mitarbeiter Geräte für Gesundheits-/Fitness-Tracker als Teil ihrer Arbeitsvereinbarung tragen müssen (http://www.gartner.com/newsroom/id/3143718). Gartner sieht in dieser Prognose Berufsgruppen, die in Notfällen agieren müssen, wie Feuerwehrleute, Notärzte/Rettungssanitäter und Polizisten, als wichtigste Nutzergruppen, erwartet aber auch eine Ausweitung auf Personen in anderen wichtigen Funktionen, wie Profisportler, Führungskräfte in der Politik, Piloten, Industriearbeiter und Außendienstmitarbeiter. Im Fokus sind dabei Gesundheitsüberwachung und Unfallverhütung. Das betriebliche Gesundheitswesen ist dabei nur eine Komponente. Es liegt auf der Hand, dass gesündere Mitarbeiter weniger Krankheitstage haben und produktiver und vermutlich auch engagierter sind. Kostenersparnis kann ein starker Motivator für Unternehmen sein, Mitarbeitern die „Segnungen" von Fitness-Trackern und Smartwatches näherzubringen, ebenso wie bereits die Bezuschussung von Fitnesscenter-Mitgliedschaften oder betriebseigenen Sportstätten dem gleichen Ziel dienen. Hinzu kommen noch Versuche, mit Hilfe von „Wearables" Unfälle im Unternehmen beziehungsweise bei der Ausübung von Tätigkeiten für das Unternehmen zu verhindern.

Auch intelligente Bekleidung wie Helme oder Westen mit zusätzlicher Sensorik sind vorstellbar. Für LKW-Fahrer und Maschinenbediener gibt es etwa die „Smartcap", die Müdigkeit erkennen soll (http://www.smartcaptech.com/). Interessant ist dies insbesondere für den Logistikbereich. Insbesondere Gütertransporteure werden — ob im Fernverkehr oder bei der lokalen Zustellung — bereits vielfach überwacht. So ist das Flottenmanagement längst überall Usus. Logistikunternehmen wissen typischerweise zu jedem Zeitpunkt, wo sich ihr Fahrzeug befindet und in welchem Betriebszustand es sich befindet, etwa ob der Fahrer gerade Pause macht. Hinzu kommen gesetzliche Auflagen, wie die Überwachung von Lenk- und Ruhezeiten.

Es gibt bereits weitergehende Ansätze.. 2016 hat das Unternehmen Astrata eine Smartwatch zur Überwachung der Körperfunktionen von LKW-Fahrern vorgestellt. Das Wearable misst die Hauttemperatur, die Galvanische Hautreaktion (Schweiß) sowie die Herzfrequenzvariabilität und überwacht damit wichtige Körperfunktionen. Laut Anbieter soll das System damit Aussagen zum Gesundheitszustand und zur Schlafqualität treffen können und etwa schlussfolgern, wann eine Pause angebracht ist (http://www.eurotransport.de/news/astrata-setzt-auf-wearable-armband-sorgt-fuer-gesuendere-fahrer-8605354.html). Fraglich ist, ob in einer Branche mit extremen Zeit- und Termindruck tatsächlich die im Sinne der Fahrergesundheit richtigen Schlussfolgerungen gezogen werden. Andere Technologiefirmen arbeiten an kameragestützten Systemen, die den Fahrer überwachen und mithilfe einer automatischen Bildanalyse Ablenkungen oder Müdigkeit erkennen können.

Bei aller Begeisterung für neue Technologie: Die Erfahrung lehrt, dass in der Logistikbranche Innovationen nur dann eine Chance haben sich durchzusetzen, wenn sie tatsächlich nachweisbare Einsparungen innerhalb kurzer Zeit erbringen oder gesetzliche Vorgaben dies erfordern. Die Rentabilität muss schnell erreicht werden. Man geht vielfach von Amortisationszeiträumen von weniger als 24 Monaten aus. Wird sich ein Investment nicht innerhalb dieser Zeit rentieren, verzichtet man darauf.

Was im Gewand z.B. der Unfallverhütung daherkommt, kann allerdings auch zur Überwachung der Mitarbeiterproduktivität oder zur Aussortierung von „Minderleistern" oder überdurchschnittlich oft erkrankten Personen verwendet werden. Dazu braucht es aber vielfach keine besonders ambitionierte Technik. Schon gängige Zugangskontrollsysteme auf Chipbasis eignen sich etwa — geeignete Gebäudeausstattung vorausgesetzt — festzustellen, wo und wann sich der Mitarbeiter gerade aufhält — Tracking der Aufenthaltsdauer in Kaffeeküche und Sanitärbereichen inklusive. Diese Art von Überwachung ist in Deutschland allerdings rechtlich nicht erlaubt.

Zu einiger Aufmerksamkeit in den Medien brachte es 2015 das Stockholmer Co-Working-Space-Haus „Epicenter" durch die Ankündigung, auf Zugangsschlüssel zu verzichten und stattdessen eine Zugangsberechtigung in Form eines implantierten Chips anzubieten. Keine ganz neue Idee, sind doch einige Diskotheken auf den Balearen bereits vor Jahren ebenfalls auf diese Idee gekommen, wenngleich im Kontext mit Bezahlfunktionen und der Zugangsbeschränkung für die sogenannten VIP-Bereiche. Der Medienhype rund um die in den genannten Fällen eher simplen Identifikationschips ist vermutlich dem Schaudern geschuldet, den die meisten Menschen bei dem Gedanken der Verletzung oder Veränderung des eigenen Körpers empfinden. Nicht zuletzt deswegen sind derartige Veränderungen ein aktuelles Spielfeld vieler Künstler. Vom Cyborg als Mischwesen von Mensch und Maschine wird später noch die Rede sein.

Manche Konzepte der Anbieter gehen jedoch weiter. So erlaubt die sogenannte Salesforce Wear-Plattform, die Aktivitäten von Mitarbeitern durch die Einbindung von Smartwatches, Fitness-Trackern und anderer Wearables bis hin zu Datenbrillen (https://developer.salesforce.com/wear) zu bewerten, zum Beispiel die Verkaufserfolge eines Verkäufers. Salesforce ist einer der wesentlichen Anbieter von sogenannten Software-as-a-Service-Lösungen. Dabei wird Anwendungssoftware im Internet bereitgestellt, die der Nutzer — samt bestimmter Adaptionen — nutzen kann. Salesforce ist bekannt für seine Lösungen für das Verwalten von Kundenbeziehungen, auch CRM genannt (CRM = Customer Relationship Management), hat aber das Angebotsspektrum erweitert und sieht sich als eine Universalplattform für Unternehmenssoftware.

Wie aber ist es eine Verhaltens- und die Leistungsbewertung der Mitarbeiter mit Smartwatch, Fitnessband und anderen Wearables zu bewerten? Was ist, wenn Mitarbeiter damit im Detail vergleichbar werden, was wäre, wenn die Drohung im Raume stünde, man würde die „Underperformer" ausfiltern und entlassen? Was bedeutet es für die Arbeitsleistung, wenn man mit den neuen Möglichkeiten den Wettbewerbsgedanken — via Gamification — ins Spiel bringt? Wieweit darf man dabei ins Private eingreifen? Was, wenn die erhobenen Daten des Wearables darauf hindeuten, dass ein Arbeitnehmer krank ist oder krank werden wird? Es ist absehbar, dass der technologische Wandel auch hier neue Fragen aufwerfen wird, auf die letztendlich unsere Gesellschaft eine Antwort finden muss, wenn sie nicht das Credo des Fortschritts „Was machbar ist, wird auch gemacht" mit samt seinen Nebenwirkungen als unabänderlich akzeptieren will.

Die reinen Zahlen sprechen aber klar dafür, Bedenken dieser Art über Bord zu werfen. So kommt eine Studie von Chris Brauer (Goldsmiths University of London) bereits 2014 zu der Erkenntnis, dass der Einsatz von Wearables in Unternehmen sowohl produktivitätssteigernd (+8,5 %) wirkt als auch die Mitarbeiterzufriedenheit erhöht (+3,5 %). Die Studie wurde im Auftrag eines Hostingproviders erstellt und ist im Netz einsehbar (http://www.rackspace.co.uk/sites/default/files/Human %20Cloud %20at %20Work.pdf).

Heute — wenige Jahre später — lässt sich bei einer gedanklichen Exploration der Möglichkeiten, die durch die Digitalisierung oder besser immer genaueren Vermessung unserer physikalischen Welt entstehen, feststellen, dass Unternehmen enorme positive wirtschaftliche Effekte durch das, was man dereinst vielleicht „Digitalisierung des Mitarbeiters" nennen wird, erzielen können. Eine realistische Einschätzung der tatsächlichen Potentiale ist aus heutiger Sicht quasi unmöglich — die Augen davor zu verschließen wird allerding auf keinen Fall funktionieren.

So verteilt das Unternehmen BP seit einigen Jahren Fitnessarmbänder einer bestimmten Marke an Mitarbeiter, um ihre Schrittzahl zu tracken. Die Mitarbeiter bekommen im Gegenzug Vorteile bei der betrieblichen Krankenversicherung. Bis zu 20 % ihrer Krankenversicherungsbeiträge sollen auch Mitarbeiter einer US-Supermarktkette sparen können, wenn sie nicht rauchen und die Firmenbenchmarks für Gewicht, Blutdruck und Cholesterinspiegel erreichen oder übertreffen. Von Firmen werden diese Modelle übrigens häufig als „Corporate Wellness" bezeichnet. Je nach eingesetztem Gerät und Anwendung erfährt das Unternehmen dabei den Aufenthaltsort, unter Umständen auch nach Ende der Arbeit. Wer nun während der Arbeitswoche nachts um zwei im Kneipenbezirk geortet wurde, hat am nächsten Tag möglicherweise Erklärungsbedarf.

Frei nach der alten Erkenntnis, dass man nur das steuern kann, was man messen kann, kommen die neuen Möglichkeiten vielen Unternehmen gerade recht und liefern einen nie da gewesenen Einblick in das Mitarbeiterverhalten durch eine Art „Echtzeit-Taylorismus". Namensgeber des auch als Scientific Managements bezeichneten Vorgehens war der amerikanische Ingenieur Frederick Winslow Taylor (1856 – 1915), der durch umfangreiche Beobachtungsstudien und daraus abgeleitete Standardvorgehensweisen auch als Urvater aller modernen Unternehmensberater gilt. Seine Vorstellungen beinhalten:

- detaillierte Vorgabe der Arbeitsmethode: „one best way",
- exakte Fixierung des Leistungsortes und des Leistungszeitpunktes,
- extrem detaillierte und zerlegte Arbeitsaufgaben,
- Einwegkommunikation mit festgelegten und engen Inhalten,
- detaillierte Zielvorgaben bei für den Einzelnen nicht erkennbarem Zusammenhang zum Unternehmungsziel sowie
- externe (Qualitäts-)Kontrolle.

Taylor als Vorreiter der Rationalisierungsbewegung war noch auf aufwendige Zeit- und Bewegungsstudien angewiesen – der „digitale Mitarbeiter" liefert diese quasi frei Haus – seinem Wearable sei Dank. Anders als bei Taylor lassen sich heute damit auch Abweichungen vom Soll direkt erkennen und gegebenenfalls sanktionieren, auch wenn man es – wie oben angedeutet – Gamification nennt.

Die Voraussetzung, dass der tayloristische Gedanke der strikten Arbeitsvorgaben, die bis ins Details die Ausführung der Tätigkeit vorschreiben, funktioniert, ist natürlich, dass diese Vorgaben im Sinne eines optimalen Endergebnisses richtig sind. Tatsächlich finden Mitarbeiter häufig in der Arbeitsgruppe bessere Lösungen als vorgesehen. Ironischerweise kommen diese aber nicht zum Tragen, wenn der Mitarbeiter sich gleichzeitig überwacht fühlt. Wir alle lassen uns nicht gerne bei bestimmten Tätigkeiten zusehen, insbesondere dann, wenn wir etwas Neues ausprobieren.

Es gibt Untersuchungen, die diesen Effekt auch in der Arbeitswelt verorten. Ethan Bernstein, Wissenschaftler an der Harvard University, hat dies schon 2012 in einem wissenschaftlichen Beitrag unter dem Titel „Das Transparenz Paradox" beschrieben (Bernstein, Ethan: „The Transparency Paradox: A Role for Privacy in Organizational Learning and Operational Control" abrufbar unter: http://asq.sagepub.com/content/57/2/181#aff-1) und inzwischen mehrfach ergänzt und erweitert.

Bei der Mitarbeiterüberwachung sind es aber nicht die Wearables alleine, die Bedeutung haben, insbesondere bei Büroarbeitern braucht es keine Armbänder oder sonstige zur Überwachung genutzte Gerätschaften, es reicht Software: Die Basis der Erhebungen sind hier Softwarewerkzeuge, die etwa die Zahl der geschriebenen Zeichen, die Zahl der geschriebenen E-Mails oder auch nur die Regelmäßigkeit von Tastatureingaben oder Mausbewegungen bewerten und damit − abhängig von der konkreten Tätigkeit − für das Unternehmen wertvolle Rückmeldungen generieren können.

2009 kam es noch zu einer größeren Debatte in den Medien, als Googles Personalchef Lazlo Bock gegenüber der Zeitung „The Wall Street Journal" erwähnte, dass der Suchmaschinenanbieter eine Software zur Ermittlung der Kündigungswahrscheinlichkeit einsetzt, die „in die Köpfe der Leute schaut, bevor sie es selbst wissen, dass sie das Unternehmen möglicherweise verlassen" (Übersetzung durch den Autor − zitiert nach: http://www.wsj.com/articles/SB124269038041932531). Derlei ist heute Alltag. Konzepte unter den Bezeichnungen „Workplace Analytics", „People Analytics" oder auch „People Operations" versuchen, Datenanalyse auf alle Prozesse der Mitarbeiterbeziehungen eines Unternehmens anzuwenden. Eine Integration mit Software, die etwa die Nutzung von PC-Systemen überwacht, verspricht nach neueren Forschungsergebnissen ungeahnte Erkenntnisse. So lässt sich nach Forschungsarbeiten aus Kanada anhand des Tippverhaltens auf der Tastatur − ganz ohne Kenntnisse der getippten Inhalte − mit hoher Zuverlässigkeit feststellen, in welchem emotionalen Zustand sich der Mitarbeiter befindet (Epp, C.; Lippold, M.; Mandryk, R.L. (2011): Identifying Emotional States Using Keystroke Dynamics. In Proceedings of the 2011 Annual Conference on Human Factors in Computing Systems (CHI 2011), Vancouver, BC, Canada. Pp. 715-724. Abrufbar unter: http://hci.usask.ca/uploads/203-p715-epp.pdf). Das Arbeitswerkzeug wird zum Überwachungswerkzeug. Keine schöne Vorstellung, aber möglicherweise bald in vielen Unternehmen Realität.

Wenn man eine Erkenntnis aus den Anwendungen von Wearables in der Fitnessbranche übernehmen sollte, dann diese: Genauigkeit ist in den meisten Anwendungsfällen nicht wichtig. Um positive Wirkungen für die Mitarbeitergesundheit und -produktivität zu erzielen, bedarf es keiner absolut genauen Messungen, diese selbst ist vielmehr der Anstoß zu einer Verhaltensänderung, der am meisten bewirkt!

In Sachen Datenschutz offenbart sich auch und gerade beim Thema Mitarbeitertracking durch Wearables oder direkter Überwachung der Arbeitswerkzeuge ein enormer Unterschied zwischen Kontinentaleuropa und insbesondere Deutschland einerseits und dem angloamerikanischen Raum andererseits. Während in Großbritannien und den USA weitgehend ohne Vorbehalte über das Thema Wearables im Unternehmenseinsatz diskutiert wird, stößt man im deutschsprachigen Raum kaum auf Publikationen von Forschern und Experten zu diesem Thema, geschweige denn hört man von Pilotprojekten. Hier scheint es eine gewisse Abschreckungswirkung zu geben, und natürlich ist die Rechtslage eine andere, die in dieser Form nur in Deutschland existierende Mitbestimmung eingeschlossen.

Etwas „weiter" sind da die Niederländer. Dort gab es tatsächlich bereits Anwendungen in der Praxis, die aber auf Widerstand gestoßen sind. Die niederländische Datenschutzbehörde hat sich schlussendlich eingeschaltet und festgestellt, dass es niederländischen Unternehmen nicht gestattet ist, ihre Mitarbeiter mit Fitness-Trackern zu überwachen (https://yro.slashdot.org/story/16/03/08/1517209/dutch-companies-not-allowed-to-fitness-track-their-employees) und (http://www.nu.nl/gadgets/4226833/bedrijven-mogen-gezondheid-medewerkers-niet-volgen-via-wearables.html).

Bemerkenswert ist, dass dies auch dann gilt, wenn der Anwender — wie in den in den Niederlanden diskutierten Fällen — die Zustimmung dazu gegeben hat. Die Datenschutzbehörde stellt dazu schlicht fest, dass es so ewas wie eine echte freiwillige Zustimmung nie gibt, solange eine finanzielle Abhängigkeit besteht, wovon man bei einem Arbeitsverhältnis immer ausgehen muss. Eine bemerkenswert umsichtige Begründung, die man an anderer Stelle auch allen Konzernen entgegenhalten kann, die mit den Nutzungsbedingungen ihrer Dienste sich weitreichende Verwertungsrechte an den dabei entstehenden Daten herausnehmen, vielfach gibt es auch hier die von jenem niederländischen Gericht erkannten Abhängigkeiten, bei denen der Nutzer sich nicht wirklich freiwillig auf etwas eingelassen hat.

Wearables versus Medizin

„Es ist kompliziert." So könnte man es am besten überschreiben, das Verhältnis zwischen Medizin und Wearables. Hier prallen zwei Welten aufeinander. Auf der einen Seite steht der Medizinbetrieb, streng geregelt, mit aufwendigen Zulassungsverfahren für Medikamente wie auch Gerätschaften und komplizierten Regularien für die Abrechnung von Leistungen. Auf der anderen Seite stehen zumeist Start-ups, nach deren Vorstellungen es vor allen Dingen schnell gehen muss, ein Produkt auf den Markt zu bringen. Ist es noch nicht fertig, wird im Zweifelsfall ein Update nachgereicht.

Dazwischen steht der Mensch als Nutzer von Leistungen aus beiden Sphären. Als Patient nimmt er medizinische Leistungen in Anspruch, die aus den Versicherungsbeiträgen bezahlt werden, ohne dass er im Regelfall der gesetzlichen Krankenversicherung auch nur eine Information erhält, was diese Diagnose oder Behandlung für Kosten verursacht hat, also auch ohne Überprüfungsmöglichkeit. Wie immer, wenn ein Dritter die Rechnung bekommt, ist die Hemmschwelle, Leistungen in Anspruch zu nehmen, niedrig. „Der Patient kommt wegen jedem Wehwehchen", ist ein gerne geäußertes Wehklagen bei Medizinern. Gleichzeitig ist das Gesundheitsbewusstsein in der Bevölkerung der westlichen Welt — allen Ausnahmen zum Trotz — insgesamt schwach ausgeprägt. Bereits einzelne Indikatoren wie Übergewicht — von dem (nach verschiedenen Studien) mehr als die Hälfte der Erwachsenen in Deutschland betroffen sind — sprechen bereits eine deutliche Sprache. Vergleichbare Zahlen wie vergleichbare Einstellungen findet man auch in vielen anderen Ländern der sogenannten westlichen Welt: Die Medizinbranche wird national wie international vielfach als „Reparaturbetrieb" angesehen. Als mahnende Stimmen sprechen Brancheninsider von einer „Krankheitsindustrie" und sehen dringenden Reformbedarf. Selbst der deutsche Ethikrat sieht das Patientenwohl durch Fehlanreize des Systems gefährdet (http://www.ethikrat.org/dateien/pdf/stellungnahme-patientenwohl-als-ethischer-massstab-fuer-das-krankenhaus.pdf).

Wäre da nicht das Self-Tracking per Wearable und Smartphone-App eine Chance auf Besserung? Braucht die Welt nicht onlinebasierte Vordiagnose-Systeme? Eine Sprechstunde auch per Skype oder einem anderen Videodienst? Ein Blick auf die Website des zuständigen Bundesamts erläutert die Abgrenzungsproblematik des für die Zulassung in Deutschland relevanten Medizinproduktegesetzes:

„Ausschlaggebend bei der Abgrenzung von Medizinprodukten zu beispielsweise Fitness- oder Wellnessprodukten ist die medizinische oder nicht-medizinische Zweckbestimmung. Diese wird vom Hersteller des Produkts definiert. Bei Software bzw. Apps für reine Sportzwecke, Fitness, Wellness oder Ernährung ohne eine vom Hersteller beanspruchte medizinische Zweckbestimmung kann in der Regel davon ausgegangen werden, dass es sich nicht um Medizinprodukte handelt." (Bundesamt für Arzneimittel und Medizinprodukte, „Orientierungshilfe Medical Apps", http://www.bfarm.de/DE/Medizinprodukte/Abgrenzung/medical_apps/_node.html)

Die 2016 veröffentlichte und im Auftrag des Gesundheitsministeriums vom Peter L. Reichertz Institut für medizinische Informatik erstellte Studie: Chancen und Risiken von Gesundheits-Apps — „Charismha" dokumentiert den Stand der Diskussion und zeigt, dass die Bedeutung des Themas auch in der Politik erkannt wurde.

Zum Thema Gesundheits-Apps betont dieses Dokument die Notwendigkeit der Schaffung der richtigen Rahmenbedingungen für derartige Angebote, stellt aber auch Forderungen nach Regulierung auf. Laut Studienautoren (unter Berufung auf Vorarbeiten auf EU-Ebene) haben: „Gesundheits-Apps Potenzial, Prozesse im Gesundheitswesen, hin zu einer dezentralisierten, patientenzentrierten und das Selbstbestimmungsrecht fördernden Gesundheitsversorgung zu verändern." (http://www.bmg.bund.de/fileadmin/dateien/Downloads/A/App-Studie/CHARISMHA_Kurzfassung_V.01.3-20160424.pdf) Dabei sind dem vorliegenden Ergebnisdokument der Untersuchung zufolge Kosteneinsparungen und Qualitätsverbesserungen zu erwarten. Derartige Anwendungsfelder sind etwa im Bereich Nachsorge und chronischer Erkrankungen, aber auch im Bereich der Versorgung ländlicher Regionen zu sehen. Keine wirkliche Lösung liefert diese für die Politik richtungsweisende Studie übrigens für die Fragen nach der Abgrenzung der sogenannten Fitness- und Wellness-Apps von „echten" Medizin-Apps. Die ausgesprochene Empfehlung, man müsse auch bei den nicht unter das Medizinproduktegesetz fallenden Apps genauer hinsehen und gegebenenfalls regulierend eingreifen, wird die Innovation in Deutschland nicht befördern. Es bleibt zu hoffen, dass die Politik die richtigen Schlussfolgerungen zieht und eine Lösung findet, die Innovationen von Anbietern aus Deutschland und Europa nicht behindert. Ansonsten steht zu befürchten, dass — wie bei den großen Internetplattformen zu anderen Themen — der Markt von Anbietern aus anderen Weltregionen übernommen wird, die sich einer Regulierung und Qualitätskontrolle weitgehend entziehen können.

Wearables und die Gesellschaft

Nicht nur die technischen Anwendungen in Unternehmen und in der Medizin werfen Fragen auf, die gesellschaftliche Relevanz haben, auch die Gesellschaft selbst muss sich Fragen nach den Folgen und Schattenseiten dieser Anwendungen stellen, mit denen auch veränderte Moralvorstellungen einhergehen. Da das Tracking von Personen und deren Handlungen durch die Nutzung von Wearables und anderen Technologien Rückwirkungen auf das Ich hat, die sich außerhalb des eigenen Gestaltungsraums befinden, kommt es ganz zwangsläufig zu Beeinträchtigungen wie z.B. Marginalisierung oder Stigmatisierung als „Minderleister", spätestens wenn das Tragen der Tracking-Devices explizit oder implizit verpflichtend wird.

Dies gilt im Beruf ebenso wie bei Krankenversicherungen und anderen Bereichen. Diese Beeinträchtigungen können sich z.B. auch in Versagensängsten, Schuldgefühlen, Überforderung und Erschöpfung manifestieren. Der Soziologe Hartmut Rosa hat darauf hingewiesen, dass unsere Gesellschaft systematisch schuldige Subjekte hervorbringt, ohne dass es eine Instanz gebe, die vergeben könnte (Rosa, Hartmut: „Resonanz. Eine Soziologie der Weltbeziehung", Berlin 2016). Ähnlich äußert sich der Philosoph Byung-Chul Han: „Der Exzess der Arbeit und Leistung verschärft sich zu einer Selbstausbeutung. Diese ist effizienter als die Fremdausbeutung, denn sie geht mit dem Gefühl der Freiheit einher. Der Ausbeutende ist gleichzeitig der Ausgebeutete." (Byung-Chul Han: Müdigkeitsgesellschaft, Berlin 2013)

Wenn wir nicht riskieren wollen, dass Byung-Chul Han mit seiner Ausbeutungsthese recht behält, brauchen wir klare Regeln für den Umgang mit personenbezogenen Technologien in der Gesellschaft.

Dies gilt auch für das sogenannte Internet der Dinge, von denen ich mit den Wearables in diesem Buch einen Teil betrachtet habe. Versucht man aber einen Blick in gesellschaftliche Realität von morgen, so wird dort der vernetzte „intelligente" Kühlschrank selbstverständlich sein, der genauso die Essgewohnheiten seines Besitzes „ausplaudern" kann, wie ein Fitness-Tracker über seine körperliche Aktivität Auskunft gibt. Auch andere Geräte im Haushalt – vom Stromzähler über die Heizungssteuerung bis hin zum einzelnen Gerät – gleich ob vernetzter Wasserkocher oder Smart-TV, spielen potentiell eine ähnlich bedenkliche Rolle in einer Zukunft, die schneller kommt, als wir uns das derzeit ausmalen.

Einen Weg zurück wird es nicht geben. Ein vollständiger Rückzug aus der durchdigitalisierten Welt ist nicht denkbar. Die Herausforderung an uns als Gesellschaft und vor allen Dingen an uns als Individuum: Wir müssen das „richtige" Verhältnis zur Technologie entwickeln. Diese Ansicht stützt der US-Psychologe Roy Baumeister in seinem Buch „Die Macht der Disziplin: Wie wir unseren Willen trainieren können" (2012). Er sieht den steigenden Bedarf an digitalen Werkzeugen, die dem Menschen bei der eigenen Lebensführung helfen, als logische Reaktion auf eine Zeit, in der es mehr Versuchungen denn je gibt, die viele Menschen schlicht überfordern: die buntschillernde Warenwelt, die Informationsflut am Arbeitsplatz, die unzähligen Optionen zur Freizeitgestaltung. Baumeister glaubt, dass das permanente Entscheiden und das ständige Widerstehen den Menschen erschöpfen und dessen Willen, den er metaphorisch als „ermüdenden Muskel" sieht, erschöpfen. Nur durch Training würde dieser stärker werden. Baumeister sieht die „digitalen Wunderwaffen" als Schlüssel zu einer besseren Selbstdisziplin und damit zu einer höheren Produktivität und letztendlich zu mehr Glück. Das Paradoxon, dass die gleichen Unternehmen, die uns Zerstreuung anbieten, auch die Bekämpfung derselben ermöglichen wollen, sieht Baumeister als systemimmanent und unvermeidlich.

Aus meiner Perspektive brauchen wir darüber eine offene Diskussion, frei von Tabus und bereinigt von den „Schattenspielen" der großen Konzerne.

Kapitel 6 – Erkenntnis

Nie zuvor in der Geschichte der Menschheit waren – zumindest in den Ländern, die wir „westliche Welt" nennen –, die Handlungsoptionen zahlreicher, die möglichen und gesellschaftlich akzeptierten Lebensentwürfe vielfältiger. Da ist es nur natürlich, dass jeder von uns nach Halt und Hilfsmitteln sucht auf dem Weg in ein besseres Leben.

Es fehlt nicht an Vorbildern, wenn es darum geht, herauszufinden, was ein besseres Selbst sein kein und wie es erreicht werden kann. Wesentliches Rüstzeug haben wir bereits kennengelernt. Ein Blick in den Spiegel, in den Kühlschrank, auf den Schreibtisch oder auf den letzten Kontoauszug liefert zudem genügend Ideen, wo man auf dem Wege zu einer besseren Version des eigenen Ichs sogleich anfangen könnte. Irgendetwas kann immer optimiert werden. Eine Vielzahl von Anleitungen weist den Weg zum aufgeräumten Schreibtisch, zum ausgeglichenen Bankkonto, zum besseren Liebesleben, zum sportlichen „Sixpack" – wahlweise zur „Bikinifigur" und zu vielen anderen möglichen Ansatzpunkten. Mahner erinnern an schlechte Essgewohnheiten, den eigenen ökologischen Fußabdruck und fordern zu ethisch korrektem Einkauf auf. Auch dies sind hehre Ziele. In Summe lassen sie den Betroffenen schnell ratlos zurück. Wenn ich so unperfekt bin, wie mir überall suggeriert wird, von Gurus, Religionsgemeinschaften, Ernährungsberatern, Finanzoptimierern, dem häuslichen Umfeld, der Schönheitsbranche, den Medien und vielen anderen, wo sollte ich dann anfangen? Sollte ich überhaupt anfangen? Oder besser auf dem Sofa sitzen bleiben und die Welt auf TV, iPad und Smartphone an mir vorbeiziehen lassen?

Dieses Buch liefert eine klare Empfehlung. Denken Sie zuerst an sich und Ihre Gesundheit und den wesentlichen Faktor für ein langes gesundes Leben: Bewegung, sollten Sie dies bisher noch nicht in Ihrer Vorstellungswelt als zentrales Element verankert haben. Sie müssen keinen Marathon laufen, keinen Mount-Everest bezwingen, nicht Ihr Körpergewicht in Hanteln stemmen, und ein erfolgreicher Olympionike werden Sie sowieso nicht mehr.

Dennoch haben die meisten Menschen in unserem technologischen Zeitalter nach Ansicht von Medizinern früher oder später gesundheitliche Probleme, die auf Bewegungsmangel zurückzuführen sind oder die damit in Verbindung stehen, wie zum Beispiel:

- krankhaftes Übergewicht,
- Herzschwäche,
- Depressionen,
- Bluthochdruck,
- Verkalkung der Gefäße,
- Diabetes melittus Typ 2,
- Gelenkschmerzen,
- Rückenschmerzen,
- Schlaflosigkeit.

Vergleicht man diese Liste mit den typischen Ursachen für ein vorzeitiges Ableben in der westlichen Welt, so kommt man zu einer erstaunlichen Überschneidung. Also warum nicht wirklich genau hier anfangen und sich zunächst nur die Verbesserung in diesem einen Bereich auf die Agenda setzen? Ich selbst konnte in jenen ersten 24 Monaten meiner Reise zu einem besseren Ich nicht nur feststellen, dass ich mich in den von mir als zentral wahrgenommenen Problembereich Gesundheitszustand massiv verbessert habe, sondern ich habe ebenfalls erlebt, dass ich an anderer Stelle davon profitieren konnte. Ich sah und sehe in vielen Dingen klarer, ich habe den Kopf frei für weitere wichtige Schritte in meinem Leben. Ich hoffe, dass Sie diese Erfahrung ebenfalls machen können, wie auch immer ihr persönlicher Weg aussieht.

Die aus der Systemforschung in Unternehmen stammende EKS-Strategie (Engpasskonzentrierte Verhaltens- und Führungsstrategie) empfiehlt eine Konzentration der vorhandenen Kräfte und Ressourcen auf einen, den wirkungsvollsten Punkt. Eigentlich ist das keine große Erkenntnis, weil aus dem eigenen Leben und Erleben mit etwas „gesundem Menschenverstand" ableitbar, aber als Methode in Unternehmen gängig und auch im persönlichen Bereich gebräuchlich (http://www.wolfgangmewes.de/eks-die_strategie.htm).

Mehr Bewegung führt ganz automatisch auch zur Verbesserung anderer wichtiger Parameter, denn das Aufraffen zu regelmäßigen sportlichen Aktivitäten macht wacher, leistungsfähiger, bewusster. Der Wunsch nach gesünderer Ernährung, nach einem auch in anderen Bereichen „besseren" Leben kommt ganz automatisch dazu. Dies berichten viele Menschen, die beschlossen haben, aktiv zu werden, und dies ist auch die Erfahrung des Autors, der zwei Jahre vor Erscheinen des Buches mit dem Wunsch, etwas in seinem Leben zu bewegen, aus einer eher unerfreulichen Lebensphase gestartet ist und mit Fitness-App und Wearable und einem Mindestmaß an Motivation nicht nur zwei Kleidergrößen verloren, sondern auch an

Ausdauer massiv zugelegt hat – ganz ohne Diätplan und Kalorienzählen übrigens.

Was auch immer Sie als Ihren persönlichen Engpass wahrnehmen, „Technologie" ist niemals die alleinige Antwort auf Ihrem Weg zum besseren Leben. Richtig eingesetzt kann sie jedoch ein wirksames Hilfsmittel sein. In dem Maße, in dem Sie jedoch den Verlockungen von Internet, Smartphone, TV und anderen „Zerstreuungstechniken" nachgeben, kommen Sie nicht nur nicht voran, sondern fallen unter Umständen auch weiter zurück, entfernen sich immer weiter von dem eigentlich wünschenswerten Zustand Ihres Selbst.

Wie dieser für Sie aussehen sollte und welche Prioritäten Sie persönlich setzen, ist allein Ihre Sache. Vielleicht möchten Sie einfach nur konzentrierter arbeiten und finden Hilfe bei einer App, die temporär das Internet sperrt, weil sie längst erkannt haben, dass Sie anfällig für die ein oder andere Zerstreuung sind. Vielleicht wollen Sie wie Stephen Wolfram wissen, wann und unter welchen Bedingungen Sie bei Ihrer Arbeit oder Ihrem Hobby am produktivsten sind, um produktiver zu werden oder Ihre Zeit besser nutzen zu können, um mehr für Ihre Familie da sein zu können.

Bei allem ist die Vergegenwärtigung der Ausgangslage wesentliche Grundlage für jeden Verbesserungsversuch. Ob Sie zum Schrittzähler, zum Pulsmesser, zur Smartphone-App, zum Wearable, zur Küchenuhr, zur Exceltabelle oder Block und Bleistift greifen, ist dabei unerheblich, solange Sie nur ehrlich alles aufzeichnen als Basis für die angestrebte Veränderung Ihres Selbst. Bei mir hat dafür jenes abendliche Erlebnis im Treppenhaus samt anschließendem Blick in den Spiegel die Erkenntnis gebracht, dass es nun an der Zeit wäre, etwas für meine Gesundheit zu tun, ganz ohne das Betreten einer Waage oder medizinisches Untersuchungsergebnis. Aber wie kommt man von der Erkenntnis zur Besserung?

Um eine Veränderung tatsächlich erfolgreich anzugehen – jenseits vom Strohfeuer der Begeisterung nach Lektüre eines Motivationsratgebers oder Besuch eines Seminars – müssen Sie einfach „ganz stark sein". Tatsächlich dürften nur die wenigsten Menschen jene eiserne Willensstärke mitbringen, derer es bedarf, um eine Entscheidung für eine Veränderung nicht nur zu treffen, sondern sogleich und vor allen Dingen dauerhaft Taten folgen zu lassen. Zu oft lautet das Resümee der Anstrengungen doch: „Der Geist ist willig, aber das Fleisch ist schwach" – in Anlehnung an die auf die Bibel (Matthäus 26,41) zurückgehende Redensart.

Welcher Raucher hatte sich noch nicht ganz fest vorgenommen, nun endlich ab morgen von der Zigarette abzulassen, ganz sicher und für immer? Die Erkenntnis alleine reicht eben in den meisten Fällen gerade nicht aus, es bedarf mehr als einer einmaligen Willensbezeugung und Anstrengung, um wirklich etwas in seinem Leben zu ändern.

„Trainingszeit ist Leidenszeit" — sie erinnern sich, das war die Aussage meines persönlichen Trainers. So drastisch muss man das vielleicht nicht immer beschreiben, aber im Grunde stimmt es. Jeder Mensch neigt dazu immer wieder in alte Verhaltensmuster zurückzufallen. Es ist ja auch irgendwie gut so, wie es für ihn oder sie gefühlt immer war.

Diesem „gut" müssen wir — wenn wir wirklich dauerhaft Erfolg haben wollen — ein „besser" entgegensetzen, das heißt bei aller Bereitschaft zum „Leiden" geht es nicht ohne Belohnung. Ebenso muss das Ziel realistisch und erreichbar sein. Mir, der ich japsend vom Treppensteigen vor dem Spiegel stand, vorzumachen, in drei Monaten würde ich einen Marathon absolvieren, hätte mich nach möglicherweise anfänglicher Euphorie noch mehr frustriert. Sich selbst zu belohnen, wenn man drangeblieben ist und seine Ziele oder Teilziele erreicht hat, wird zu oft vergessen, verhindert aber am besten den Rückfall in alte (schlechte) Gewohnheiten.

Umstritten ist die Frage, welche Metriken man zugrunde legen soll. In meinem Fall hatte ich die Abwesenheit von Rückenschmerzen und das „nicht mehr außer Atem kommen" als mein Ziel definiert. Für mich hat es funktioniert. Eher zahlengetriebene Menschen brauchen vielleicht eine andere Vorgabe wie: „Ich will Strecke x in der Zeit y laufen können" oder „Mein Bizeps soll den Mindestumfang von XX cm haben". Metrische Vorgaben haben den Vorteil der Überprüfbarkeit. „Nur was man messen kann, kann man auch steuern", dieses Credo aus der Managementlehre von einem ihrer wesentlichen Vordenker — Peter Drucker — passt ebenso gut zur persönlichen Entwicklung wie zur Lenkung von Unternehmen.

Einig sind sich die meisten Experten darüber, dass die „Abmachung mit dem eigenen Selbst", die man trifft, nicht das eigene Geheimnis bleiben sollte. Indem man andere mit einbezieht, macht man es sich schwerer, sich selbst und seinen Vorsätzen untreu zu werden. Was in Summe nun wirklich hilft, sind folgende einfache drei Schritte:

- Arbeiten Sie mit erreichbaren (Teil-)Zielen!
- Aktivieren Sie Ihr Belohnungssystem!
- Sorgen Sie für Gruppendruck!

Genau hier setzen gut gemachte Smartphone-Apps und Wearable-Anwendungen an. Sie helfen Ihnen, nicht nur Ihre Ziele im Auge zu behalten, sie belohnen Sie nicht nur mit Lob (oder erinnern Sie dranzubleiben, in dem sie Ihnen den notwendigen „Schubs" mitgeben), sie schaffen über die Herstellung von Vergleichbarkeit mit anderen Nutzern auch den nötigen Gruppendruck, der so hilfreich ist für Ihre Motivation. Sie sind damit — ganz unbewusst — Teilnehmer eines Spiels. Die Gamification Ihres Lebens hat damit begonnen.

Es ist Ihr Leben, es ist Ihr Spiel. Sie bestimmen den Einsatz und Sie alleine sind für das Spielergebnis, mithin Ihren persönlichen Highscore verantwortlich. Gibt es ein besseres Leben mit Hightech? Richtig genutzt: zweifellos.

Kapitel 7 – Blick in die Zukunft

Internetanwendungen und Smartphones haben unser aller Leben bereits signifikant verändert und sind dabei, es weiter zu tun. Die Auswirkungen auf praktisch jeden Bereich unseres Arbeits- und Privatlebens sind längst erlebte Realität — für jeden von uns. Noch haben wir die Wahl, ob wir — wie der Autor — einen eigenen Weg aktiv beschreiten wollen oder eher passiv mit der Masse mitgehen. Es häufen sich Indizien, dass die bisher erlebten Veränderungen nur der Anfang viel tiefgreifender Umwälzungen sind, die mittelfristig alle „mitnehmen" werden, ohne dass es einer aktiven Partizipation bedarf.

Smartwatches und Fitness-Tracker sind nur ein Anfang. Mit dem technischen Fortschritt und weiterer Miniaturisierung sowie erweiterter Funktionalität immer kleinerer Gerätschaften darf man durchaus erwarten, dass es nicht dabei bleibt. Noch ist nicht absehbar, was nach dem Smartphone kommt, anders gesagt, woher der nächste Innovationssprung kommt. Eine Reihe von Konzepten stehen am Anfang. Noch ist nicht klar, ob und was sich davon durchsetzt, oder ob die Zukunft von einem völlig neuen nicht erdachten Modell dominiert wird, vergleichbar mit der Entwicklung des Smartphones vor und nach der Einführung des iPhones. Die nachfolgende Darstellung muss damit ganz notgedrungen lückenhaft bleiben, aber sie liefert einen wichtigen Überblick über die derzeit wesentlichen Entwicklungsrichtungen.

Smarte Kleidung

Was kommt nach Smartphone, Fitnessarmband und Smartwatch? Wäre es nicht naheliegend, an Smart Clothing, sogenannte intelligente Kleidung zu denken; warum nicht die Funktionalitäten, die bisher am Arm getragen wurden, gleich in die Kleidung einbauen? Einige Marktforscher und Unternehmensberater sehen hier zukünftig einen enormen Markt entstehen. Fertigungstechnisch ist es längst möglich, bestimme Sensoren, aber auch Steuerungselemente und einfache Displays nicht nur in Bekleidung zu integrieren, sondern auch so zu produzieren, dass sie unvermeidliche Waschgänge überstehen.

Dennoch sind Zweifel an der Zukunft des Smart Clothings erlaubt. Der naheliegendste Einwand ist nicht technischer Natur: Er liegt in der trivialen

Erkenntnis, dass die potentiellen Kunden mehr als ein Kleidungsstück für einen bestimmten Zweck besitzen, also mehr als eine Jacke, die vielleicht mit dem Smartphone in Verbindung steht, mehr als ein Unterhemd, dass Vitalfunktionen wie Herzfrequenz messen soll, und ganz sicher mehr als ein Paar Socken oder Schuhe, die in einer Smart Clothing-Ausführung etwa Feedback über die gelaufene Entfernung geben sollen. Der Durchschnittsdeutsche besitzt — nach einer Untersuchung des Marktforschungsinstituts Yougov aus dem Jahr 2015 (http://www.forschung-und-wissen.de/nachrichten/oekonomie/173-paar-schuhe-besitzt-die-deutsche-frau-13372163) — 12,8 Paar Schuhe (Frauen 17,3, Männer 8,2 Paar). Zuverlässige Zahlen über Oberbekleidung sind nicht zu finden, es darf jedoch getrost vermutet werden, dass die meisten Nutzer mehr als ein Hemd oder T-Shirt besitzen.

Ob das „intelligente Hemd", der „schlaue Hut" oder der „smarte Schuh" jedoch die erhofften Erfolge für die Branche bringen, darf getrost als fraglich bezeichnet werden. Würde der Anwender dies aktiv nutzen wollen, so wäre er auf eben dieses eine Hemd, eben diesen einen Hut oder eben diesen einen Schuh festgelegt. Auch die Frage, wie derart erklärungsbedürftige Produkte plötzlich in einem dafür nicht geeigneten Verkaufskanal vertrieben werden sollen, lässt Zweifel an den Prognosen der Unternehmensberater aufkommen.

Um Smart Clothing sinnvoll außerhalb von Nischen wie Sportbekleidung anwendbar zu machen, müsste diese so günstig sein, dass die entsprechenden Funktionalitäten quasi überall hinein verwoben werden müsste. Dies ist beim Stand der Bekleidungsbranche mit ihrem Fokus auf Billigproduktion auf absehbare Zeit ebenso wenig vorstellbar wie technische Kompetenz zum Produktversprechen der meisten Bekleidungsanbieter gehört. Sieht man von Anbietern von Funktionskleidung ab, bei denen die Wasser- und Winddichtigkeit sowie Atmungsaktivität und weitere Parameter ganz selbstverständlich dazugehören, fällt einem im Bereich Mode kaum mehr als Geox ein, ein Schuhproduzent, der mit einer atmungsaktiven Sohle wirbt. Doch auch dieser kommt — ebenso wenig wie die Outdoorfirmen — nicht ohne Betonung von Lifestyle und Design als Markenbotschaft aus.

Dies soll nicht bedeuten, dass Technologie für die Textil- und Accessoirebranche keine Rolle spielt. In der Tat sind viele Unternehmen der Branche, insbesondere die mit eigenen Handelskanälen in Sachen IT-Einsatz, technisch vorne dabei. Onlineshopping, Datenanalyse und Einsatz elektronischer Zahlungsverfahren sind allesamt Technologien, die in der Branche frühzeitig adaptiert wurden.

In Sachen Produkt jedoch sieht es anders aus: Warum sollten Hermes, Prada, Louis Vuitton und Co auf einmal anders agieren als bisher und ihre Shirts, Anzüge und Handtaschen mit smarter Technologie aufrüsten, wenn es bislang gelingt, die Begehrlichkeiten der Kundschaft auf andere emotionale Weise zu wecken und zu erhalten. Teils jahrelange Lieferzeiten auf mehrere tausend Euro teure Handtaschen zeigen die Macht der großen Player. Wer will daran rühren? Bisherige Angebote beschränken sich etwa auf das Einnähen von Sensoren — wie beim sogenannten „Smart Shirt" der Sportartikellinie des US-Bekleidungsriesen Ralph Lauren — oder auf LEDs bzw. LCD-Displays, wie häufig auf den Laufstegen von innovativen Jungdesignern gezeigt. In der freien Wildbahn sind derartige Innovationen oder Scheininnovationen so gut wie nicht zu sehen. Bisher muten die Ansätze eher so an, als wäre der PR-Effekt einer Ankündigung wichtiger als das Produkt selbst.

Allen Diskussionen der Branche zum Trotz: Noch ist der Anfang nicht gemacht. Entscheidend wird sein, wer zuerst ein Differenzierungsmerkmal findet und die Kosten entsprechend niedrig halten kann. Bis dahin werden die — zu jedem Bekleidungsstil mehr oder weniger kompatiblen — Armbänder oder Anstecker das Rennen machen, zusätzlich zu bereits erprobten Konzepten wie dem Sensor im oder am Schuh, wie ihn Nike seit vielen Jahren offeriert, oder die Aufnahmemöglichkeit für den Pulssensor im Sportshirt, wie ihn etwa Adidas seit Jahrzehnten anbietet. Der Sensor wird in diesen Fällen nur temporär mit dem Bekleidungsstück verbunden, eine pragmatische Lösung, die auch die Frage nach Waschbarkeit und Dauerhaftigkeit elegant löst. Ein Zwischenschritt zu wirklich in die Bekleidung integrierter Technologie, aber heute noch Stand der Technik.

Schmuck und Accessoires mit neuer Funktion

Erheblich weiter als die Bekleidungsbranche ist die Schmuck- und Accessoireindustrie bei der Integration und Adaption mobiler Technologien. Eine erstaunliche Vielzahl von Produktangeboten ist angekündigt oder bereits auf dem Markt. Darunter Ringe, die in bestimmten Farben leuchten, wenn Nachrichten auf dem Smartphone eingehen, Ohrringe oder besser Ohrclips, die den Schlaf der Trägerin (oder des Trägers) überwachen, sowie eine Vielzahl von Adaptionen, die die zumeist sehr technische Anmutung von Smartwatches und Fitness-Trackern kompensiert. So ist z.B. der beliebte Fitbit-Fitness-Tracker auch als goldenes Schmuckarmband aus der Kollektion der US-Designerin Tory Burch erhältlich, und die

Uhren- und Accessoirefirma Fossil bietet gleich eine Vielzahl von Smart-watch-Konzepten an.

Manches, was wir hier sehen, mutet noch wie „ausprobieren" an. Tatsächlich ist offen, was den Alltagstest bestehen wird. Wir dürfen gespannt sein.

Smarte Brillen (Smart Glasses, Headmounted Displays)

Ebenfalls gespannt dürfen wir auf die Entwicklung im Bereich der Datenbrillen sein. Die Idee ist bestechend. Eine Brille enthält ein Display, dass nur im Sichtfeld des Trägers betrachtbar ist, und gleichzeitig Sensorik und eine Kamera, die Foto- oder Videoaufnahmen erlaubt. Zusammen mit dem Smartphone sind vielfältige Anwendungsmöglichkeiten dieser Sonderform von Augmented Reality möglich.

Ein technischer Meilenstein in diesem Bereich war die 2012 vorgestellte und ab 2013 an Entwickler ausgelieferte Datenbrille „Google Glass". Diese wurde jedoch in der Gesellschaft abgelehnt, Early Adaptor der Brille als „Glassholes" verspottet. Restaurants und Bars verfügten Benutzungsverbote. Datenschutzrechtliche Bedenken hatten damit einen Kristallisationspunkt. 2015 wurde dieser erste große Anlauf zur Etablierung eines Wearables in Brillenform gestoppt. Ob und wann eine Wiederauflage oder ein Neuanlauf erfolgt, ist unklar. Gescheitert ist Google letztendlich nicht an der Technologie, sondern an mangelnder Feinfühligkeit für die Erfahrungen und Erwartungen des gesellschaftlichen Umfelds.

Dieses Problemfeld betrifft die meisten herkömmlichen Wearables nicht, weil diese gewissermaßen „nach innen" und nicht an die soziale Außenwelt gerichtet sind. Ähnliche Lösungen werden seit Jahren völlig unbeanstandet im industriellen Einsatz verwendet, etwa bei der Produktion oder Reparatur komplexer Maschinen und Geräte. Man spricht hier von Headmounted Displays, auch intelligente Arbeitshandschuhe sind gebräuchlich, bis dato noch vielfach in Form von speziell entwickelter und damit sehr teurer Technik. Anwendungen in Unternehmen könnten massiv von Entwicklungen zu einer Standardisierung der Hardware in großen Stückzahlen á la Google Glass profitieren. Der Erfolg von Smartphones im Unternehmen als Basis für das sogenannte „Mobile Enterprise", einer Mobilisierung der Unternehmensprozesse durch Spezialsoftware auf weithin verfügbarer preiswerter Standardhardware, zeigt den Weg in die Zukunft auch für dieses Segment.

Nach dem Flop von Google Glass sind andere Innovatoren vorsichtig geworden. Mittelfristig dürfen hier jedoch spannende neue Produkte erwartet werden, die Anwendungsmöglichkeiten, die sich durch die Integration von Displays in Brillen oder eine zukünftige Projektion direkt auf die Netzhaut ergeben, sind zu vielfältig, um sie zu übergehen. Schützenhilfe für die Datenbrille kommt von unerwarteter Seite. Der Dienstanbieter Snapchat hat 2016 eine Brille mit Aufnahmefunktion vorgestellt. Keine Datenbrille á la Google Glass, aber durch die eingebaute Videokamera potentiell ebenso bedrohlich. Zumindest auf den ersten Blick. Tatsächlich ist das Produkt in den USA ein Hit, wird auf eBay mit Aufpreisen weiterverkauft und hat keine negative Konnotation wie Google Glass. Die Lehre daraus: Design spielt für die Akzeptanz eine große Rolle. Während die „Spectacles" von Snapchat cool und witzig wirken, ist das Design bei Google Glass einfach „nerdig" und daher nicht akzeptiert.

Mehr Interaktion

Was auch immer die Zukunft bringt: Der Touchscreen als zentrale Bedienmetapher unserer vom Smartphone geprägten Zeit hat irgendwann ausgedient oder besser gesagt, er stößt mit einer zunehmenden Miniaturisierung von Wearables an seine Grenzen. Es sind neue Bedienkonzepte gefragt. Mechanische Bedienknöpfe wie die drehbare Lünette einer Smartwatch stehen möglicherweise vor einer Renaissance.

Was bei einem Armband noch irgendwie funktioniert, eine Bedienung über Bedienknöpfe oder -felder, funktioniert nicht mehr bei Geräten, die andere Bauformen haben. Hier benötigen wir nicht nur neue Technologien und Anwendungen, sondern im Wesentlichen neue Bedienkonzepte. Ob Sprache hier — wie vielfach propagiert — das Allheilmittel ist, darf durchaus angezweifelt werden. Und was in der Privatsphäre des eigenen Heims gut funktionieren kann — wie etwa der Markterfolg von Amazon Echo zeigt, ist im öffentlichen Raum oder etwa in einer Büroumgebung nur bedingt anwendungstauglich.

Vom „Verschwinden" der Wearables

Dieser Abschnitt verspricht einen Blick in die Zukunft der Wearables. Möglicherweise liegt die wahre Zukunft dieser Geräte im Verschwinden eben dieser Gerätegattung. Implantierbare Tracker bzw. Sensoren könnten in wenigen Jahren bis Jahrzehnten viele bekannte Konzepte überflüssig machen.

Weiter oben wurde bereits das Zugangskontrollsystem eines schwedischen Technologiezentrums erwähnt, das als Chip unter die Haut eingesetzt wird. In Analogie dazu lassen sich auch andere Anwendungsfälle denken. Konzepte und Entwicklungsprojekte, die derzeit diskutiert werden und oft im Selbstversuch vom Erfinder erprobt werden, beschäftigen sich mit zum Teil aufwendigen Systemen, deren Rechnerleistung sich aus körpereigener Energie speist und die bei Bedarf eine Art Displayanzeige oder Bedienfeld durch die Haut — etwa des Unterarms — durchscheinen lassen können.

Noch liegt die Serienreife in der Zukunft, und die Bedenken sind groß. Es wird von der Zahl und der Form der Anwendungsmöglichkeiten abhängen, ob und wie schnell Akzeptanz dafür entsteht — oder nicht.

Auf dem Weg zum Cyborg?

Im Zentrum dieses Buches steht das Individuum und dessen Verbesserungsstreben. Diese Verbesserung findet jedoch — wie oben unter „Wie perfekt sind Sie?" bereits angedeutet — nicht losgelöst vom gesellschaftlichen Umfeld statt und steht in vielfältigen Wechselwirkungen zu wesentlichen gesellschaftlichen Trends, darunter auch der immer wieder aufkommenden Utopie vom „Neuen Menschen" (Vgl. Gottfried Küenzlen, Der Neue Mensch. Zur säkularen Religionsgeschichte der Moderne, Frankfurt/M. 1997, S. 93 – 138). Das in der Gegenwart unmögliche soll zukünftig möglich werden: In Form einer neuen Gesellschaftsordnung, in der die neuen Menschen besser, glücklicher, klüger … sind. Diese Debatte schien an ein Ende gekommen zu sein mit dem Untergang des real existierenden Sozialismus und der Proklamation des „Endes der Geschichte", die zugleich das Streben nach dem neuen Menschen beendet (Francis Fukuyama: „Das Ende der Geschichte. Wo stehen wir?", München 1992). Derselbe Francis Fukuyama — damals Professor für Staatslehre an der George Mason University, USA — sah 1999 bereits voraus, dass „uns die Biotechnologie innerhalb der nächsten Generationen Werkzeuge an die Hand geben wird, mit denen wir das erreichen werden, was die Gesellschaftstechniker der Vergangenheit nicht haben bewerkstelligen können. An diesem Punkt werden wir dann definitiv mit der menschlichen Geschichte am Ende sein, denn wir werden menschliche Wesen als solche abgeschafft haben. Und dann wird eine neue, eine nachmenschliche Geschichte beginnen." (https://www.welt.de/

print-welt/article574272/Bald-schon-wird-die-nachmenschliche-Zeit-beginnen.html)

Doch bevor diese imaginierte Abschaffung eintreten könnte, wird die Biotechnologie uns eine Verschmelzung bringen, eine Verbindung von Mensch und Maschine auf unterschiedlichen Wegen. Kurz gesagt, es geht um Elemente, die wir heute als Prothesen und Implantate bezeichnen und die in unserer Vorstellungswelt einen festen Platz haben, um Nachteile durch Krankheiten und Behinderungen auszugleichen und Betroffenen ein Leben zu ermöglichen, das so weit wie möglich frei von Beeinträchtigungen ist. Ziel ist eine bestmögliche Wiederherstellung dessen, was wir als Normalzustand betrachten. Wie leistungsfähig etwa die Prothetik geworden ist, ist in der Entwicklung im Behindertensport abzulesen.

In den Medien wurde z.B. der Fall von Markus Rehm diskutiert — einem beinamputierten Weitspringer, der mit seiner Prothese in der Spitzengruppe der nichtbehinderten Athleten mithalten kann. Dieser würde gerne bei den Olympischen Spielen starten — den Paralympics-Weltrekord hält er bereits —, dem Leichtathletik-Weltverband gegenüber muss er jedoch nachweisen, dass seine Prothese ihm keinen Vorteil gegenüber nichtbehinderten Wettkampfteilnehmern verschafft. Ein Nachweis, der schwer zu führen ist (http://www.sueddeutsche.de/sport/paralympics-das-raetsel-um-prothesen-springer-markus-rehm-1.3012108).

Die Debatte um Rehm und andere Sportler weist aber — jenseits der im Einzelfall nicht einfach zu klärenden Frage, ob er mit seiner Prothese nun Vorteile gegenüber anderen Sportlern hat — in die Zukunft. Eine Zukunft, in der ein mit Technik quasi erweiterter Mensch leistungsfähiger ist, als einer, der nur aus Fleisch und Blut besteht.

Ein elektronisch gesteuertes mechanisches Exoskelett — eine künstliche äußere Stützstruktur für einen Organismus — kann in absehbarer Zukunft dazu dienen, einem Querschnittgelähmten wieder das Gehen zu ermöglichen oder einen Arbeiter schwerste Lasten ohne Kräne und Seilzüge bewegen zu lassen. Es kann aber ebenso dazu dienen, Soldaten eine „übermenschliche" Leistungsfähigkeit angedeihen zu lassen. Ein unzweifelhafter Vorteil gegenüber einem Gegner ohne diese Ausrüstung.

Mit Blick auf die Konvergenz von Bio-, Nano- und Informationstechnologie entstehen eine Vielzahl von Verbesserungsoptionen, die ein Mensch im Verlauf seines Lebens nutzen kann (Vgl. Mihail C. Roco/William S. Bainbridge, Converging Technologies for Improving Human Performance.

Nanotechnology, Biotechnology, Information Technology and Cognitive Science, Dordrecht 2003). Die wissenschaftliche Debatte liefert hier eine Vielzahl neuer Ideen, die herkömmliche Wearables mittelfristig als Übergangslösung marginalisieren und irgendwann vollständig ersetzen können: So sollen z.b. Neuro-Implantate zur Steigerung der geistigen Leistungsfähigkeit verwendet werden. Ein künstliches Auge könnte den Menschen in die Lage versetzen, besser zu sehen und Teile des elektromagnetischen Spektrums wahrzunehmen, die ihm zuvor unzugänglich waren. Analog dazu könnte ein künstliches Ohr bislang nicht hörbare Frequenzen hörbar machen. Zudem wird darüber diskutiert, die künstlichen Sinnesorgane verschiedener Personen miteinander zu vernetzen, damit wären die sensorischen Informationen anderer Menschen für einen selbst nutzbar (Vgl. Gordijn, Bert: „Medizinische Utopien. Eine ethische Betrachtung", Göttingen 2004, S. 111 – 123).

Der Weg zur Gedankenübertragung scheint damit nicht mehr fern. Tatsächlich ist dies eines der Felder, an denen Facebook derzeit arbeitet. Dies hat zumindest Mark Zuckerberg, CEO von Facebook, in einem Webcast den erstaunten Zuhörern verkündet, nicht ohne sogleich einzuschränken, dass derartige Entwicklungen vermutlich noch mehrere Dekaden entfernt sind (https://www.theguardian.com/technology/2016/jun/14/zuckerberg-telepathy-facebook-live-video-seinfeld).

In einigen Jahrzehnten könnte auch den Nanotechnologien der Durchbruch gelingen. „Schwärme von Nanorobotern wandern durch seinen Körper und machen ihn widerstandsfähiger und langlebiger. Möglicherweise sind bereits bestimmte Körperteile nicht mehr (oder zumindest nicht mehr vollständig) organisch" (Vgl. Dickel, Sascha: Der Neue Mensch – ein (technik)utopisches Upgrade. Der Traum vom Human Enhancement", in: Aus Politik und Zeitgeschichte: Der Neue Mensch (APuZ 37 – 38/2016)).

Tatsächlich ist auch diese Idee, wie auch andere der hier vorgestellten Ideen, von der Verschmelzung von Mensch und Maschine, in der Vergangenheit bereits in der Science-Fiction-Literatur geäußert worden. Thematisiert wurde eine Reise durch den Körper unter anderem in dem Film „Die phantastische Reise" aus dem Jahr 1966. Darin sind es noch verkleinerte Menschen, die sich per Mini-U-Boot durch einen menschlichen Körper bewegen, um eine Gehirnoperation durchzuführen – in unserer heutigen Vorstellung wäre das die Aufgabe eines oder mehrerer Nanoroboter.

Der neue Mensch mit Implantaten wird Schritt für Schritt zum Cyborg, einem Hybrid aus Mensch und Maschine (Vgl. Dickel, Sascha: „Utopische

Technologien in technologisierten Gesellschaften", in: Liesmann, Konrad (Hrsg.): „Neue Menschen! Bilden, optimieren, perfektionieren", Wien 2016, S. 101–115). Der Begriff Cyborg für ein solches Mischwesen leitet sich ab von den Begriffen „cybernetics" und „organism" (Kybernetik und Organismus) und entstammt der Raumfahrtforschung. Die in der Euphorie der frühen Raumfahrtjahre von den Forschern geäußerte Idee war: Anstelle der Anpassung der Umgebung im All an den raumfahrenden Menschen solle sich der Mensch an die Bedingungen im All anpassen – durch eine entsprechende Erweiterung mit künstlichen Komponenten (Vgl. Clynes, Manfred, Kline, Nathan: „Cyborgs and Space" in: Astronautics, September 1960. Im Internet ist der Originalbeitrag von Clynes und Kline nachlesbar unter: https://de.scribd.com/doc/2962194/Cyborgs-and-Space-Clynes-Kline). Bereits zur Veröffentlichung dieses Beitrages wurden im Tierversuch erste Belege für die Machbarkeit demonstriert. Dennoch ist bis heute nichts von menschlichen Astronauten mit Cyborg-Erweiterungen bekannt. Möglicherweise lebt die Idee aber mit zukünftigen Marsmissionen wieder auf.

Der Mensch verschmilzt mit der Maschine. Noch mag uns diese Vorstellungswelt absurd und beklemmend vorkommen. Schon die Nutzung von einfachen Implantaten als Erkennungsmerkmal etwa für die Zugangskontrolle und Türöffnung in Bürocentern (wie in Stockholms „Epicenter" 2015 eingeführt) oder als Identifikationsmittel für die VIP-Kunden unter den Clubbesuchern (bereits 2004 in Barcelonas Baja Beachclub praktiziert) führten jeweils bei Bekanntwerden zu vielfältigen Diskussionen in den Medien, die um die Frage kreisten, wieweit Technik gehen darf.

Aber ist das tatsächlich die richtige Fragestellung? Wenn es nur eine Erkenntnis aus der Technikgeschichte gibt, dann diese: Was technisch machbar ist, wird gemacht werden. Besser, wenn man sich frühzeitig damit auseinandersetzt. Die Frage muss daher lauten: Wie gehen wir damit um? Welche Entwicklung soll gefördert und welche gegebenenfalls auch geächtet, gesetzlich reguliert oder nur unter Auflagen erlaubt werden. Ein besseres Leben mit Hightech ist machbar – wenn wir mit den Herausforderungen auf dem Weg dorthin erfolgreich umgehen.

Transhumanismus – die letzte Grenze?

Die Verschmelzung von Mensch und Maschine ist nur eine Facette dessen, was unter dem Schlagwort „Transhumanismus" als neue philosophische Denkrichtung propagiert wird. Diese beschäftigt sich mit der Erweiterung der Grenzen menschlicher Möglichkeiten durch Technologie. Das Ziel der meisten Transhumanismen lässt sich am besten zusammenfassen mit dem Wunsch nach einem fortdauernden Leben bei bester Gesundheit — um den Begriff „ewiges Leben" und dessen primär religiöse Intonation hier zu vermeiden.

Die im vorherigen Abschnitt erläuterten Bedenken spielen für Transhumanisten keine Rolle. Im Gegenteil: Zumeist sehen sich die Propagandisten der Bewegung als Vertreter der Interessen der Menschheit, eine Beziehung zur Philosophie von Nietzsche und seinem Verständnis vom sogenannten Übermenschen ist allerdings in der Szene umstritten (Einen guten Einblick bietet: Sorgner, Stefan Lorenz: „Nietzsche, the Overhuman, and Transhumanism", in: Journal of Evolution and Technology, Vol. 20 Issue 1, March 2009, S. 29—42, abrufbar unter http://jetpress.org/v20/sorgner.htm).

Hohe Investitionen von Silicon-Valley-Größen wie Peter Thiel (Paypal-Gründer und Investor in zahlreiche Start-ups) und Larry Ellison (Oracle), die Aktivitäten von Google/Alphabet unter dem Label „Calico", all diese weist darauf hin, dass man hier Geschäft wittert. Auf der Website von Calico ist — vor dem Hintergrund der Jahresringe einer Baumscheibe — zu lesen: „Wir greifen das Altern an, eines der größten Geheimnisse des Lebens." Bill Maris — Managing Partner von Google Ventures — geht davon aus, dass es für Menschen möglich ist, 500 Jahre alt zu werden (http://www.bloomberg.com/news/articles/2015-03-09/google-ventures-bill-maris-investing-in-idea-of-living-to-500).

Er sagt allerdings nicht, wie er das anstellen will, den Tod zu besiegen. Ray Kurzweil — ebenfalls in Diensten von Google stehend — glaubt, dass man dies mit Maschinen, in die man gewissermaßen seine Person „hochlädt", bewerkstelligen kann, während andere Vertreter der Denkrichtung Transhumanismus wie Dr. Aubrey de Grey — Chefwissenschaftler von SENS, einer Forschungseinrichtung, die sich mit „Rejuvenation"-Technologies beschäftigt — glauben, dass dies mit Weiterentwicklung von Biologie und Medizin möglich sein wird. Wieder andere haben die Vorstellung, dass durch „Big Data"-Analysen Methoden gefunden werden können, länger zu leben. Eher pragmatische Ansätze fokussieren sich im Hier und Jetzt auf den Ersatz von Organen mit künstlichen, zum Beispiel in 3D gedruckten Organen. Die Rede ist dabei häufig von Roboterorganen, und die Erwartung ist, dass diese in wenigen Jahren bereits besser sein können als gesunde menschliche Organe. An dieser Stelle treffen sich die Überlegungen und Entwicklungsansätze des Transhumanismus mit dem, was oben mit dem Cyborg-Gedanken bereits dargestellt wurde, erinnert sei hierbei beispielsweise an das Exoskelett (http://www.huffingtonpost.com/zoltan-istvan/transhumanism-is-becoming_b_7807082.html).

Transhumanisten bilden keine einheitliche Bewegung. Einige der Vordenker sind jedoch davon überzeugt, dass spätestens dann, wenn künstliche Organe oder andere Körperteile leistungsfähiger und gleichzeitig zuverlässiger sind als natürliche Organe, die Menschen die künstlichen Komponenten nicht mehr nur als Notbehelf sehen, sondern aktiv nach diesen streben werden. Gerne wird hier auch der Vergleich zum autonomen Fahren gezogen. Nach Lesart der Tech-Apologeten wird dies, wenn es sicherer und komfortabler ist, auch das Selbstfahren zum historisch überholten Auslaufmodell werden lassen.

Es sind ganz eigene Vorstellungen von einem besseren Leben mit Hightech, die hier durchscheinen. Derartige Fantasien und Entwicklungen haben eine kritische Betrachtung verdient. Richtig eingesetzt kann uns Technologie auf dem Weg in ein besseres Leben helfen. Wir dürfen die Definitionshoheit darüber jedoch nicht den Technologiekonzernen überlassen. Es liegt an uns, den Entwicklungen Grenzen zu definieren und durchzusetzen. Das ist unsere Aufgabe als Gesellschaft.

Der Autor

Seitdem das Internet laufen lernte, beschäftigt sich Thomas R. Köhler mit dem wichtigsten Treiber des 21. Jahrhunderts, dem „digitalen Wandel" — als Unternehmer, Autor und Hochschuldozent. Sein erstes Start-up gründete er bereits 1995 als „Uni-Spin-Off".

Heute berät er mit seiner Firma „CE21 — Gesellschaft für Kommunikationsberatung mbH" Unternehmen auf dem Weg in die vernetzte Zukunft. Außerdem ist er Vorsitzender des Aufsichtsrats einer Investmentfirma mit Fokus auf Technologieinnovationen, technischer Leiter eines Start-ups für ortsbasierte Services sowie Gründer eines Start-ups für IT-Sicherheit und hat erfolgreich ein eigenes Patent für ein sicheres Datenübertragungsverfahren angemeldet.

Thomas R. Köhler plädiert — in nunmehr einem Dutzend eigener Bücher wie auch in seinen zahlreichen Vorträgen, Workshops, Zeitschriftenbeiträgen und TV-Auftritten — für einen positiv kritischen Umgang mit den neuen Informations- und Kommunikationstechnologien und lädt seine Leser und Zuhörer dazu ein, diese Zukunft aktiv mitzugestalten.

Mehr Informationen finden Sie auf seiner Website www.thomaskoehler.de sowie auf seinem LinkedIn-Profil www.linkedin.com/in/thomasrkoehler/

S.75 Apps

Garmin Forerunner 645

Runtastic - App